"十三五"职业教育系列教材

DIANJI YU DIANLI TUODONG

电机与电力拖动

主　编　武际花

副主编　杨欣慧　陈　伟　徐钰琨

参　编　鞠永胜　李　兵　隋瑞红

主　审　宋　宇

U0311005

中国电力出版社

CHINA ELECTRIC POWER PRESS

内 容 提 要

本书包括五个模块：变压器、直流电机、三相异步电动机、其他电机、电动机的选择。每个模块由若干个任务组成，分别从学习目标、任务分析、相关知识等几个方面加以阐述，每个任务附有提升能力的实验实训项目和帮助学生理解、巩固所学知识的思考题和习题。

本书可作为高职高专院校自动化技术类、机电类相关专业的教学用书，以及从事电工技术、电力拖动技术的相关人员的培训教材和学习参考资料。

图书在版编目（CIP）数据

电机与电力拖动/武际花主编 . —北京：中国电力出版社，2017.7（2022.6重印）
"十三五"职业教育规划教材
ISBN 978-7-5198-0737-5

Ⅰ.①电… Ⅱ.①武… Ⅲ.①电机—高等职业教育—教材 ②电力传动—高等职业教育—教材
Ⅳ.①TM3 ②TM921

中国版本图书馆 CIP 数据核字（2017）第 101152 号

出版发行：中国电力出版社
地　　　址：北京市东城区北京站西街 19 号（邮政编码 100005）
网　　　址：http：//www. cepp. sgcc. com. cn
责任编辑：周巧玲（010－63412539）　贾丹丹
责任校对：王开云
装帧设计：左　铭
责任印制：吴　迪

印　　　刷：北京天宇星印刷厂
版　　　次：2017 年 7 月第一版
印　　　次：2022 年 6 月北京第六次印刷
开　　　本：787 毫米×1092 毫米　16 开本
印　　　张：14.25
字　　　数：348 千字
定　　　价：42.00 元

版 权 专 有　　侵 权 必 究

本书如有印装质量问题，我社营销中心负责退换

本书总码

前　　言

　　本书根据高职院校培养高素质技能型专门人才的目标，同时结合相关专业的人才培养目标和相关行业规范，本着"理论够用、培养技能、重在应用、工学结合"的原则，力求内容实用，语言简练，同时加强技能和创新意识的培养。

　　本书根据专业教学的要求，从实用的角度出发，简化了一些与生产实际应用关系不大的理论分析和计算，突出了变压器、电动机在实际中的应用，并结合实验实训项目，培养学生的实践能力，将理论与实践充分结合，并将新技术、新工艺、新方法贯穿其中，突出了新世纪高职教育的特点。

　　本书包括五个模块，内容包括变压器、直流电机、三相异步电动机、其他电机和电动机的选择。每个模块由若干个任务组成，分别从学习目标、任务分析、相关知识等几个方面加以阐述，每个任务附有提升能力的实验实训项目，做到教学做一体化，学生在完成相应的实验实训的同时巩固理论知识，适合高职学生特点。每个任务附有帮助学生理解、巩固所学知识的思考题和习题，例题与习题的安排来源于工程实例，注重培养学生分析和解决问题的能力。

　　为适应现代职业教育的发展需求，将二维码现代信息技术引入教材，扫码关联重难点讲解视频及相关学习资源，增加了教材的趣味性、生动性。另外，教学团队自主开发了线上职教课程学习平台（http：//xdzjkc.sdzy.cn/meol/jpk/course/blended_module/column_manage.jsp？courseId＝10896），手机版、电脑版均可登陆。该平台配备有辅助教学的视频、动画、学习指导、课件、在线测试、习题等多种优质数字资源。同时，相关资源会随信息技术发展和产业升级情况及时做出动态更新。

　　本书由山东科技职业学院武际花担任主编，吉林电子信息职业技术学院的杨欣慧和山东科技职业学院的陈伟、徐钰琨担任副主编，山东科技职业学院鞠永胜、李兵、隋瑞红参与编写。

　　本书由吉林电子信息职业技术学院宋宇担任主审，对本书提出了许多宝贵意见，在此表示衷心感谢。

　　限于编者水平，书中难免存在疏漏及不足之处，恳请广大读者批评指正。

编　者

2021.5

目 录

模块一 变 压 器

变压器是通过电磁感应原理制成的静止电气设备，能将一种等级（电压、电流、相数）的交流电变换为同频率的另一种等级的交流电。

在电力系统中，电力变压器起着重要的升压或降压作用；企业中各种用途的控制变压器、仪用互感器等应用十分广泛；日常生活中的手机充电器、笔记本电脑的电源适配器都用到变压器。因此，变压器的安全可靠运行对生产和生活有着重要意义。

任务一 变压器的结构与工作原理分析

📝 学习目标

（1）掌握变压器的工作原理，了解变压器的用途和分类。

（2）熟悉变压器各组成部分的作用。

（3）掌握变压器铭牌上各技术参数的含义。

（4）会测定变压器绕组的同名端。

👤 任务分析

在维护或检修一台变压器时，首先要熟悉变压器的内部结构和各部件的作用，理解变压器的工作原理。在使用变压器的过程中，要清楚知道变压器绕组的同名端，要能根据变压器的异常运行情况，判断变压器的故障部位。因此，本任务从变压器的基本结构入手，利用电磁感应原理分析其工作原理，介绍变压器的铭牌，并进行简单的计算。

📋 相关知识

一、变压器的工作原理

在一个闭合的铁芯上，绕上两个匝数不同的绕组，这就构成了一台最简单的单相变压器。

实际上，两个绕组是套在一个铁芯上的，以增强电磁感应的作用。为了画图简单起见，通常把两个绕组画成分别套在铁芯的两边，变压器工作原理图如图 1-1 所示。图中与交流电源相连接的绕组称为一次绕组，其匝数为 N_1；另一侧绕组连接到负载（用电设备）上，称为二次绕组，其匝数为 N_2。

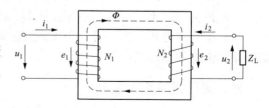

图 1-1　变压器工作原理图

当一次绕组接通交流电源时，在电源电压作用下，一次绕组中流过交流电流，并在铁芯

中产生交变磁通 Φ，其频率和电源电压的频率相同。铁芯中的交变磁通同时交链一、二次绕组，从而在一、二次绕组中感应出电动势。根据电磁感应定律，一、二次绕组中的感应电动势可表示为

$$e_1 = -N_1 \frac{\mathrm{d}\Phi}{\mathrm{d}t} \tag{1-1}$$

$$e_2 = -N_2 \frac{\mathrm{d}\Phi}{\mathrm{d}t} \tag{1-2}$$

忽略变压器绕组内部压降，$u_1 \approx e_1$，$u_2 \approx e_2$，则一、二次绕组电压之比为

$$\frac{u_1}{u_2} \approx \frac{e_1}{e_2} = \frac{-N_1 \dfrac{\mathrm{d}\Phi}{\mathrm{d}t}}{-N_2 \dfrac{\mathrm{d}\Phi}{\mathrm{d}t}} = \frac{N_1}{N_2} \tag{1-3}$$

式（1-3）表明，变压器一、二次绕组的电压比等于一、二次绕组的匝数比。只要改变一、二次绕组的匝数，即可改变输出电压的大小。这就是变压器的基本工作原理。

二、变压器的用途

在电力系统中，专门用于升高电压和降低电压的变压器称为电力变压器，它是使用最广泛的变压器。从发电、输电到配电的整个过程中，通常需要经过多次变压，因此变压器在电力系统中对电能的生产、输送、分配和使用起着十分重要的作用。

另外，变压器的用途还有很多，如测量系统中广泛应用的仪用互感器，可将高电压变换成低电压或将大电流变换成小电流，以隔离高压和便于测量；在实验室中广泛应用的自耦调压器，可任意调节输出电压的大小，以适应负载的要求；在电信、自动控制系统中，控制变压器、电源变压器、输入及输出变压器等也被广泛应用。

三、变压器的分类

变压器一般按用途、绕组数目、相数、铁芯结构和冷却方式等进行分类。

（1）按用途分类，变压器主要有电力变压器、调压变压器、仪用互感器（如测量用电流互感器和电压互感器）、供特殊电源用的变压器（如整流变压器、电炉变压器、电焊变压器、脉冲变压器）。

（2）按绕组数目分类，可分为电力系统中最常用的双绕组变压器、用以连接 3 种不同电压输电线的大容量三绕组变压器以及用在电压等级变化较小场合的自耦变压器等。

（3）按铁芯结构分类，可分为芯式变压器、壳式变压器。

（4）按相数分类，可分为单相变压器、三相变压器和多相变压器等。

（5）按冷却方式分类，可分为干式变压器、油浸自冷变压器、油浸风冷变压器、充气式变压器和强迫油循环变压器等。

四、变压器的基本结构

电力变压器主要由铁芯、绕组、绝缘套管、油箱（油浸式）及其他附件组成，油浸式电力变压器的结构如图 1-2 所示。铁芯和绕组是变压器的主要组成部分，称为变压器的器身。下面着重介绍变压器的基本结构。

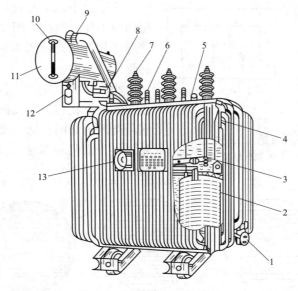

图 1-2　油浸式电力变压器

1—放油阀门；2—绕组；3—铁芯；4—油箱；5—分接开关；
6—低压套管；7—高压套管；8—气体继电器；9—安全气道；
10—油表；11—储油柜；12—吸湿器；13—湿度计

1. 铁芯

铁芯是变压器的磁路部分，又作为绕组的支撑骨架。铁芯由铁芯柱（外面套绕组的部分）和铁轭（连接铁芯柱的部分）组成。为了提高铁芯的导磁性能，减小磁滞损耗和涡流损耗，铁芯多采用厚度为 0.35～0.5mm 且表面涂有绝缘漆的硅钢片叠成。铁芯的基本结构有芯式和壳式两种，如图 1-3 所示的单相变压器。芯式变压器的特点是绕组包围铁芯，如图 1-3（a）所示，这种结构比较简单，绕组的装配及绝缘也比较容易，适用于容量大而电压高的变压器，国产电力变压器均采用芯式结构。壳式结构的特点是铁芯包围绕组，如图 1-3（b）所示，这种结构的机械强度好，但制造工艺复杂，所用材料较多，除电炉变压器和小型干式变压器外很少采用。

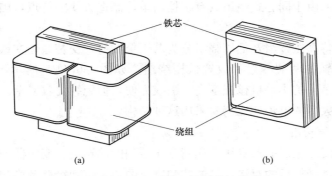

(a) (b)

图 1-3　单相变压器铁芯的基本结构形式

（a）芯式；（b）壳式

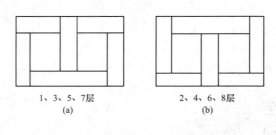

图1-4　相邻两层硅钢片的排法
（a）奇数层排法；（b）偶数层排法

为了减小磁路的磁阻和励磁电流，铁芯的磁回路不能有间隙，因此相邻两层铁芯叠片的接缝要相互错开，图1-4所示为两种相邻两层硅钢片的排法。

小容量变压器的铁芯柱截面一般采用方形或长方形，在容量较大的变压器中，为了充分利用绕组内圆的空间，常采用阶梯形截面，容量越大，则阶梯越多。铁芯柱的截面如图1-5所示。

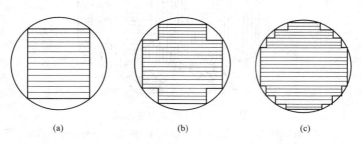

图1-5　铁芯柱的截面
（a）矩形截面；（b）梯形截面；（c）多级梯形截面

2. 绕组

绕组是变压器的电路部分，它一般用绝缘铜线或铝线绕制而成，近年来还有用铝箔绕制而成，为了使绕组便于制造和在电磁力的作用下受力均匀以及机械性能良好，一般电力变压器都把绕组绕制成圆形。

实际变压器的高低压绕组套装在同一铁芯柱上，并且紧靠在一起，尽量减小漏磁通。高低压绕组在铁芯柱上的排列方式有同心式和交叠式两种类型。

同心式绕组的高、低压绕组同心地套装在铁芯柱上，如图1-6（a）所示。为便于绝缘，一般低压绕组套在里面，高压绕组套在外面。但对大容量的低压大电流变压器，由于低压绕组引出线的工艺困难，往往把低压绕组套在高压绕组外面。在高、低压绕组之间及绕组与铁芯之间都加有绝缘。由于同心式绕组具有结构简单，制造方便的特点，国产变压器多采用这种结构。

交叠式绕组是将高压绕组及低压绕组分为若干个线饼，交替地套在铁芯柱上，为了便于绝缘，靠近上下铁轭的两端一般都放置低压绕组，如图1-6（b）所示，又称为饼式绕组。交叠式绕组的优点是漏抗小，机械强度高，引线方便，但绝缘比较复杂。这种绕组主要用于壳式变压器中，如大型的电炉变压器就采用这种结构。

3. 油箱等其他结构附件

（1）油箱。油浸变压器的器身浸在充满变压器油的油箱里。变压器油既是绝缘介质，又是冷却介质，它通过受热后的对流，将铁芯和绕组的热量带到箱壁及冷却装置，再散发到周围空气中。

（2）储油柜（又称油枕）。它是一种油保护装置，水平地安装在变压器油箱盖上，用弯

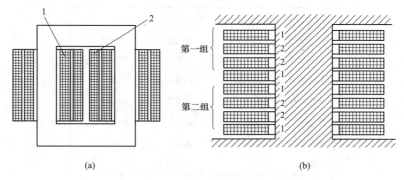

图 1-6 高、低压绕组在铁芯柱上的布置

（a）同心式；（b）交叠式

1—低压绕组；2—高压绕组

曲联管与油箱连通，柜内油面高度随变压器油的热胀冷缩而变动。储油柜的作用是保证变压器油箱内充满油，减少油和空气的接触面积，从而降低变压器油受潮和老化的速度。

（3）气体继电器（又称瓦斯继电器）。它装在油箱与储油柜的连通管中间。当变压器内部发生故障（如绝缘击穿、匝间短路、铁芯事故等）产生气体时，或油箱漏油使油面降低时，气体继电器动作，发出信号以便运行人员及时处理；若事故严重，可使断路器自动跳闸，对变压器起保护作用。

（4）安全气道（又称防爆管）。它装于油箱顶部，是一个长钢圆筒，上端口装有一定厚度的玻璃板或酚醛纸板，下端口与油箱连通。它的作用是当变压器内部发生严重故障而气体继电器失灵时，油箱内的高压气体便会沿着安全气道上冲，冲破玻璃板或酚醛纸板喷出，以免造成箱壁爆裂。

（5）吸湿器（又称呼吸器）。通过它使大气与油枕内连通。吸湿器内装有硅胶或活性氧化铝，用以吸收进入油枕中空气的水分，以防止油受潮。

（6）绝缘套管。变压器套管是将线圈的高、低压引线引到箱外的绝缘装置，它是引线对地（外壳）的绝缘，又担负着固定引线的作用。

（7）分接开关。用以改变高压绕组的匝数，从而调整电压比的装置。双绕组变压器的一次绕组及三绕组变压器的一、二次绕组一般都有 3～5 个分接头位置，相邻分接头相差 ±5%，多分接头的变压器相邻分接头相差 ±2.5%。

分接开关的操作部分装于变压器顶部，经传杆伸入变压器油箱内。分接开关分为两种：一种是无载分接开关，另一种是有载分接开关。有载分接开关可以在带负荷的情况下进行切换、调整电压。

五、变压器的铭牌及额定值

为了使变压器安全、经济、合理地运行，同时使用户对变压器的性能有所了解，变压器出厂时都安装了一块铭牌，上面标明了变压器型号及各种额定数据。图 1-7 为某三相电力变压器的铭牌。

产品型号	S9-500/10	标准号	
额定容量	500kVA	使用条件	户外式
额定电压	10000/400V	冷却条件	ONAN
额定电流	28.9/721.7	阻抗电压	4.05%
额定频率	50Hz	器身重	1015kg
相数	三相	油重	302kg
连接组别	Yyn0	总重	1753kg
制造厂		生产日期	

图 1-7　某三相电力变压器铭牌

1. 变压器的型号

变压器的型号表明了变压器的结构特点、额定容量（kVA）、电压等级和冷却方式等。

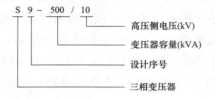

2. 变压器额定值

（1）额定电压 U_{1N} 和 U_{2N}（V 或 kV）。U_{1N} 是指加到变压器一次侧的额定电压值。它是根据变压器的绝缘强度和允许发热等条件规定的。U_{2N} 是指当一次侧加额定电压，二次侧开路时的空载电压值。对于三相变压器，额定电压是指线电压。

（2）额定电流 I_{1N} 和 I_{2N}（A 或 kA）。额定电流 I_{1N} 和 I_{2N} 指变压器在额定负载情况下，各绕组长期允许通过的电流，I_{1N} 是指一次绕组的额定电流，I_{2N} 是指二次绕组的额定电流。对于三相变压器，额定电流是指线电流。

（3）额定容量 S_N（VA、kVA、MVA）。在铭牌上所规定的额定状态下，变压器输出能力（视在功率）的保证值。对于三相变压器，额定容量是指三相容量之和。由于变压器效率很高，可认为一、二次绕组的容量相等。

单相变压器的额定容量为

$$S_N = U_{1N}I_{1N} = U_{2N}I_{2N} \tag{1-4}$$

三相变压器的额定容量为

$$S_N = \sqrt{3}U_{1N}I_{1N} = \sqrt{3}U_{2N}I_{2N} \tag{1-5}$$

（4）额定频率 f_N。我国规定标准工业用电的额定频率为 50Hz。

（5）连接组标号。它指三相变压器一、二次绕组的连接方式。Y 表示高压绕组做星形连接；y 表示低压绕组做星形连接；D 表示高压绕组做三角形连接；d 表示低压绕组做三角形连接；N 表示高压绕组做星形连接时的中性线；n 表示低压绕组做星形连接时的中性线。

此外，额定运行时变压器的效率、温升等数据均为额定值。除额定值外，铭牌上还标有变压器的相数、使用条件及冷却方式等。

【例 1-1】 一台三相油浸自冷式铝线变压器，$S_N = 200 \text{kVA}$，$U_{1N}/U_{2N} = 10 \text{kV}/0.4 \text{kV}$，Yyn 接法，求变压器一、二次侧额定电流。

解 对于三相变压器，额定电流为线电流，即

$$I_{1N} = \frac{S_N}{\sqrt{3}U_{1N}} = \frac{200 \times 10^3}{\sqrt{3} \times 10 \times 10^3} = 11.55(\text{A})$$

$$I_{2N} = \frac{S_N}{\sqrt{3}U_{2N}} = \frac{200 \times 10^3}{\sqrt{3} \times 0.4 \times 10^3} = 288.68(\text{A})$$

技能训练

变压器绕组同名端的测定

【实验说明】

掌握用直流法和交流法测量变压器绕组的同名端。

【实验仪器】

单相变压器 1 台，交流电压表、交流电流表各 1 块，开关 1 个，交流电源、直流电源。

【实验步骤】

变压器一、二次绕组电动势瞬时极性相同的端点称为同极性端，也称同名端，通常用符号"·"表示。已制成的变压器、互感器等设备，通常无法从外观上看出绕组的绕向，使用时若要清楚其同名端，可用实验的方法测定。

1. 直流法

将变压器两个绕组（匝数分别为 N_1、N_2）按如图 1-8 所示的方法连接，当开关 S 闭合的瞬间，如果电流表（或检流计）的指针正向偏转，则绕组（匝数为 N_1）的 1 端和绕组（匝数为 N_2）的 3 端为同名端。这是因为，当不断增大的电流刚流进绕组（匝数为 N_1）的 1 端瞬间，1 端的感应电动势极性为"+"，而电流表正向偏转，说明绕组（匝数为 N_2）的 3 端的极性此时也为"+"，所以 1、3 为同名端。如果电流表的指针反向偏转，则绕组（匝数为 N_1）的 1 端和绕组（匝数为 N_2）的 4 端为同名端。

2. 交流法

如图 1-9 所示，把变压器的两个绕组（匝数分别为 N_1、N_2）的任意两端连在一起，如

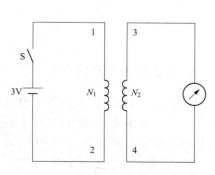

图 1-8　直流法测定同名端

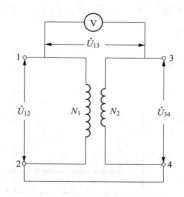

图 1-9　交流法测定同名端

2 端和 4 端，在其中一个绕组（如匝数为 N_1 的绕组）接一个较低的交流电压（约 $0.5U_N$），再用交流电压表分别测量 U_{12}、U_{13} 和 U_{34}，若 $U_{13}=U_{12}-U_{34}$，则 1 端和 3 端为同名端；若 $U_{13}=U_{12}+U_{34}$，则 1 端和 3 端为异名端，即 1 端和 4 端为同名端。

思考题与习题

（1）变压器有什么用途？变压器铁芯为什么要用硅钢片叠成？用整块铁做铁芯或不用铁芯行不行？

（2）变压器能否改变直流电压？为什么？

（3）变压器有哪些主要额定数据？各额定值的含义是什么？

（4）某单相变压器额定电压为 220V/110V，若不慎将低压侧误接到 220V 交流电源上，将有什么影响？

（5）一台三相变压器，$S_N=5000\text{kVA}$，$U_{1N}/U_{2N}=10\text{kV}/6.3\text{kV}$，Yd 连接，试求一、二次侧的额定电流。

任务二　单相变压器的运行

📝 学习目标

（1）理解变压器空载和负载运行时的物理状况、基本方程式、等效电路和相量图。

（2）掌握单相变压器的运行性能。

（3）学会通过空载和短路实验测量变压器的参数。

👆 任务分析

在变压器的运行过程中，其负载往往是变化的，随着负载的变化，变压器的电压、电流及内部参数等都有改变，这些变化会影响到供电电压的高低。如果输出到用户的电压过高或过低，可能会造成用电设备不能正常工作。那么，随着负载的变化电压是怎么变化的？怎样来提高供电电压的稳定性？本任务分析了单相变压器的空载运行、负载运行及其外特性和效率，以及如何测定变压器的参数。此外，分析单相变压器所得结论同样适用于三相变压器的对称运行。

📖 相关知识

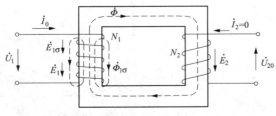

图 1-10　单相变压器空载运行示意图

一、变压器的空载运行

变压器的一次绕组接在额定电压的交流电源上，二次绕组开路的运行方式称为变压器的空载运行，如图 1-10 所示。

1. 变压器中各量正方向的规定

变压器中的电压、电流、磁通和感应

电动势的大小和方向都随时间而变化，为了正确表明各量之间的关系，必须首先规定它们的正方向，通常采用电工惯例来规定其正方向。

（1）在同一支路中，电压的参考方向与电流的参考方向一致。

（2）主磁通 $\dot{\Phi}$ 的参考方向与产生它的电流 $\dot{I}_0$ 的参考方向符合右手螺旋定则。

（3）由磁通 $\dot{\Phi}$ 产生的感应电动势 $\dot{E}$，其参考方向与产生该磁通的电流的参考方向一致。

由上述规定，在图 1-11 中标出各电压、电流、磁通、感应电动势的参考方向。

2. 变压器空载运行时各量之间的关系

当变压器一次绕组加上交流电源电压 $\dot{U}_1$ 时，一次绕组中就有电流产生，由于变压器为空载运行，此时称一次绕组中的电流为空载电流 $\dot{I}_0$，由 $\dot{I}_0$ 产生的空载磁动势 $\dot{F}_0 = \dot{I}_0 N_1$，并建立空载时的磁场。由于铁芯的磁导率比空气（或油）的磁导率大得多，所以绝大部分磁通通过铁芯闭合，同时交链一、二次绕组，并产生感应电动势 $\dot{E}_1$ 和 $\dot{E}_2$，称为主磁通 $\dot{\Phi}$；另有一小部分磁通（小于 1‰ 的总磁通）主要在非磁性材料（空气或变压器油等）形成闭合回路，只与一次绕组交链，称为一次绕组的漏磁通 $\Phi_{1\sigma}$，它在一次绕组中产生漏磁电动势 $E_{1\sigma}$。另外，$\dot{I}_0$ 将在一次绕组中产生绕组压降 $\dot{I}_0 r_1$。

虽然主磁通 Φ 和漏磁通 $\Phi_{1\sigma}$ 都是由空载电流 $\dot{I}_0$ 产生，但两者的性质却不同。由于铁磁材料存在饱和现象，主磁通 Φ 与建立它的电流 $\dot{I}_0$ 之间的关系是非线性的。漏磁通沿非铁磁材料构成的路径闭合，它与电流 $\dot{I}_0$ 呈线性关系。主磁通在一、二次绕组内感应电动势，如果二次侧接上负载，则在二次电动势的作用下向负载输出电功率，所以主磁通起着传递能量的媒介作用。而漏磁通仅在一次绕组内感应电动势，只起电压降的作用，不能传递能量。

（1）感应电动势与磁通之间的关系。感应电动势与产生它的磁通之间的关系由电磁感应定律来决定。当在变压器的一次绕组上加正弦交流电压 u_1 时，则 e_1 和 Φ 也按正弦规律变化。假设主磁通 Φ 为

$$\Phi = \Phi_{\mathrm{m}} \sin \omega t \tag{1-6}$$

式中：Φ_{m} 为主磁通的幅值。

$$\begin{aligned}
e_1 &= -N_1 \frac{\mathrm{d}\Phi}{\mathrm{d}t} = -\omega N_1 \Phi_{\mathrm{m}} \cos \omega t \\
&= \omega N_1 \Phi_{\mathrm{m}} \sin(\omega t - 90°) \\
&= E_{1\mathrm{m}} \sin(\omega t - 90°) \\
E_{1\mathrm{m}} &= \omega N_1 \Phi_{\mathrm{m}}
\end{aligned} \tag{1-7}$$

式中：$E_{1\mathrm{m}}$ 为一次绕组感应电动势 E_1 的幅值。

由式（1-7）可知，当主磁通按正弦规律变化时，一次绕组的感应电动势也按正弦规律变化，但感应电动势在相位上落后于主磁通 90°。

根据有效值与幅值之间的关系，e_1 的有效值为

$$E_1 = \frac{E_{1\mathrm{m}}}{\sqrt{2}} = \frac{\omega N_1 \Phi_{\mathrm{m}}}{\sqrt{2}} = \frac{2\pi f N_1 \Phi_{\mathrm{m}}}{\sqrt{2}} = \sqrt{2}\, \pi f N_1 \Phi_{\mathrm{m}} = 4.44 f N_1 \Phi_{\mathrm{m}} \tag{1-8}$$

感应电动势和磁通的相量关系为

$$\dot{E}_1 = -\text{j}4.44fN_1\dot{\Phi}_\text{m} \tag{1-9}$$

同理，二次绕组感应电动势的有效值和相量表达式分别为

$$E_2 = 4.44fN_2\Phi_\text{m} \tag{1-10}$$

$$\dot{E}_2 = -\text{j}4.44fN_2\dot{\Phi}_\text{m} \tag{1-11}$$

（2）一次绕组的漏感电动势。漏磁通感应的电动势的有效值相量表示为

$$\dot{E}_{1\sigma} = -\text{j}4.44fN_1\dot{\Phi}_{1\sigma\text{m}} \tag{1-12}$$

式中：$\Phi_{1\sigma\text{m}}$ 为一次绕组等值漏磁通幅值。

为了简化分析或计算，通常根据电工基础知识把式（1-12）由电磁表达形式转化为习惯的电路表达形式，即

$$\dot{E}_{1\sigma} = -\text{j}\dot{I}_0\omega L_1 = -\text{j}\dot{I}_0 X_1 \tag{1-13}$$

式中：L_1 为一次绕组的漏电感；X_1 为一次绕组漏电抗，反映漏磁通 $\Phi_{1\sigma}$ 对一次侧电路的电磁效应，$X_1 = \omega L_1$。

由于漏磁通的路径是非铁磁性物质，磁路不会饱和，是线性磁路，因此对已制成的变压器，漏电感 L_1 为常数，当频率 f 一定时，漏电抗 X_1 也是常数。

3. 变压器空载运行时的电动势平衡方程式和电压比

一次绕组电动势平衡方程式为

$$\begin{aligned}
\dot{U}_1 &= -\dot{E}_1 - \dot{E}_{1\sigma} + \dot{I}_0 r_1 = -\dot{E}_1 + \dot{I}_0 r_1 + \text{j}\dot{I}_0 X_1 \\
&= -\dot{E}_1 + \dot{I}_0(r_1 + \text{j}X_1) \\
&= -\dot{E}_1 + \dot{I}_0 Z_1 \tag{1-14} \\
Z_1 &= r_1 + \text{j}X_1
\end{aligned}$$

式中：Z_1 为变压器一次绕组漏阻抗，Ω；r_1 为变压器一次绕组电阻，Ω。

对于电力变压器空载时，$I_2 = 0$，$I_1 = I_0 = (2\% \sim 10\%)I_{1\text{N}}$，$I_0 Z_1 < 0.2\%U_1$，可忽略不计，则

$$\dot{U}_1 \approx -\dot{E}_1 = \text{j}4.44fN_1\dot{\Phi}_\text{m} \tag{1-15}$$

式（1-15）表明，$\dot{U}_1$ 与 $\dot{E}_1$ 在数值上相等，在方向上相反，波形相同。Φ_m 的大小取决于 U_1、N_1、f 的大小，当 U_1、N_1、f 不变时，Φ_m 基本不变，磁路饱和程度基本不变。

由于二次侧空载电流 $I_2 = 0$，则绕组内无压降产生，二次绕组的空载电压等于其感应电动势，即

$$\dot{U}_{20} = \dot{E}_2 \tag{1-16}$$

变压器的一次绕组和二次绕组电动势之比称为变压器的变比，用 k 表示，即

$$k = \frac{E_1}{E_2} = \frac{N_1}{N_2} \approx \frac{U_1}{U_2} \tag{1-17}$$

对于三相变压器，变比是指相电压的比值。

4. 空载电流

变压器的空载电流 $\dot{I}_0$ 包含两个分量，一个是励磁分量，其作用是建立主磁通，其相位

与主磁通相同，为一无功电流，用 $\dot{I}_{0Q}$ 表示。另一个是铁损耗分量，其作用是供给主磁通在铁芯中交变时产生的磁滞损耗和涡流损耗（统称为铁耗），此电流为有功分量，用 $\dot{I}_{0P}$ 表示。故空载电流 $\dot{I}_0$ 可写成

$$\dot{I}_0 = \dot{I}_{0P} + \dot{I}_{0Q} \tag{1-18}$$

电力变压器空载电流的无功分量总是远远大于有功分量，一般 $I_{0P} < 10\% I_{0Q}$，故变压器空载电流可近似认为是无功性质的。当忽略 $\dot{I}_{0P}$ 时，则 $\dot{I}_0 \approx \dot{I}_{0Q}$，故有时把空载电流近似称作励磁电流。对于电力变压器，一般空载电流为额定电流的 $2\% \sim 10\%$，容量越大，I_0 相对越小。

5. 变压器空载运行时的等效电路和相量图

（1）等效电路。

变压器运行时既有电路和磁路问题，又有电和磁之间的相互联系问题，若用纯电路的形式等效，可使变压器的分析大为简化。

对于外加电压 $\dot{U}_1$ 来说，漏感电动势 $\dot{E}_{1\sigma}$ 的作用可看作是电流 $\dot{I}_0$ 流过漏电抗 X_1 时所引起的电压降，即 $\dot{E}_{1\sigma} = -\mathrm{j}\dot{I}_0 \omega L_1 = -\mathrm{j}\dot{I}_0 X_1$。同样，对主磁通在一次绕组产生感应电动势 $\dot{E}_1$ 的作用，也可类似地引入一个参数来处理。但考虑到主磁通在铁芯中引起铁耗，故不能单纯地引入一个电抗，而应引入一个阻抗 Z_m 把 $\dot{E}_1$ 和 $\dot{I}_0$ 联系起来。这时电动势 $\dot{E}_1$ 的作用可看作是电流 $\dot{I}_0$ 流过 Z_m 产生的阻抗压降，即

$$-\dot{E}_1 = \dot{I}_0 Z_m = \dot{I}_0 (r_m + \mathrm{j}X_m) \tag{1-19}$$

式中：Z_m 为变压器的励磁阻抗；X_m 为变压器的励磁电抗；r_m 为变压器的励磁电阻。

励磁电抗 X_m 是对应于主磁通的电抗，而励磁电阻 r_m 是反映铁芯损耗的一个等效电阻，是一个虚设而实际不存在的电阻。设置 r_m 的目的是让 $\dot{I}_0$ 流过 r_m 产生的有功功率 $I_0^2 r_m$ 与铁芯中的实际损耗等效。上述 Z_m、X_m、r_m 3 个量又称为变压器的励磁参数，3 个参数之间存在着下列关系

$$Z_m = \frac{E_1}{I_0} \approx \frac{U_1}{I_0}, \quad r_m = \frac{p_{Fe}}{I_0^2} \approx \frac{p_0}{I_0^2}, \quad X_m = \sqrt{Z_m^2 - r_m^2}$$

式中：p_0 为空载损耗。

由于变压器空载时铁耗功率 p_{Fe} 很小，而励磁功率很大，所以 r_m 远比 X_m 小。将式（1-19）代入式（1-14）得

$$\dot{U}_1 = -\dot{E}_1 + \dot{I}_0 Z_1 = \dot{I}_0 Z_m + \dot{I}_0 Z_1 = \dot{I}_0 (Z_m + Z_1) \tag{1-20}$$

由此可画出相应的等效电路，如图 1-11 所示。由此可见，空载时的变压器可以看成是由两个阻抗不同的线圈串联而成的电路，其中一个没有铁芯（即由一次绕组的漏阻抗 $Z_1 = r_1 + \mathrm{j}X_1$ 组成），另一个有铁芯（即由励磁阻抗 $Z_m = r_m + \mathrm{j}X_m$ 组成）。

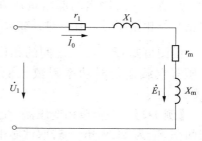

图 1-11 变压器空载时的等效电路

参数 r_1 和 X_1 是常数，而 r_m 和 X_m 却不是常数，是随电压而变化的。这是由于铁芯存

在饱和现象，I_0 比 Φ 增长得快，而 Φ 与外加电压 U_1 成正比，故 I_0 比 U_1 增长得快，因此 r_m 和 X_m 都是随着外加电压的增加而减小的。但工程实践中，由于外加电压均为额定值，变化不大，故做定量计算时，可以认为 Z_m 基本上保持不变。

（2）相量图。为了直观地表示变压器空载运行时各电磁量的大小和相位关系，归纳前面学过的方程式，有

$$\begin{cases} \dot{U}_1 = -\dot{E}_1 + \dot{I}_0 r_1 + j\dot{I}_0 X_1 \\ \dot{U}_{20} = \dot{E}_2 \\ \dot{E}_1 = -j4.44fN_1\dot{\Phi}_m \\ \dot{E}_2 = -j4.44fN_2\dot{\Phi}_m \\ \dot{I}_0 = \dot{I}_{0P} + \dot{I}_{0Q} \\ \dot{I}_0 = -\dot{E}_1/Z_m \end{cases}$$

根据上述公式可画出变压器空载时的相量图，如图 1-12 所示。

作图步骤如下：

1）在横坐标上做出主磁通 $\dot{\Phi}_m$，并选为参考相量。

2）根据式 $\dot{E}_1 = -j4.44fN_1\dot{\Phi}_m$、$\dot{E}_2 = -j4.44fN_2\dot{\Phi}_m$ 做出电动势 $\dot{E}_1$ 和 $\dot{E}_2$ 的线，它们滞后 $\dot{\Phi}_m$90°。

3）作 $\dot{I}_{0Q}$ 与 $\dot{\Phi}_m$ 同相，作 $\dot{I}_{0P}$ 相位超前 $\dot{\Phi}_m$90°，$\dot{I}_{0Q}$ 和 $\dot{I}_{0P}$ 的合成相量即为空载电流 $\dot{I}_0$，$\dot{I}_0$ 超前 $\dot{\Phi}_m$ 一个铁损角 α_{Fe}。

4）由 $\dot{U}_1 = -\dot{E}_1 + \dot{I}_0 Z_1 = -\dot{E}_1 + \dot{I}_0 r_1 + j\dot{I}_0 X_1$，依次作出 $-\dot{E}_1$、$\dot{I}r_1$、$j\dot{I}_0 X_1$，叠加得相量 $\dot{U}_1$。

注意，一次绕组的漏阻抗压降一般很小，为了清楚起见，作相量图时，有意对其放大了比例。

由图可知 $\dot{U}_1$ 与 $\dot{I}_0$ 之间的相位角 φ_0 接近 90°，因此变压器空载运行时功率因数较低，一般 $\cos\varphi_0$ 为 0.1～0.2。

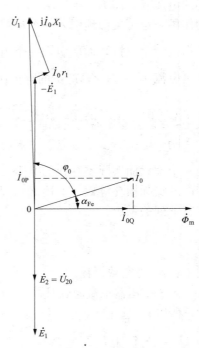

图 1-12　变压器空载运行时的相量图

【例 1-2】　一台单相变压器，已知 $S_N = 500\text{kVA}$。$U_{1N}/U_{2N} = 35\text{kV}/6.6\text{kV}$，铁芯的有效截面积 S_{Fe} 为 1120cm^2，若取铁芯中最大磁通密度 B_m 为 1.5T，试求高、低压绕组的匝数比和电压比（不计漏磁）。

解　变压器的电压比为　　　　$k = \dfrac{U_1}{U_2} = \dfrac{35}{6.6} = 5.3$

铁芯中的磁通　　$\Phi_m = B_m S_{Fe} = 1.5 \times 1120 \times 10^{-4} = 0.168 \text{ (Wb)}$

$$\text{高压绕组匝数} \quad N_1 = \frac{U_1}{4.44 f \Phi_m} = \frac{35 \times 10^3}{4.44 \times 50 \times 0.168} = 983 \text{ (匝)}$$

$$\text{低压绕组匝数} \quad N_2 = \frac{N_1}{k} = \frac{938}{5.3} = 177 \text{ (匝)}$$

二、变压器的负载运行

当变压器的一次绕组加电源电压 $\dot{U}_1$，二次绕组接负载 Z_L，二次绕组中便有电流 $\dot{I}_2$ 通过，这种情况称为变压器负载运行，如图 1-13 所示。

1. 变压器负载运行时的电磁关系

当变压器二次绕组接上负载 Z_L 时，在感应电动势 $\dot{E}_2$ 的作用下，二次绕组便

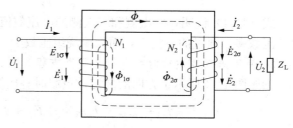

图 1-13　变压器负载运行

会有电流 $\dot{I}_2$ 产生，进而产生二次绕组磁动势 $\dot{F}_2 = \dot{I}_2 N_2$，该磁动势也作用在主磁路上，企图改变空载运行时 $\dot{I}_{0q}$ 所建立起来的主磁通 $\dot{\Phi}$。正是由于 $\dot{I}_2$ 的出现，变压器负载运行时内部的物理情况与空载运行时有所不同。但是，一般变压器 Z_1 是很小的，即便是在额定运行时，$I_{1N} Z_1$ 也只占到 U_{1N} 的 $3\% \sim 5\%$，故仍可忽略，所以有 $\dot{U}_1 \approx \dot{E}_1$。所以只要一次绕组所加电压 $\dot{U}_1$ 不变，就可以认为变压器由空载到负载时 $\dot{E}_1$ 保持不变，这在工程上是完全允许的。由 $\dot{E}_1 = -j4.44 f N_1 \dot{\Phi}_m$ 可知，$\dot{\Phi}_m$ 基本保持不变，这就是变压器恒磁通原理，即无论变压器工作在空载状态还是负载状态，其主磁通近似保持不变。正是由于这一原理，负载与空载时，产生主磁通的总磁动势应该相同，即

$$\dot{F}_1 + \dot{F}_2 = \dot{F}_0$$
$$\dot{I}_1 N_1 + \dot{I}_2 N_2 = \dot{I}_0 N_1 \tag{1-21}$$

将式 (1-21) 两边除以 N_1 并移项，得

$$\dot{I}_1 = \dot{I}_0 + \left(-\dot{I}_2 \frac{N_2}{N_1} \right) = \dot{I}_0 + \left(-\frac{\dot{I}_2}{k} \right) = \dot{I}_0 + \dot{I}_{1L} \tag{1-22}$$

式 (1-22) 表明，负载时一次侧的电流 $\dot{I}_1$ 由两个分量组成，一个是励磁电流 $\dot{I}_0$，用于建立主磁通 $\dot{\Phi}$；另一个是供给负载的负载电流分量 $\dot{I}_{1L} = -\dot{I}_2/k$，用以抵消二次绕组磁动势的去磁作用，保持主磁通基本不变。

式 (1-22) 还表明变压器负载运行时，通过磁动势平衡关系，将一、二次绕组电流紧密地联系在一起，$\dot{I}_2$ 的增加或减小必然同时引起 $\dot{I}_1$ 的增加或减小；相应地，二次绕组输出功率的增加或减小，一次绕组输入功率必然同时增加或减小，这就达到变压器通过电磁感应磁动势平衡传递能量的目的。

由于变压器空载电流 $\dot{I}_0$ 很小，因此为了方便分析问题，常将 $\dot{I}_0$ 忽略不计，则式

(1-22) 为

$$\dot{I}_1 \approx -\frac{N_2}{N_1}\dot{I}_2 = -\frac{\dot{I}_2}{k} \tag{1-23}$$

式 (1-23) 表明，$\dot{I}_1$ 与 $\dot{I}_2$ 相位上相差接近 $180°$，考虑数值关系时，有

$$\frac{I_1}{I_2} \approx \frac{N_2}{N_1} \tag{1-24}$$

式 (1-24) 说明，一次侧和二次侧的电流数值上近似地与它们的匝数成反比，因此高压绕组匝数多，通过的电流小，而低压绕组匝数少，通过的电流大。

2. 变压器负载运行时的电动势平衡方程式

参照图 1-14 所示正方向的规定，负载时一次绕组电压平衡方程式为

$$\dot{U}_1 = -\dot{E}_1 - \dot{E}_{1\sigma} + \dot{I}_1 r_1 = -\dot{E}_1 + \dot{I}_1 r_1 + j\dot{I}_1 X_{1\sigma} = -\dot{E}_1 + \dot{I}_1 Z_1 \tag{1-25}$$

负载电流 $\dot{I}_2$ 所产生的磁通中，有很小一部分漏磁通 $\dot{\Phi}_{2\sigma}$，称作二次漏磁通。它不穿过一次绕组，只穿过二次绕组本身，产生的漏磁电动势为 $\dot{E}_{2\sigma}$，$\dot{E}_{2\sigma}$ 也可用漏抗压降形式表示，即

$$\dot{E}_{2\sigma} = -j\dot{I}_2 X_2 \tag{1-26}$$

此外，$\dot{I}_2$ 通过二次绕组还产生电阻压降 $\dot{I}_2 r_2$，所以二次绕组的电压平衡方程式为

$$\dot{U}_2 = \dot{E}_2 + \dot{E}_{2\sigma} - \dot{I}_2 r_2 = \dot{E}_2 - \dot{I}_2(jX_2 + r_2) = \dot{E}_2 - \dot{I}_2 Z_2 = \dot{I}_2 Z_L \tag{1-27}$$

$$Z_2 = r_2 + jX_2$$

式中：Z_2 为二次绕组的漏阻抗；r_2 为二次绕组的电阻；X_2 为二次绕组的漏电抗。

综上所述，变压器负载时的基本方程式为

$$\begin{cases} \dot{U}_1 = -\dot{E}_1 + \dot{I}_1 Z_1 \\ \dot{U}_2 = \dot{E}_2 - \dot{I}_2 Z_2 \\ \dot{E}_1 = -\dot{I}_0 Z_m \\ E_1 = kE_2 \\ \dot{I}_1 N_1 + \dot{I}_2 N_2 = \dot{I}_0 N_1 \end{cases} \tag{1-28}$$

3. 变压器负载的等效电路

变压器的一、二次绕组之间是通过电磁耦合而联系的，它们之间并无直接的电路联系，因此利用基本方程式计算负载时，变压器的运行性能就显得十分繁琐，尤其在电压比 k 较大时更为突出。为了便于分析和简化计算，引入与变压器负载运行时等效的电路模型，即等效电路。

(1) 绕组折算。绕组折算就是将变压器的一、二次绕组折算成同样匝数，通常是将二次绕组折算到一次绕组，即取 $N_2' = N_1$，则 E_2 变为 E_2'，使 $E_2' = E_1$。折算仅仅是一种数学手段，它不改变折算前后的电磁关系，即折算前后的功率、损耗、磁动势平衡关系等均保持不变。

对于一次绕组而言，折算后的二次绕组与实际的二次绕组是等效的。由于折算前后二次

绕组的匝数不同，因此折算后的二次绕组的各物理量数值与折算前的不同，其相位角仍未改变。为了区别折算量，常在原来符号的右上角加"'"表示。

1）二次侧电动势和电压的折算。根据折算前后主磁通不变，而电动势又与匝数成正比，则有

$$\frac{E'_2}{E_2}=\frac{N'_2}{N_2}=\frac{N_1}{N_2}=k$$

$$E'_2=kE_2=E_1 \tag{1-29}$$

$$E'_{2\sigma}=kE_{2\sigma} \tag{1-30}$$

$$U'_2=kU_2 \tag{1-31}$$

2）二次电流的折算。根据折算前后二次绕组磁动势不变的原则，即 $I'_2N'_2=I_2N_2$，则有

$$I'_2=\frac{N_2}{N'_2}I_2=\frac{N_2}{N_1}I_2=\frac{1}{k}I_2 \tag{1-32}$$

3）二次绕组阻抗的折算。根据折算前后功率损耗保持不变的原则，则有

$$I'^2_2r'_2=I^2_2r_2, \quad r'_2=\frac{I^2_2}{I'^2_2}r_2=\left(\frac{I_2}{I_1}\right)^2 r_2=k^2r_2 \tag{1-33}$$

同理

$$\begin{cases} X'_2=k^2X_2 \\ Z'_2=k^2Z_2 \\ Z'_L=k^2Z_L \end{cases} \tag{1-34}$$

综上所述，若将二次绕组折算到一次绕组，折算值与原值的关系：①凡是电动势、电压都乘以变比 k；②凡是电流都除以变比 k；③凡是电阻、电抗、阻抗都乘以变比 k 的二次方；④凡是磁动势、功率、损耗等值都不变。

（2）变压器负载时的等效电路。经过折算的变压器，其基本方程式变为

$$\begin{cases} \dot{U}_1=-\dot{E}_1+\dot{I}_1Z_1 \\ \dot{U}'_2=\dot{E}'_2-\dot{I}'_2Z'_2 \\ \dot{E}_1=\dot{E}'_2=-\dot{I}_0Z_m \\ \dot{U}'_2=\dot{I}'_2Z'_L \\ \dot{I}_0=\dot{I}_1+\dot{I}'_2 \end{cases} \tag{1-35}$$

根据式（1-35），可以分别画出变压器的部分等效电路，如图 1-14（a）所示，其中变压器一、二次绕组之间的磁耦合作用，由主磁通在绕组中产生的感应电动势 $\dot{E}_1$、$\dot{E}_2$ 反映出来，经过绕组折算后，$\dot{E}_1=\dot{E}'_2$，构成了相应主磁场励磁部分的等效电路。根据 $\dot{E}_1=\dot{E}'_2=-\dot{I}_0Z_m$ 和 $\dot{I}_0=\dot{I}_1+\dot{I}'_2$ 的关系，可将一、二次绕组的等值电路和励磁支路连在一起，构成变压器的 T 形等效电路，如图 1-14（b）所示。

（3）等效电路的简化。T 形等效电路虽然正确反映了变压器内部的电磁关系，但它属于混联电路，进行复数运算比较复杂。由于一般变压器的 I_1Z_1［为（3%～5%）U_{1N}］较小，负载变化时 $E_1=E'_2$ 的变化很小，故认为 $E_1\approx U_1$，同时认为 I_0 不随负载而变，所以把励磁

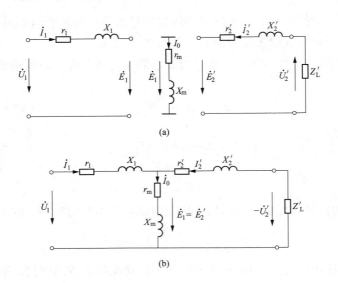

(a)

(b)

图 1-14　变压器 T 形等效电路形成过程

（a）部分等效电路；（b）T 形等效电路

支路从 T 形等效电路的中部移到电源端，如图 1-15 所示，这种电路称为 Γ 形等效电路。Γ 形等效电路是一个并联电路，不仅大大简化了计算过程，所引起的误差也更少。

　　由于一般电力变压器运行时，I_0 很小，工程计算时，可进一步把励磁电流 I_0 忽略不计，即将励磁支路去掉，得到一个更为简单的阻抗串联电路，如图 1-16 所示。

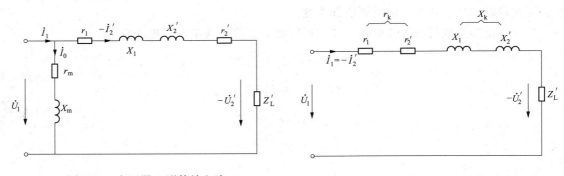

图 1-15　变压器 Γ 形等效电路　　　　　　图 1-16　变压器简化等效电路

由图 1-16 可得

$$\begin{cases} r_k = r_1 + r_2' \\ X_k = X_1 + X_2' \\ Z_k = Z_1 + Z_2' = r_k + jX_k \end{cases} \tag{1-36}$$

式中：Z_k 为变压器的短路阻抗；r_k 为短路电阻；X_k 为短路电抗。

三、变压器的运行特性

　　反映变压器运行特性的主要指标有外特性和效率两个。

1. 变压器的外特性和电压变化率

变压器负载运行时，由于变压器内部存在内阻和漏电抗，负载电流 I_2 流过二次绕组时，必然产生内阻抗压降，引起 U_2 的变化。变压器外特性是指变压器负载运行时，在一次绕组加额定电压 U_{1N}，负载功率因数 $\cos\varphi_2$ 为常数时，二次绕组端电压 U_2 随负载电流 I_2 的变化关系，即 $U_2 = f(I_2)$ 曲线，如图 1-17 所示。

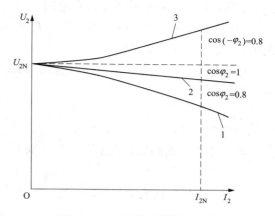

图 1-17　变压器的外特性曲线

变压器二次侧端电压随负载变化的程度用电压变化率 $\Delta U\%$ 来表示。所谓电压变化率是指：一次绕组加额定电压，负载功率因数一定，由空载至某一负载时二次侧电压的变化对二次额定电压的百分率。即

$$\Delta U\% = \frac{U_{20} - U_2}{U_{2N}} \times 100\% = \frac{U_{2N} - U_2}{U_{2N}} \times 100\% = \frac{U_{1N} - U_2'}{U_{1N}} \times 100\% \qquad (1\text{-}37)$$

电压变化率可根据变压器的参数、负载的性质和大小由简化相量图求得

$$\Delta U\% = \beta \frac{I_{1N} r_k \cos\varphi_2 + I_{1N} X_k \sin\varphi_2}{U_{1N}} \times 100\% \qquad (1\text{-}38)$$

$$\beta = \frac{I_1}{I_{1N}} = \frac{I_2}{I_{2N}}$$

式中：β 为变压器负载系数；I_{1N}、I_{2N} 为一次、二次侧相电流，u_{1N} 为一次侧相电压。

从式（1-38）可看出，电压变化率 $\Delta U\%$ 不仅与短路参数 r_k、X_k 和负载系数 β 有关，还与负载功率因数 $\cos\varphi_2$ 有关。

由于在一般电力变压器中 $X_k \gg r_k$，所以在纯电阻性负载时，因为 $\varphi_2 = 0$，所以 $\cos\varphi_2 = 1$，$\sin\varphi_2 = 0$，所以 $\Delta U\%$ 为正值且很小；感性负载时，因为 $\varphi_2 > 0$，所以 $\cos\varphi_2$ 与 $\sin\varphi_2$ 均为正值，$\Delta U\%$ 也为正值，说明二次侧电压 U_2 随负载增大而下降，而且在相同的负载电流 I_2 下，感性负载时 U_2 的下降比纯电阻负载时 U_2 下降得大；容性负载时，$\varphi_2 < 0$，$\cos\varphi_2 > 0$ 而 $\sin\varphi_2 < 0$，如果 $|I_1 r_k \cos\varphi_2| < |I_1 X_k \sin\varphi_2|$ 时，$\Delta U\%$ 为负值，表明二次侧电压 U_2 随负载电流 I_2 的增加而升高。

电压变化率 $\Delta U\%$ 是变压器的主要性能指标，它反映了电源电压的稳定性，一定程度上反映了电能的质量、一般变压器负载均为感性，在 $\sin\varphi_2$ 为 0.8 时，中小型变压器的电压变化率为 $4\% \sim 5.5\%$。

2. 变压器的效率特性

（1）变压器的损耗。变压器在能量传递的过程中会产生铜损耗和铁损耗，即 $\sum p = p_{Cu} + p_{Fe}$。

铁耗 p_{Fe} 是由铁芯中交变磁通产生的磁滞和涡流损耗，当电源电压一定时，忽略空载铜损耗不计，$p_{Fe} = p_0 = $ 常量，与负载电流的大小和性质没有关系，称为不变损耗。

铜耗 p_{Cu} 是变压器电流 I_1、I_2 分别流过一、二次绕组电阻 r_1、r_2 所产生的损耗 p_{Cu1}、

p_{Cu2} 之和，可由短路实验求出，在忽略 I_0 时，有

$$p_{Cu} = I_1^2 r_1 + I_2^2 r_2 = I_1^2 r_1 + I_2'^2 r_2' = I_1^2 r_k = (\beta I_{1N})^2 r_k = \beta^2 I_{1N}^2 r_k = \beta^2 p_{kN} \tag{1-39}$$

式中：p_{kN} 为额定短路铜耗。

（2）效率。变压器的效率 η 是指它的输出功率 P_2 与输入功率 P_1 之比，用百分数表示，即

$$\eta = \frac{P_2}{P_1} \times 100\% = \frac{P_2}{P_2 + \sum p} \times 100\% \tag{1-40}$$

若不考虑二次侧电压的变化，即认为 $U_2 = U_{2N}$ 不变。这样便有

$$P_2 = U_2 I_2 \cos\varphi_2 = U_{2N}\beta I_{2N}\cos\varphi_2 = \beta S_N \cos\varphi_2 \tag{1-41}$$

将式（1-41）代入式（1-40）得

$$\eta = \frac{\beta S_N \cos\varphi_2}{\beta S_N \cos\varphi_2 + p_0 + \beta^2 p_{kN}} \tag{1-42}$$

中小型变压器的效率在 95% 以上，大型变压器效率可达 99% 以上。

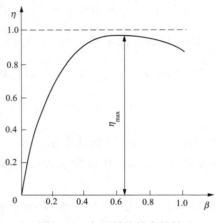

图 1-18　变压器的效率特性

（3）变压器的效率特性。变压器的效率特性：是指负载功率因数 $\cos\varphi_2$ 一定的情况下，效率 η 与负载系数 β 之间的关系，即 $\eta = f(\beta)$ 曲线，如图 1-18 所示。

从效率特性上可以看出，当负载较小时，效率随负载的增大而快速上升，当负载达到一定值时，负载的增大反而使效率下降，因此在 $\eta = f(\beta)$ 曲线上有一个最高的效率点 η_{max}。为了求出在某一负载下的最高效率，可以令 $\dfrac{d\eta}{d\beta} = 0$，从而求得发生最大效率时的 β_m 值，然后将此值代入（1-42）即可求得最高效率 η_{max}。

按上述方法计算的结果表明，当可变损耗与不变损耗相等时，效率达最大值，即

$$p_0 = \beta_m^2 p_{kN}$$

由此

$$\beta_m = \sqrt{\frac{p_0}{p_{kN}}} \tag{1-43}$$

将式（1-43）代入式（1-42），即可求得变压器的最大效率 η_{max}。由于变压器常年接在电网上运行，铁耗总是存在，而铜耗随负载的变化而变化，同时变压器不可能总是在满载下运行，因此，为了使总的经济效果良好，铁耗应相对小些，所以一般电力变压器取 p_0/p_{kN} 为 $1/4 \sim 1/2$，故最大效率 η_{max} 发生在 β_m 为 $0.5 \sim 0.7$ 范围内。

【例 1-3】 一台三相电力变压器，$S_N = 100\text{kVA}$，$p_0 = 600\text{W}$，$p_{kN} = 2400\text{W}$。试求：

（1）额定负载且 $\cos\varphi_2 = 0.8$（滞后）时的效率。

（2）最高效率时的负载系数和最高效率。

解　（1）额定负载 $\beta = 1.0$，则

$$\eta = \frac{\beta S_N \cos\varphi_2}{\beta S_N \cos\varphi_2 + p_0 + \beta^2 p_{kN}}$$

$$= \frac{1 \times 100 \times 10^3 \times 0.8}{1 \times 100 \times 10^3 \times 0.8 + 600 + 1^2 \times 2400} \times 100\% = 96.39\%$$

（2）最高效率时的负载系数为

$$\beta_\mathrm{m} = \sqrt{\frac{p_0}{p_\mathrm{kN}}} = \sqrt{\frac{600}{2400}} = 0.5$$

最高效率为

$$\eta = \frac{\beta_\mathrm{m} S_\mathrm{N} \cos\varphi_2}{\beta_\mathrm{m} S_\mathrm{N} \cos\varphi_2 + p_0 + \beta_\mathrm{m}^2 p_\mathrm{kN}}$$

$$= \frac{0.5 \times 100 \times 10^3 \times 0.8}{0.5 \times 100 \times 10^3 \times 0.8 + 600 + 0.5^2 \times 2400} = 97.09\%$$

 **技能训练** --

变压器参数的测定

在分析计算变压器的运行问题时，必须首先知道变压器的各个参数。知道了变压器的参数，即可绘出等值电路，然后运用等值电路去分析和计算变压器的运行性能。变压器的参数可通过空载实验和短路实验来测定。

1. 变压器的空载实验

【实验目的】

通过测定空载电流 I_0、空载电压 U_0 及空载损耗 p_0，计算变压器的变比 k 和励磁参数 Z_m、r_m 及 X_m。

【实验仪器】

单相变压器 1 台、单相调压器 1 台、交流电压表 2 块、交流电流表 1 块、功率表 1 块。

【实验步骤】

（1）接线。对于单相变压器，空载实验可按图 1-19 接线。为了便于测量和安全，一般在低压侧施加电压而在高压侧空载。

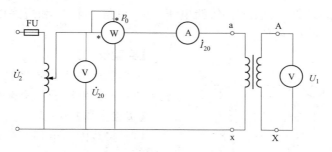

图 1-19 变压器空载实验接线图

（2）实验方法。通电前，应将调压器调到初始位置，以免电压表、电流表被合闸瞬间冲击电流损坏。空载实验时，调节调压器的输出电压 U_2，使实验电压 U_{20} 逐渐升高达到低压侧额定电压值 U_{2N} 为止，然后测量出它所对应的空载电流 I_{20}、空载损耗 p_0（空载输入功率）和高压侧的开路电压 U_1 约 6 组，记录于表 1-1 中。

表 1-1 空载实验测量值

序号	实验数据				计算数据
	$U_{20}(\text{V})$	$I_{20}(\text{A})$	$p_0(\text{W})$	$U_1(\text{V})$	$\cos\varphi_0$
1					
2					
3					
4					
5					
6					

（3）空载参数计算。由于空载电流 I_{20} 很小，在忽略绕组铜损耗的情况下，可近似认为空载实验时变压器输入电功率就等于变压器的铁损耗功率，即 $p_0 = p_{\text{Fe}}$。根据实验测量的结果，可以计算出单相变压器的下列参数

$$Z_0 = \frac{U_{2\text{N}}}{I_{20}}, \quad r_0 = \frac{p_0}{I_{20}^2}$$

其中：$Z_0 = Z_2 + Z_m$，$r_0 = r_2 + r_m$，但由于 $r_2 \ll r_m$，$Z_2 \ll Z_m$，因此可以认为：

$$\left.\begin{array}{l}\text{励磁电阻为} \quad r_m \approx r_0 = \dfrac{p_0}{I_{20}^2} \\[2mm] \text{励磁阻抗为} \quad Z_m \approx Z_0 = \dfrac{U_{2\text{N}}}{I_{20}} \\[2mm] \text{励磁电抗为} \quad X_m = \sqrt{Z_m^2 - r_m^2}\end{array}\right\} \tag{1-44}$$

$$\text{变比为} \qquad k = \frac{N_1}{N_2} \approx \frac{U_1}{U_{2\text{N}}} \tag{1-45}$$

由于空载实验是在低压侧做的，故测得的励磁参数是折算到低压边的数值。如果要折算到高压边时，必须在计算所得数据上乘以 k^2。

2. 变压器的短路实验

【实验目的】

短路实验的目的是测定变压器的短路电压 U_k、短路电流 I_k 和短路损耗 p_k 的值，计算出短路参数 Z_k、r_k 和 X_k 的值。

【实验仪器】

单相变压器 1 台，单相调压器 1 台，功率表 1 块，交流电压表、交流电流表各 1 块。

【实验步骤】

（1）接线图。单相变压器的短路实验电路如图 1-20 所示。由于短路实验时电流较大（加到额定电流），而外加电压却很低，一般短路电压为额定电压的 4%～10%，因此为便于测量，一般在高压侧实验，将低压侧短路。

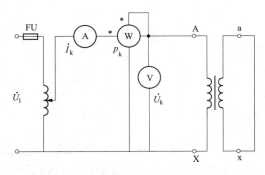

图 1-20 单相变压器短路实验接线图

（2）实验方法。短路实验时，调节调压器

输出电压 U_k，从零开始缓慢地增大，使一次侧电流从零升到额定电流 $I_{1\text{N}}$ 为止，测量此时的

高压绕组的电流 I_k、p_k 和 U_k 约 6 组，记录于表 1-2 中，并记录实验时的室温 θ。

表 1-2 短路实验测量值 室温_____℃

序号	实验数据			计算数据
	U_k (V)	I_k (A)	p_k (W)	$\cos\varphi_0$
1				
2				
3				
4				
5				
6				

（3）短路参数计算。由于短路实验时外加电压很低，主磁通很小，所以变压器的铁耗和励磁电流均可忽略不计。这就是说，短路情况下变压器输入电功率近似等于变压器绕组的铜耗功率。根据实验测量的结果，可以计算出单相变压器的短路参数如下：

短路阻抗为 $\quad Z_k = \dfrac{U_k}{I_k} = \dfrac{U_k}{I_{1N}}$

短路电阻为 $\quad r_k = \dfrac{p_k}{I_k^2} = \dfrac{p_k}{I_{1N}^2}$ $\qquad\qquad\qquad$ (1-46)

短路电抗为 $\quad X_k = \sqrt{Z_k^2 - r_k^2}$

在 T 形等值电路中，一般可认为 $r_1 = r_2' = \dfrac{1}{2}r_k$，$X_1 = X_2' = \dfrac{1}{2}X_k$。

由于电阻值的大小随温度变化，实验时的温度和变压器实际运行时的温度不一定相同，因此按照国家标准规定，测出的电阻值应换算到 75℃ 时的值，对于铜线变压器换算式为（铜线用 235，铝线用 228）

$$r_{k75℃} = \frac{235 + 75}{235 + \theta} r_k$$

$$Z_{k75℃} = \sqrt{r_{k75℃}^2 + X_k^2} \qquad\qquad (1\text{-}47)$$

$$p_{kN75℃} = I_{1N}^2 r_{k75℃}$$

$$U_{kN75℃} = I_{1N} Z_{k75℃}$$

式中：θ 为实验时的室温，℃。

由于短路实验是在高压侧进行的，故测定的短路参数是属于高压侧的数值，若需要折算到低压侧时，应除以变比 k 的二次方。

为了便于比较，把短路电压用一次侧额定电压的百分数表示，即

$$u_k = \frac{U_{kN75℃}}{U_{k1N}} \times 100\% = \frac{I_{1N} Z_{k75℃}}{U_{k1N}} \times 100\% \qquad (1\text{-}48)$$

短路电压也称阻抗电压，通常标在变压器的铭牌上，它的大小反映了变压器在额定负载下运行时漏阻抗压降的大小。从运行的观点来看，希望阻抗电压小一些，这样，变压器输出

电压受负载波动的影响小一些。但阻抗压降太小时，变压器故障短路时的电流必然很大，可能会损害变压器。一般中、小型变压器的 u_k 为 $4\% \sim 10.5\%$，大型变压器的 u_k 为 $12.5\% \sim 17.5\%$。

【例 1-4】 一台 SL-100/6 型三相铝线变压器，$S_N = 100\text{kVA}$，$U_{1N}/U_{2N} = 6000\text{V}/400\text{V}$，$I_{1N}/I_{2N} = 9.63\text{A}/144.5\text{A}$，"Yyn"接法，空载及短路实验的实验数据如下（在室温 25℃ 下进行）：

实验名称	电压（V）	电流（A）	功率（W）	备　　注
空　　载	400	9.37	600	电源加在低压侧
短　　路	325	9.63	2014	电源加在高压侧

试求折算到高压侧的励磁参数和短路参数。

解 由于是三相变压器，而等值电路是一相的，所以要求的是三相变压器中一相的参数。由于一、二次绕组都接成星形，所以线电压为相电压的 $\sqrt{3}$ 倍。

变压器的变比为
$$k = \frac{U_{1N}/\sqrt{3}}{U_{2N}/\sqrt{3}} = \frac{6000/\sqrt{3}}{400/\sqrt{3}} = 15$$

由于空载实验是在低压侧进行的，故求得的励磁参数必须折算到变压器的高压侧，所以求得
$$Z_m = k^2 \frac{U_2/\sqrt{3}}{I_{20}} = 15^2 \times \frac{400/\sqrt{3}}{9.37} = 5545.5(\Omega)$$
$$r_m = k^2 \frac{p_0/3}{I_{20}^2} = 15^2 \times \frac{600/3}{9.37^2} = 512.5(\Omega)$$
$$X_m = \sqrt{Z_m^2 - r_m^2} = \sqrt{5545.5^2 - 512.5^2} = 5521.7(\Omega)$$

由短路实验数据，计算高压侧室温下的短路参数为
$$Z_k = \frac{U_k/\sqrt{3}}{I_k} = \frac{325/\sqrt{3}}{9.63} = 19.5(\Omega)$$
$$r_k = \frac{p_k/3}{I_k^2} = \frac{2014/3}{9.63^2} = 7.24(\Omega)$$
$$X_k = \sqrt{Z_k^2 - r_k^2} = \sqrt{19.5^2 - 7.24^2} = 18.1(\Omega)$$

换算到 75℃ 时的短路参数为
$$r_{k75℃} = \frac{228 + 75}{228 + \theta} r_k = \frac{228 + 75}{228 + 25} \times 7.24 = 8.67(\Omega)$$
$$Z_{k75℃} = \sqrt{r_{k75℃}^2 + X_k^2} = \sqrt{8.67^2 + 18.1^2} = 20.07(\Omega)$$

额定短路损耗为
$$p_{kN75℃} = 3I_{1N}^2 r_{k75℃} = 3 \times 9.63^2 \times 8.67 = 2412(\text{W})$$

阻抗电压相对值为
$$u_k = \frac{U_{kN75℃}}{U_{k1N}} \times 100\% = \frac{9.63 \times 20.07}{6000/\sqrt{3}} \times 100\% = 5.58\%$$

思考题与习题

（1）变压器中主磁通和漏磁通的性质和作用有什么不同？在等效电路中如何反映它们的作用？

（2）有一台 $S_N = 5000\text{kVA}$，$U_{1N}/U_{2N} = 10\text{kV}/6.3\text{kV}$，Yd11 连接的三相变压器，试求变压器一、二次绕组的额定电压和额定电流。

（3）一台单相变压器，已知其额定电压为 220V/110V，不知其线圈的匝数，为求高压侧加额定电压时，铁芯中的磁通的最大值 Φ_m，可在铁芯上临时绕 N 为 100 匝的测量线圈，如图 1-21 所示。当高压侧加 f 为 50Hz 额定电压时，测得测量线圈的端电压为 11V，求此时铁芯中的磁通 Φ_m 为多少？高低压绕组匝数各为多少？

（4）如图 1-22 为变压器出厂前的"极性"实验。在 U1、U2 端间加电压，将 U2、u2 端相连，测 U1、u1 端间的电压。设定电压比为 220V/110V，如果 U1-u1 端为同名端，电压表读数是多少？如 U1-u1 端为异名端，电压表读数又应为多少？

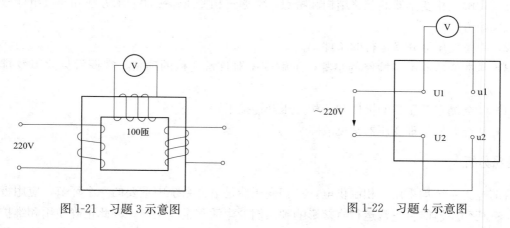

图 1-21　习题 3 示意图　　　　图 1-22　习题 4 示意图

（5）为什么可以把变压器的空载损耗近似看成是铁耗，而把短路损耗看成是铜耗？变压器实际负载时实际的铁耗和铜耗与空载损耗和短路损耗有无区别？为什么？

（6）一台单相变压器，$S_N = 1000\text{kVA}$，$U_{1N}/U_{2N} = 60\text{kV}/6.3\text{kV}$，$f = 50\text{Hz}$，空载及短路实验的结果如下（25℃时）：

试验名称	电压（V）	电流（A）	功率（W）	电源加在
空　载	6300	10.1	5000	低压侧
短　路	3240	15.15	14000	高压侧

试计算：1）折算到高压侧的参数（假定 $r_1 = r'_2 = \dfrac{r_k}{2}$，$X_1 = X'_2 = \dfrac{X_k}{2}$）。

2）满载及 $\cos\varphi_2 = 0.8$（滞后）时的电压变化率及效率。

3）最大效率。

（7）有一三相铝线变压器，已知 $S_N = 750kVA$，$U_{1N}/U_{2N} = 10kV/0.4kV$，Yyn0 连接，空载及短路实验数据如下（20℃时）：

试验名称	电压（V）	电流（A）	功率（W）	电源加在
空　载	400	60	3800	低压侧
短　路	440	43.3	10900	高压侧

试计算：1）折算到高压侧的参数（假定 $r_1 = r'_2 = \dfrac{r_k}{2}$，$X_1 = X'_2 = \dfrac{X_k}{2}$）。

2）当额定负载且 $\cos\varphi_2 = 0.8$（超前）时的电压变化率、二次侧端电压和效率。

任务三　三相变压器的分析与维护

学习目标

（1）理解三相变压器的磁路结构和特点，掌握三相变压器极性表示方法和连接组标号的意义、判断方法。

（2）熟悉变压器并联运行的条件。

（3）掌握变压器吊芯检修的步骤，了解变压器日常巡检的项目，掌握常见故障及排除方法。

（4）学会测定变压器的极性和三相变压器连接组别。

（5）学会分析处理变压器常见故障。

任务分析

目前电力系统均采用三相制供电，三相变压器是电力系统中重要的一个环节，应用极为广泛。三相变压器能否正常运行直接影响到人们的生活和企业生产，因此正确使用和维护三相变压器是保障供电质量的条件。本任务分析了三相变压器的连接组别、并联运行和使用维护。

相关知识

从运行原理来看，三相变压器在对称负载下运行时，各相电压、电流大小相等，相位互差 120°，因此前面分析单相变压器的方法及结论，完全适用于对称运行的三相变压器。

一、三相变压器的磁路

三相变压器按铁芯结构分为三相组式变压器和三相心式变压器。

1. 三相组式变压器

三相组式变压器由 3 台单相变压器组合而成，其磁路如图 1-23 所示。其特点是每相磁路独立、互不关联，三相电压平衡时，三相电流、磁通也平衡。组式变压器只适用于特大容量的变压器，为运输方便而采用这种结构。

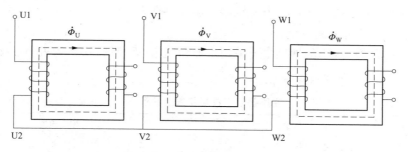

图 1-23 三相组式变压器的磁路

2. 三相心式变压器

三相心式变压器是由三相组式变压器演变而成,其磁路如图 1-24 所示。把 3 个单相铁芯合并成如图 1-24(a)所示的结构,由于通过中间铁芯的是三相对称磁通,其相量和为零,即 $\dot{\Phi}_U + \dot{\Phi}_V + \dot{\Phi}_W = 0$,因此中间铁芯可以省去,形成如图 1-24(b)所示形状,为了制造方便和节省硅钢片,将三相铁芯柱布置在同一平面内,如图 1-24(c)所示。

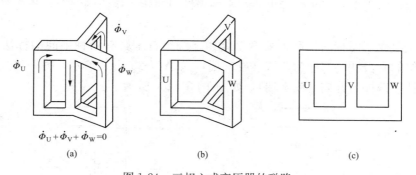

图 1-24 三相心式变压器的磁路
(a)3 个单相铁芯的合并;(b)省去中间铁芯柱;(c)3 个铁芯柱在同一个平面上

三相心式变压器的磁路特点是:各相磁路彼此关联,每一相磁通要通过另外两相磁路闭合。由于三相铁芯柱在一个平面上,使得三相磁路长度不相等,中间 V 相最短,两边的 U、W 相较长,所以三相磁阻不相等。当外施对称三相电压时,三相空载电流便不相等,V 相最小,$I_{0U} = I_{0W} = (1.2 \sim 1.5)I_{0V}$,但由于变压器的空载电流很小,因而三相心式变压器空载电流的不对称对变压器负载运行的影响很小,可不予考虑。在实际工程计算时,可取各相空载电流的算术平均值作为每相的空载电流。

三相心式变压器具有消耗材料少、效率高、维护简单、占地面积小等优点,是目前应用较多的三相变压器。

二、三相变压器的电路系统——连接组别

三相变压器的连接组别是指变压器电路系统的连接方式。三相变压器除了能够改变电压、电流之外,通过变换变压器绕组的电路连接方式,还可以改变变压器一、二次绕组中的线电动势(或电压)的相位。因此,我们将可以实现一、二次绕组线电动势(或电压)相位

改变的变压器绕组的连接方式，称为变压器的连接组别。

1. 三相绕组的标志方式与极性

在三相变压器中，绕组的连接主要采用星形和三角形两种接法，为表明连接方法，对绕组的首端和末端标志规定见表 1-3。

表 1-3　　　　　　　　　　　　　变压器绕组首端和末端的标志

绕组名称	单相变压器		三相变压器		
	首　端	末　端	首　端	末　端	中　点
高压绕组	U1	U2	U1、V1、W1	U2、V2、W2	N
低压绕组	u1	u2	u1、v1、w1	u2、v2、w2	n
中压绕组	Um	Um	U1m、V1m、W1m	U2m、V2m、W2m	Nm

2. 单相变压器的连接组别

由于变压器高、低压绕组交链着同一磁通，当某一瞬间高压绕组的某一端头为正电位时，在低压绕组上必有一个端头的电位也为正，这两个对应的端点称为同极性端或同名端，并在对应的端点上用符号"·"标出。绕组的极性只决定于绕组的绕向，与绕组的首尾端标志无关。

单相双绕组变压器有高压和低压两个绕组。绕组首末端有两种不同的标法：一种是把高、低压绕组的同极性端都标为首端（或末端），如图 1-25 （a） 所示；另一种是把高、低压绕组不同极性端都标为首端（或末端），如图 1-25 （b） 所示。

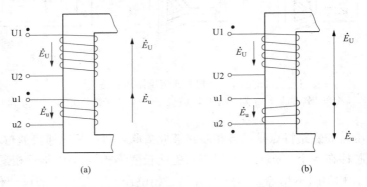

图 1-25　绕组的标志、极性和电动势相量
（a） 同名端取为首端；（b） 异名端取为首端

若规定绕组电动势的正方向为从首端指向尾端。当同一铁芯柱上高、低压绕组首端的极性相同时，其电动势相位相同，如图 1-25 （a） 所示；当首端的极性不同时，高、低压绕组电动势相位相反，如图 1-25 （b） 所示。

上述不同标志所对应的相位关系，可借助于时钟表示法形象地描述。所谓时钟表示法，就是把相量图中的高压绕组相电动势 $\dot{E}_U$ 看作为时钟的长针，永远指向钟面上的 12 点。低压绕组相电动势 $\dot{E}_u$ 看作为时钟的短针，它指向钟面上哪个钟点，该钟点的数字就是单相变压器连接组别的编号。单相变压器高压和低压绕组的相位关系，不是同相便是反相，因此单相变压器连接组别的表示方法有 Ⅱ0 和 Ⅱ6 两种。

图 1-25（a）中的单相变压器，其连接为Ⅱ0，图 1-25（b）的连接组为Ⅱ6。

3. 三相绕组的连接方式

对于三相变压器，我国主要采用星形连接和三角形连接两种，分别用Y和D表示。

以高压绕组为例，把三相绕组的 3 个末端 U2、V2、W2 连接在一起，而把它们的首端 U1、V1、W1 引出，便是星形连接，用字母Y表示，如图 1-26（a）所示。如果有中点引出，则用 YN 或 yn 表示，如图 1-26（b）所示。当三个绕组采用三角形连接时，有两种方法：一种按 U1−U2W1−W2V1−V2U1 的顺序连接，称为逆序三角形连接，如图 1-26（c）所示；另一种按 U1−U2V1−V2W1−W2U1 的顺序连接，称为顺序三角形连接，如图 1-26（d）所示，用字母 D 表示。

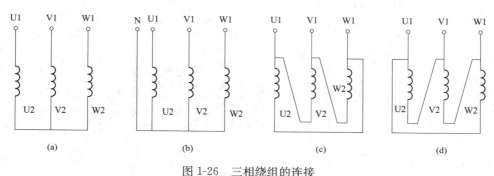

图 1-26　三相绕组的连接
（a）星形连接；（b）星形连接中点引出；（c）三角形逆联；（d）三角形顺联

4. 三相变压器的连接组别

由于三相变压器的一、二次绕组有不同的连接方法，使得一、二次绕组中的线电动势具有不同的相位差。但是各种不同的连接方法，得到的同一相一、二次侧线电动势相位差总是30°的整数倍。由于时钟上相邻两个钟点的夹角也是30°，因此，三相变压器的连接组别的标志方式也是用时钟表示法来表示这种相位差的，即同一相的高压侧线电动势的相量作为时钟的长针永远指向 12 点，低压侧线电动势的相量作为时钟的短针，指向哪个钟点，就把这个钟点作为连接组别的标号。例如 Yd3 中的 3 即是连接组别的标号，当连接组别标志方式为Yd3 时，则表示该三相变压器当高压绕组为星形接法而低压绕组为三角形接法时，低压侧线电动势相位落后高压侧线电动势相位 3 个钟点，即落后 90°。

（1）确定三相变压器连接组别标号的步骤如下：

1）根据三相变压器的绕组连接方式画出连接图，如图 1-27（a）所示。

2）作出高压侧电动势的相量图，确定某一线电动势的方向（如 $\dot{E}_{UV}$ 相量），如图 1-27（b）所示。

3）确定高、低压侧绕组对应的相电动势的相位关系（同相位或反相位），作出低压侧的电动势相量图，确定对应的线电动势相量的方向（如 $\dot{E}_{uv}$ 相量）。为方便比较，将高、低压侧的电动势相量图画在一起，取 U 与 u 点重合。

4）根据高、低压侧对应线电动势的相位关系确定连接组标号。

（2）"Yy"连接。当各相绕组同铁芯柱时，"Yy"接法有两种情况。图 1-27（a）为高压绕组和低压绕组同名端标记相同，高压绕组和低压绕组相电动势同相位。图 1-28（a）为高压绕组和低压绕组异名端标记相同，高压绕组和低压绕组相电动势反相位（180°）。上述两种关系可组成两种连接组。

1）"Yy0"连接组。高压和低压绕组的首端为同名端时，高压和低压绕组相电动势同相位，$\dot{E}_{UV}$指向"12"，$\dot{E}_{uv}$也指向"12"，其连接组记为"Yy0"，如图1-27所示。

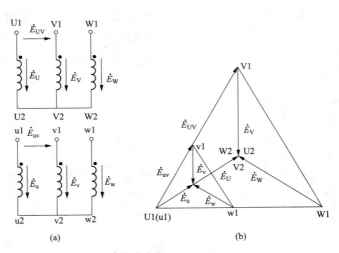

图 1-27　Yy0 连接组
（a）连接图；（b）相量图

2）"Yy6"连接组。高压和低压绕组的首端为异名端，因此高压和低压绕组相电动势相位相反，相差180°，$\dot{E}_{UV}$指向"12"时，$\dot{E}_{uv}$指向"6"，其连接组记为"Yy6"，如图1-28所示。

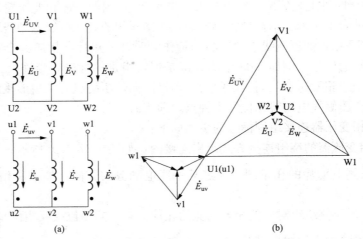

图 1-28　Yy6 连接组
（a）连接图；（b）相量图

若改变低压绕组的极性端，或在保证正相序下改变低压绕组端头标记，还可得到2、4、8、10四个偶数组别号，即"Yy"连接有六组连接组。

（3）"Yd" 连接。

1）"Yd5" 连接组。图 1-29 所示三相变压器高压绕组为星形连接，低压绕组为逆序三角形连接，此时高压和低压绕组相电动势相位相反，低压绕组线电动势 $\dot{E}_{uv}$ 滞后高压绕组线电动势 $\dot{E}_{UV}$ 为 150°，其连接组为 "Yd5"。

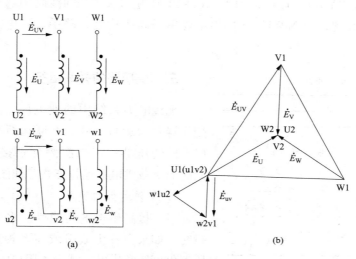

(a)

图 1-29 Yd5 连接组

（a）连接图；（b）相量图

2）"Yd11" 连接组。图 1-30 所示三相变压器高压绕组为星形连接，低压绕组为逆序三角形连接，此时高压和低压绕组相电动势同相位，低压绕组线电动势 $\dot{E}_{uv}$ 滞后高压绕组线电动势 $\dot{E}_{UV}$ 为 330°，其连接组为 "Yd11"。

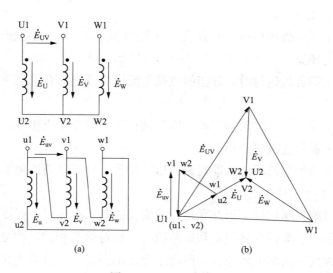

(a)　　　　　　　(b)

图 1-30 Yd11 连接组

（a）连接图；（b）相量图

改变极性端和标号标记，还可得到"Yd1""Yd3""Yd7""Yd9"等奇数连接组别。

实际上，连接组种类很多，为了便于制造和并联运行，国家标准规定，电力变压器的连接组有"Yyn0""Yd11""YNd11""YNy0""Yy0"5 种标准连接组，其中前 3 种最常用。"Yyn0"连接组的二次侧可引出中性线，成为三相四线制，用作配电变压器时可兼供动力和照明负载；"Yd11"连接组用于二次侧电压超过 400V 的线路中，这时二次侧接成三角形，对运行有利；"YNd11"连接组主要用于高压输电线路中，使电力系统的高压侧可以接地。

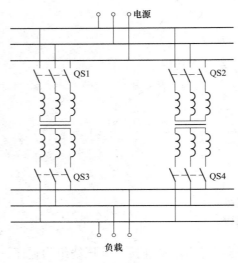

图 1-31　变压器的并联运行

三、变压器的并联运行

现代电力系统中的发电厂、变电站普遍采用变压器并联运行方式。并联运行是指两台及两台以上的变压器一、二次侧分别接到公共母线上，同时向负载供电的运行方式，如图 1-31 所示。

1. 并联运行的优点

(1) 提高供电的可靠性。多台变压器并联运行时，如某台发生故障或需要检修时，另几台变压器仍可照常供电，减少了用户的停电时间。

(2) 提高运行的经济性。并联运行可根据负载变化的大小，调整投入并联运行变压器的台数，从而减少空载损耗，提高运行效率。

(3) 减少变电站初次投资。用电负荷是逐年增加的，分批安装变压器，可减少初次投资。

2. 并联运行的理想情况

(1) 各并联变压器空载运行时，只存在一次侧电流 I_0，二次侧电流为零（$I_2 = 0$），即各变压器绕组之间无环流。

(2) 各并联变压器负载运行时，分担的负载电流应与各自的容量成正比。

3. 并联运行的条件

(1) 各并联变压器一、二次侧额定电压应分别相等，即变比应相等。

(2) 各并联变压器的连接组别相同。

(3) 各并联变压器的短路阻抗（即短路电压）相等，且短路阻抗角也相等。

4. 并联条件不足时的运行分析

(1) 变比不等时的并联运行。当并联运行的变压器电压不等时，变压器并联后会产生环流。设有两台变压器 I、II，连接组别和短路阻抗的相对值都相同，但变比 $k_I \neq k_{II}$，一次侧接入同一电源，因而一次侧电压相等，但由于变比不同，二次侧的空载电压便不相等，如图 1-32 所示。

设 $k_I < k_{II}$，则 $\dot{U}_{20I} > \dot{U}_{20II}$，其电压差 $\Delta \dot{U} = \dot{U}_{20I} - \dot{U}_{20II} \neq 0$。

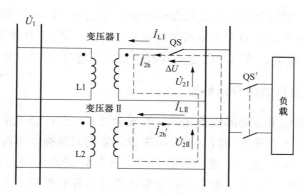

图 1-32 变比不等时的并联运行

两台变压器并联后产生的环流为

$$\dot{I}_{2h}=\frac{\Delta \dot{U}}{Z_{kI}+Z_{kII}} \qquad (1-49)$$

由于 Z_k 很小，不大的 k 值差异就会产生较大的环流。一般要求空载环流不超过额定电流的 10%，故要求变比偏差不大于 1%。

（2）连接组别不同时的并联运行。如果两台并联的变压器连接组别不同时，各变压器二次侧线电动势的相位差最少差 $30°$。例如"Yy0"与"Yd11"两台变压器并联时，二次侧线电压的相位差为 $30°$，如图 1-33 所示，其二次侧电压差为

$$\Delta U=2U_{ab}\sin \frac{30°}{2}=0.518U_{ab} \qquad (1-50)$$

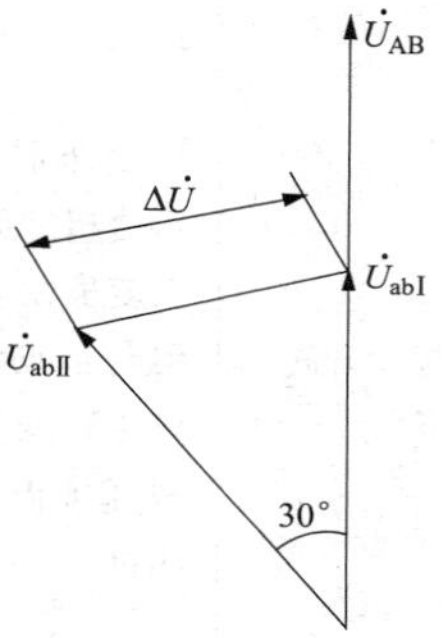

图 1-33 Yy0 与 Yd11
并联时的电压差

由式（1-51）可见，连接组别不同时并联产生的电压差 ΔU 可达二次侧线电压的 51.8%，这个电压差作用在变压器二次侧绕组上，必将产生很大的环流（超过额定电流许多倍），它将烧毁变压器。因此，连接组别不同的变压器绝对不允许并联运行。

（3）短路阻抗（短路电压）不等时变压器的并联运行。假设两台变压器变比相等、连接组别相同，下面来分析变压器并联运行后的负载分配。

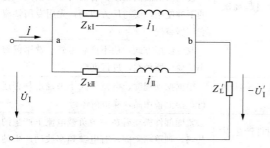

图 1-34 两台变压器并联运行的简化等效电路

设两台变压器并联运行时的简化等效电路如图 1-34 所示。a、b 两点的短路阻抗压降 $I_I Z_{kI}=I_{II}Z_{kII}$，其中 I_I 为流过变压器 T1 绕组的电流（负载电流），I_{II} 为流过变压器 T2 绕组的电流（负载电流）。如果 $Z_{kI}=Z_{kII}$，则流过两台变压器中的负载电流也相等，即负载均匀分布，这是理想状态。如果短路阻抗不相等，设 $Z_{kI}>Z_{kII}$，则由于两变压器一次侧接在同一电源上，变比及连接组别又相同，因此二次侧的感应电动势及输出电压均应相等，但由于 Z_k 不等，因此两负载电流不等，且负载电流的分配与各台变压器的短路阻抗成反比，短路阻抗小的变

压器输出的电流较大，短路阻抗大的变压器输出的电流较小，则其容量得不到充分利用。因此，国家标准规定：并联运行的变压器其短路电压（$U_k = IZ_k$）比不应超过 10%。一般来说容量大的变压器 U_k 也大，所以并联变压器容量比不要超过 3∶1，使 U_k 尽量接近。

四、电力变压器常见故障分析处理

变压器是电力系统中最重要的设备之一，其安全可靠地运行至关重要，若发生事故会造成重大损失，因此，对于变压器运行维护人员来说，要随时掌握变压器的运行状态，做好工作记录。对于日常的异常现象，能进行细致分析，并能针对具体问题，采取合理的处理措施，以防止故障恶化和扩散。变压器常见的异常现象及处理对策见表 1-4。

表 1-4　　　　　　　　　　　　变压器常见的异常现象及处理对策

异常现象	异常现象判断	原因分析	处理对策
温度升高	变压器温度计指示值超过运行限度；温度虽在运行值内，但与前期记录相差较大，或与负载率和环境温度严重不相符	过负荷	降低负荷或按油浸变压器运行限度标准调整负荷
		环境温度超过 40℃	降低负荷采取强迫降温，如加装风扇
		冷却泵、风扇等散热设备出现故障	降低负荷、修复或更换散热设备
		散热冷却阀未打开	打开阀门
		漏油引起油量不足	检查漏油点并修补
		温度计损坏，读不准	确认后更换温度计
		变压器内部异常	排除外部原因后，则要进行吊心做内部检查，采取相应措施进行修理
响声振动	区别正常的励磁声音和振动情况；注意仔细辨别声音和振动是否由内部发出	过电压或频率波动	把电压分接开关转到与负荷电压相适应的电压挡
		紧固部件松动	查清发生振动及声音的部位，加以紧固
		接地不良或未接地的金属部件发生静电放电	检查外部的接地情况，如外部无异常，要报告，做进一步的内部检查
		铁芯紧固不好而引起微震等	吊出铁芯，检查维修紧固情况
		因晶闸管变流负荷引起高次谐波	按高次谐波的程度，有的可照常使用，有的不准使用，要与厂方协商，先用专用整流变压器替代
		偏磁（如直流偏磁）	改变使用方式，使不产生偏磁；选用偏磁小的变压器种类，进行更换
		冷却风扇、输油管、滚珠轴承出现裂纹	根据振动程度、电流值大小来确定是否运行；换上备用品，降负荷运行
		油箱、散热器等附件产生共振、共鸣	紧固部件松动后在一定负载电流下产生的共鸣，则重新紧固；有电源频率波动产生的共振与共鸣，应检查频率
		分接开关的动作机构不正常	对分接开关部件进行检查，更换损害零件
		瓷件、瓷导管表面黏附灰尘、盐分等污染物	停电清洗和清扫，必要时可带电清除

续表

异常现象	异常现象判断	原因分析	处理对策
臭气变色	导电部位（瓷导管端子）过热引起变色、异常气味	紧固部件松动；接触面氧化	重新紧固；研磨接触面
	油箱各部分的局部过热引起油漆变色	漏磁通，涡流	及早进行内部检查
	异常气味	冷却风扇、输出泵烧毁；瓷套管污染产生电晕、闪络并产生臭氧味	换备用品，清洗
	温升过高	过负荷	降低负荷
	吸湿剂变色（变成粉红色）	受潮	换上新的吸湿剂或加热至100~140℃进行再生处理
漏油	油位计读数明显低于正常位置	阀门、密封垫圈故障，焊接不好。因内部故障引起喷油或油位计损坏	修复漏油部位
漏气	与有漏气有关的气体值比正常值低	各部分密封垫圈老化，紧固部分松动，焊接不好	用肥皂水法检查确定漏点，进行修复
异常气味	气体继电器有无气体；气体继电器轻瓦斯动作	有害的游离放电引起绝缘材料老化；铁芯绝缘材料有损坏，导电部分局部过热误动作	采集气体进行分析，根据气体分析结果确定是否停止运行进行检查
漆层损坏生锈	漆层龟裂、起泡、削离	因紫外线、高温、高湿及周围空气中的酸、盐等引起的漆膜老化	刮落锈蚀、涂层，进行清扫重新上漆层

对于处于运行状态的变压器，运行值班人员应定时进行巡视检查，并对变压器的异常进行观察记录，作为分析、检修故障的依据。

（1）检查变压器的声响是否正常。变压器的正常声响应是均匀的"嗡嗡"声。如果声响比正常大，说明变压器过负荷；如果声响尖锐，说明电源电压过高。

（2）检查变压器油温是否超过允许值。油浸变压器的上层油温不应超过85℃，最高不得超过95℃。油温过高可能是由变压器过负荷引起的，也可能因为变压器内部故障。

（3）检查储油柜及气体继电器的油位和油色，检查各密封处有无渗油和漏油现象。油面过高，可能是变压器冷却装置不正常或变压器内部有故障；油面过低，可能有渗油、漏油现象。变压器油正常时应为透明略带浅黄色，若油色变深、变暗，则说明油质变坏。

（4）检查瓷导管是否清洁，有无破损裂纹和放电痕迹；检查变压器高、低压螺栓是否紧固，有无接触不良或发热现象。

（5）检查防爆膜是否完整无损，检查吸湿器是否通畅，检查硅胶是否吸湿饱和。

（6）检查接地装置是否正常。

（7）检查冷却、通风装置是否正常。

（8）检查变压器及其周围有无其他影响安全运行的异物（易燃、易爆物等）和异常现象。

在巡视过程中，如发现有异常现象，应记入专用的记录本内，重要情况应及时汇报上级，请示及时处理。

技能训练 --

三相变压器极性和连接组别测定

【实验目的】

（1）理解测定三相变压器极性和连接组别的意义。

（2）掌握测定三相变压器绕组极性的方法。

（3）掌握用实验方法判别变压器的连接组。

【实验器材】

三相变压器 1 台、直流电压表 1 块、交流电压表 1 块、三相调压器 1 台。

【实验内容】

1. 测定相间极性

（1）用万用表电阻挡分别测量变压器的 12 个引出线端头，找出 3 个高压绕组和 3 个低压绕组（电阻大的为高压绕组，电阻小的为低压绕组），做好标记。

（2）利用直流法判断三相绕组的首尾端。按图 1-35 接线，在变压器高压绕组 U 相接电源（电池），V、W 相分别接直流电压表（或电流表，小量程挡）。当合开关的瞬间，若指针反向偏转，则接电池正极的端子 U 与接电压表正极的端子同为首端，即分别为 V 相和 W 相首端，其余的端子为尾端；若指针正向偏转，则接电池正极的端子与接电压表负极的端子同为首端。用类似的方法可判断出三相低压绕组的首尾端。

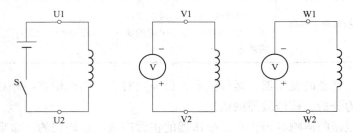

图 1-35　判断三相绕组首尾端电路

说明：三相变压器首、尾端的判断方法同时适用于电机三相绕组的首尾端判断。

2. 判断同相的高压和低压绕组（用交流法）

按图 1-36 接线，在变压器 3 个高压绕组的任一绕组加一适当的交流电压（取 100V），用交流电压表分别测量 3 个低压绕组，3 个低压绕组中电压最高的绕组与所加电源的高压绕组同相，原因是同一铁芯柱的绕组磁通最大；用此法可判断出另外两相的低压绕组。

3. 组别的测定（交流法）

对已经连接好且端头已标号的变压器，用实验的方法可以测定或校验其组别，方法如下。

（1）"Yy0" 连接组。将变压器接成 "Yy0" 连接组，如图 1-37 所示，把高压和低压绕组的两个同名出线端 Uu 连在一起。在高压侧加适当的三相对称电压（如 100V），用电压表分别测量以下几个端点的电压，U_{U1V1}、U_{u1v1}、U_{V1v1}、U_{W1w1}、U_{V1w1}，填入表 1-5 中，根据

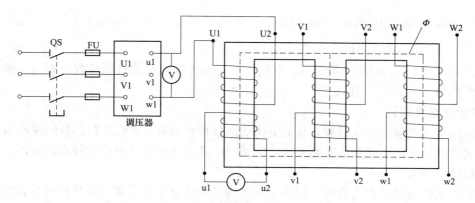

图 1-36 判断同相高、低压绕组电路图

"Yy0" 连接组的电压相量图可知 $U_{V1v1}=U_{W1w1}=U_{u1v1}(k-1)$, $U_{V1w1}=U_{u1v1}\sqrt{k^2-k+1}$, 式中 $k=U_{U1V1}/U_{u1v1}$。若实测电压 U_{V1v1}、U_{W1w1} 和 U_{V1w1} 与利用上述两计算式算得的数值相同,则表示绕组连接组别属于 "Yy0" 连接组。

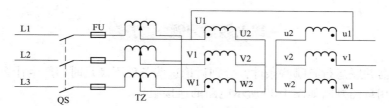

图 1-37 Yy0 连接组别测定电路图

表 1-5 **变压器连接组别测算数据**

连接组别	实验数据（V）					计算数据			判断组别
	U_{U1V1}	U_{u1v1}	U_{W1w1}	U_{V1w1}	U_{V1v1}	U_{V1v1}	U_{W1w1}	U_{V1w1}	
Yy0									
Yd11									

（2）"Yd11" 连接组。将变压器接成 "Yd11" 连接组,如图 1-38 所示,把高、低压绕组的两个同名出线端 Uu 连在一起。在高压侧加适当的三相对称电压（如 100V）,用电压表分别测量以下几个端点的电压,U_{U1V1}、U_{u1v1}、U_{V1v1}、U_{W1w1} 及 U_{V1w1},填入表 1-5 中,由

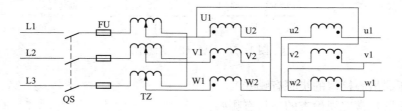

图 1-38 Yd11 连接组别测定电路图

"Yd11" 连接组的电压相量图可得 $U_{V1v1} = U_{W1w1} = U_{u1v1} \sqrt{k^2 - \sqrt{3}k + 1}$，$U_{V1w1} = U_{u1v1}$ $\sqrt{k^2 - \sqrt{3}k + 1}$，其中 $k = U_{U1V1}/U_{u1v1}$。

若实测电压 U_{V1v1}、U_{W1w1} 和 U_{V1w1} 与利用上述两计算式计算得到的数值相同，则表示绕组连接组别属于 "Yd11" 连接组。

【实验注意事项】

（1）用直流法做极性实验时，直流电压表的量程可放在 1.5V 左右，合闸通电瞬间要注意观察表针偏转方向，当开关在断开或合闸瞬间，其他绕组端头会产生较高的电压，不能用手去触摸绕组端头。

（2）用交流法做极性实验时，每测量一对端子间的电压要看第一遍量程是否合适，为安全起见，应先用大的量程试测，然后再调到合适的量程准确测量。

（3）做交流实验时，所有实验仪器及裸露设备端头都带有较高的电压，不可用手触摸，以防触电。

（4）做连接组别实验时，加于变压器侧的三相电压要稳定、平衡，测试时，选用合适的电压表量程。

思考题与习题

（1）变压器并联运行有哪些条件？分别讨论这些条件不满足时，产生什么影响？

（2）试用相量图判断如图 1-39 所示电路的连接组号。

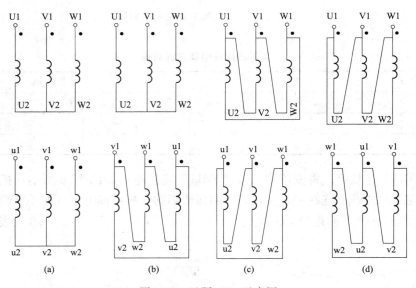

图 1-39　习题（2）示意图

（3）变压器吊心检修的步骤有哪些？

（4）变压器日常巡视检查的项目有哪些？

（5）变压器的检查方法有哪些？

任务四　其他用途的变压器

学习目标

（1）理解自耦变压器、仪用互感器、电焊变压器的工作原理。

（2）掌握自耦变压器、仪用互感器、电焊变压器等特殊用途变压器的特点及使用注意事项。

（3）正确选择使用特殊用途的变压器。

任务分析

在做电路实验的时候，经常需要可调电压，实验室常用的调压器的工作原理是怎样的？在生产和科学实验中，直接测量交流电路中的高电压和大电流存在一定的困难，同时对操作者也比较危险，那么怎么测量更容易、更安全呢？在生产和生活中使用的电焊机是怎样工作的？

在电力系统中，除大量采用双绕组变压器以外，还有其他多种特殊用途的变压器，涉及面广，种类繁多。本任务简单介绍常用的自耦变压器、仪用互感器、电焊变压器的工作原理及特点。

相关知识

一、自耦变压器

自耦变压器主要用于高电压、大容量、小变比的输电系统及实验、实训室调节输出电压。

普通双绕组变压器其一、二次绕组之间互相绝缘，各绕组之间只有磁的耦合而没有电的直接联系。自耦变压器的结构特点是一、二次绕组共用一个绕组，如图 1-40 所示。此时，一次绕组的一部分充当二次绕组（降压自耦变压器）或二次绕组的一部分充当一次绕组（升压自耦变压器），因此一、二次绕组之间既有磁的联系，又有电的直接联系。将一、二次绕组共用部分的绕组称为公共绕组。自耦变压器无论是升压还是降压，其基本原理是相同的，下面以降压自耦变压器为例进行分析。

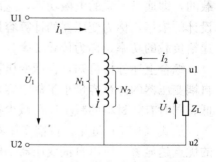

图 1-40　降压自耦变压器原理图

当自耦变压器的一次绕组加上正弦交流电压 $\dot{U}_1$ 时，铁芯中将产生交变磁通 $\dot{\Phi}$，在一、二次绕组中产生感应电动势 $\dot{E}_1$ 和 $\dot{E}_2$，其有效值为

$$E_1 = 4.44fN_1\Phi_m, \quad E_2 = 4.44fN_2\Phi_m \tag{1-51}$$

若不考虑绕组的漏阻抗，则自耦变压器的电压比为

$$k = \frac{E_1}{E_2} = \frac{N_1}{N_2} \approx \frac{U_1}{U_2} \tag{1-52}$$

公共部分的电流为

$$\dot{I} = \dot{I}_1 + \dot{I}_2 \tag{1-53}$$

当自耦变压器负载运行时，根据磁动势平衡关系，负载时合成磁动势建立的主磁通与空载磁动势建立的主磁通相同，故有

$$\dot{I}_1(N_1 - N_2) + \dot{I}N_2 = \dot{I}_0 N_1$$

即
$$\dot{I}_1 N_1 + \dot{I}_2 N_2 = \dot{I}_0 N_1 \tag{1-54}$$

由于空载电流 $\dot{I}_0$ 很小，如果忽略不计，则

$$\dot{I}_1 N_1 + \dot{I}_2 N_2 = 0$$

即
$$\dot{I}_1 = -\frac{N_2}{N_1}\dot{I}_2 = -\frac{\dot{I}_2}{k} \tag{1-55}$$

式（1-55）表明，忽略空载电流时，一次绕组与二次绕组电流大小与匝数成反比，而相位相反，所以公共绕组中的实际电流为

$$I = I_2 - I_1 = I_2\left(1 - \frac{1}{k}\right) \tag{1-56}$$

由式（1-56）可见，自耦变压器的变比 k 越接近于 1，I_1 与 I_2 数值越接近，I 就越小，因此二次绕组导线线径可选得小一些，节省材料，减小体积与质量，降低成本。

自耦变压器的输出容量为

$$S = U_2 I_2 = U_2 I + U_2 I_1 \tag{1-57}$$

式（1-57）表明，自耦变压器的输出容量由两部分组成：$U_2 I$ 是通过电磁感应传递给负载的，即通常所说的电磁功率，这部分功率决定了变压器的主要尺寸和材料消耗，是变压器设计的依据，称为变压器的计算容量（或电磁功率）。另一部分 $U_2 I_1$ 是一次电流 I_1 直接传递给负载的功率，称为传导功率。

综合上述分析可知，自耦变压器与普通双绕组变压器相比，在相同的额定容量下，由于自耦变压器的计算容量小于额定容量，因此自耦变压器的体积小、质量轻、节省材料、成本低。同时有效材料的减少还可减少损耗，从而提高自耦变压器的效率。

从式（1-57）可见，自耦变压器的电压比 k 越接近于 1，计算容量越小，则自耦变压器的优点越显著，所以自耦变压器一般用于电压比 k 小于 2 的场合。

由于自耦变压器的一次侧和二次侧之间有电的直接联系，所以高压侧的电气故障会波及低压侧，因此在低压侧使用的电气设备同样要有高压保护设备，以防止过电压。另外，自耦变压器的短路阻抗小，短路电流比双绕组变压器的大，因此必须加强保护。

自耦变压器有单相和三相两种。一般三相自耦变压器采用星形连接。如图 1-41 所示三相自耦变压器原理图。

如果将自耦变压器的抽头做成滑动触头，就称为自耦调压器，常用于调节试验电压的大小，图 1-42 所示为常用的环形铁芯单相自耦调压器原理图。

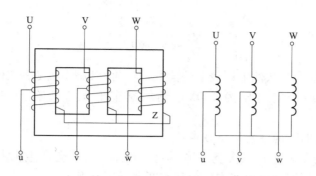

图 1-41　三相自耦变压器原理图

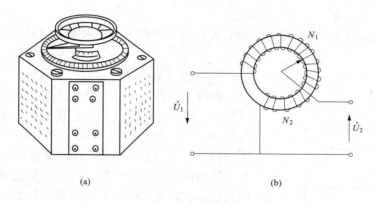

(a)　　　　　　　　　　　　(b)

图 1-42　环形铁芯单相自耦调压器原理图

（a）结构示意图；（b）原理图

二、仪用互感器

仪用互感器是一种用于测量的专用设备，有电压互感器和电流互感器两种，它们的工作原理与变压器相同。

使用互感器有两个目的：一是测量回路与高压电网隔离，以保证工作人员的安全；二是可以使用低量程的电压表或电流表测量高电压或大电流。互感器除了用于测量电压和电流外，还可用于各种继电器保护装置的测量系统，其应用很广。

1. 电压互感器

电压互感器实质上是一个降压变压器，其工作原理和结构与双绕组变压器基本相同。图 1-43 是电压互感器的原理图，它的一次绕组匝数 N_1 较多，与被测电路进行并联；二次侧绕组匝数 N_2 较少，接电压表或其他仪表（如功率表、电能表）的电压线圈。

由于电压互感器二次绕组所接仪表的阻抗很高，二次电流很小，近似等于零，所以电压互感器正常运行时相当于降压变压器的空载运行状态。根据变压器的原

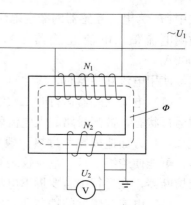

图 1-43　电压互感器的原理图

理有

$$\frac{U_1}{U_2} = \frac{N_1}{N_2} = k_u \text{ 或 } U_2 = \frac{U_1}{k_u} \tag{1-58}$$

式（1-58）中 U_2 为二次侧电压表上的读数，U_2 再乘以 k_u 就是一次侧的电压值。一般电压互感器的二次绕组额定电压为 100V，例如额定电压等级有 5000V/100V、10000V/100V 等。

使用电压互感器时，应注意以下几点：

（1）电压互感器在运行时二次绕组绝不允许短路，否则会产生很大的电流将互感器烧坏，为此在电压互感器二次侧电路中应串联熔断器做短路保护。

（2）电压互感器的铁芯和二次绕组的一端必须可靠接地，以防高压绕组绝缘损坏时，铁芯和二次绕组上带上高电压而造成事故。

（3）电压互感器有一定的额定容量，使用时二次侧不宜接过多的仪表，以免影响电压互感器的准确度。

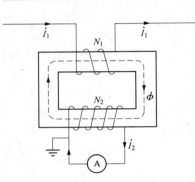

图 1-44　电流互感器的原理图

2. 电流互感器

电流互感器类似于一个升压变压器，它的一次绕组匝数 N_1 很少，一般只有一匝到几匝，导线较粗；二次绕组 N_2 匝数很多，导线较细。使用时一次绕组接在被测线路中，流过被测电流，而二次绕组与电流表或仪表的电流线圈构成闭合回路。由于测量仪表的电流线圈内阻抗极小，因此相当于一台短路运行的升压变压器。电流互感器的原理如图 1-44 所示。

为了减少测量误差，互感器铁芯磁通密度设计得很低，一般在 $(0.08 \sim 0.1)$ T 的范围内，故励磁电流 I_0 很小，可忽略不计，根据磁动势平衡关系可得：

$$\dot{I}_1 N_1 + \dot{I}_2 N_2 = 0$$

$$\frac{I_1}{I_2} = \frac{N_2}{N_1} = k_i \text{ 或 } I_1 = \frac{N_2}{N_1} I_2 = k_i I_2 \tag{1-59}$$

式中：k_i 为电流互感器的额定电流比；I_2 为二次侧所接电流表的读数，乘以 k_i 就是一次侧的被测电流值。电流互感器二次侧的额定电流一般为 5A，例如 100A/5A、500A/5A、2000A/5A。

使用电流互感器时，应注意以下几点：

（1）电流互感器运行时二次绕组绝不许开路。如果二次绕组开路，电流互感器就成为空载运行状态，被测线路的大电流就全部成为励磁电流，铁芯中的磁通密度会猛增，磁路严重饱和，一方面造成铁芯过热而毁坏绕组绝缘，另一方面，二次绕组将会感应产生很高的电压，可能使绝缘击穿，危及仪表及人身安全。因此，电流互感器的二次绕组电路中绝不允许装熔断器。在运行中若要拆下电流表，应先将二次绕组短路后再进行。

（2）电流互感器的铁芯和二次绕组的一端必须可靠接地，以免绝缘损坏时，高压侧电压传到低压侧，危及仪表及人身安全。

（3）电流表内阻抗应很小，否则会影响测量精度。

另外，在实际工作中，为了方便在带电现场测量检测线路中的电流，工程上常采用一种钳形电流表，其外形结构如图1-45所示，而工作原理与电流互感器相同。其结构特点是：铁芯像一把钳子可以张合，二次绕组与电流表串联组成一个闭合回路。在测量导线中的电流时，不必断开被测电路，只要压动手柄，将铁芯钳口张开，把被测导线夹于其中即可，此时被测载流导线就充当一次绕组（只有一匝），借助电磁感应作用，由二次绕组所接的电流表直接读出被测导线中电流的大小。一般钳形电流表都有几个量程，使用时应根据被测电流值适当选择量程。

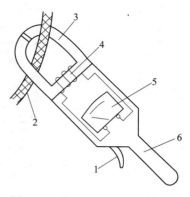

图1-45 钳形电流表的外形结构
1—活动手柄；2—被测导线；3—铁芯；
4—二次绕组；5—表头；6—固定手柄

三、电焊变压器

电焊变压器实质上是一种具有特殊外特性的降压变压器。为保证电焊的质量和电弧燃烧的稳定性，电焊工艺对电焊变压器有以下几点要求。

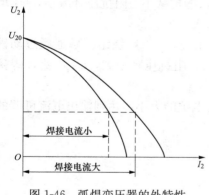

图1-46 弧焊变压器的外特性

（1）为保证容易起弧，空载电压 U_{20} 应为 $60\sim75V$，但考虑到操作者的安全，U_{20} 的最高电压不超过 $85V$。

（2）负载运行时具有电压迅速下降的外特性，如图1-46所示。通常在额定负载时的输出电压 U_2（焊钳与工件间）约为 $30V$。

（3）当短路（焊钳与工件间接触）时，短路电流 I_{2k} 不应过大，一般 I_{2k} 不大于 $2I_{2N}$。

（4）为了适应不同焊接工件和不同规格的焊条，要求焊接电流大小在一定范围内均匀可调。

为满足上述要求，电焊变压器应具有较大的电抗且可以调节。为此电焊变压器的一、二次绕组分别装在两个铁芯柱上。为获得电压迅速下降的外特性，以及焊接电流可调，可采用串联可变电抗器法或磁分路法，由此产生了不同类型的电焊变压器。

1. 带电抗器的电焊变压器

如图1-47所示，在普通变压器二次绕组中串联一可变电抗器，电抗器的气隙 δ 通过手柄调节其大小，这时焊钳与焊件之间电压 $\dot{U}_2 = \dot{E}_2 - \dot{I}_2 Z_2 - \mathrm{j}\dot{I}_2 X$，其中 X 为可变电抗器的电抗。

（1）当可变电抗器的气隙 δ 调小时，磁阻减小，磁导增大，可变电抗 X 增大，U_2 减小，I_2 减小。

（2）当气隙 δ 调大时，磁阻增大，磁导减小，可变电抗 X 减小，U_2 增大，I_2 增大。

（3）根据焊件与焊条的不同，可灵活地调节气隙 δ 的大小，达到焊接电流 I_2 可调。这种焊机一次侧还备有抽头，可以调节起弧电压的大小。

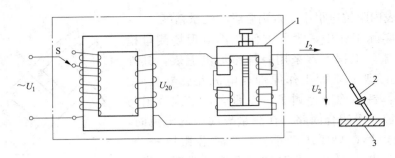

图 1-47　带电抗器的电焊变压器
1—可变电抗器；2—焊柄及焊条；3—焊件

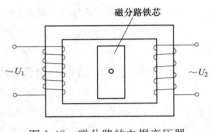

图 1-48　磁分路的电焊变压器

2. 磁分路动铁芯电焊变压器

如图 1-48 所示，它的一、二次绕组分别接于两铁芯柱上，在两铁芯柱之间有一磁分路，即动铁芯，动铁芯通过一螺杆可以移动调节，以改变漏磁通的大小，从而改变电抗的大小。

当动铁芯移出时，一、二次绕组漏磁通减小，磁阻增大，磁导减小，漏抗减小，阻抗压降减小，U_2 增高，焊接电流 I_2 增大。

当动铁芯移入时，一、二次绕组漏磁通经过动铁芯形成闭合回路而增大，磁阻减小，磁导增大，漏抗增大，阻抗压降增大，U_2 减小，焊接电流 I_2 减小。

根据不同焊件和焊条，灵活地调节动铁芯位置来改变电抗的大小，达到输出电流可调的目的。

技能训练 --

交流弧焊机线圈短路的修理

　　【实训目的】

（1）了解交流弧焊机线圈短路或绝缘不良的处理方法。

（2）会测量交流弧焊机的绝缘电阻。

（3）会进行交流弧焊机的空载实验、负载实验和耐压实验。

　　【实训器材】

交流弧焊机 1 台，万用表、绝缘电阻表各 1 块，常用电工工具，云母片黄蜡绸或环氧树脂片等绝缘材料若干。

　　【实训过程】

交流弧焊机在使用过程中发现有冒烟现象，很可能是焊机线圈匝间短路引起的，可按下列步骤进行检查、修复、检测。

（1）拆下焊机外壳，检查短路点。交流弧焊机线圈匝数较少，导线较粗，短路点一般较易发现。

（2）短路点找到后，把短路的线圈与其他线圈之间断开，然后用低压大电流等绝缘软化后，把短路点相邻的导体撬开一些，用黄蜡绸对短路点进行包扎。

（3）绝缘处理完毕后，将线圈回位。

（4）检查绝缘电阻：用绝缘电阻表测量一次线圈对外壳的绝缘电阻应大于 1MΩ；用绝缘电阻表测量一、二次线圈的绝缘电阻应大于 1MΩ；用绝缘电阻表测量二次线圈对外壳的绝缘电阻应大于 0.5MΩ。

（5）对焊机进行空载试验。空载试验是在一次侧加额定电压，二次侧开路时，测量焊机的空载电流应小于该调节位置额定电流的 10%。同时在整个焊接电流调节范围内，二次侧空载电压均不能超过 80V。

（6）对焊机进行负载试验。负载试验是在一次侧加额定电压，二次侧进行焊接，测量焊接电流和二次工作电压。

（7）对焊机进行耐压试验。耐压试验是在线圈和机壳之间加规定电压，持续 1min，应无闪烁和击穿现象。一次电压为 220V 的焊机采用 1500V 实验电压，一次电压为 380V 的焊机采用 2000V 实验电压。

思考题与习题

（1）自耦变压器在结构上有什么主要特点？在电磁关系方面，它和普通的双绕组变压器有什么相同点和不同点？

（2）电流互感器和电压互感器的功能是什么？使用时须注意哪些事项？

（3）电弧焊对电焊变压器有什么要求？用什么办法才能满足这些要求？

模块二　直　流　电　机

　　直流电机是一种通过磁场的耦合作用实现直流电能与机械能之间相互转换的电力机械，按照用途可分为直流电动机和直流发电机两类。能将机械能转换成直流电能的电机称为直流发电机，主要用做各种直流电源，如直流电动机电源、化学工业中所需的低电压大电流的直流电源、直流电焊机电源等；将直流电能转换成机械能的电机称为直流电动机，直流电动机具有良好的启动和调速性能，常用于对启动和调速有较高要求的场合，如大型可逆式轧钢机、矿井卷扬机、龙门刨床、电力机车、船舶机械、电动车、大型机车及起重机等生产机械中。直流电动机在生活中也经常被使用，如电动自行车、玩具、电动剃须刀等。

任务一　直流电机的结构与工作原理分析

学习目标

　　（1）理解直流电机的工作原理，熟悉直流电机的结构。
　　（2）了解直流电机的电枢绕组，理解电枢反应对直流电机的影响。
　　（3）理解直流电机的感应电动势和电磁转矩。
　　（4）理解直流电机的铭牌数据，能进行简单的计算。
　　（5）会使用常见的电工仪表。
　　（6）会拆装小型的直流电动机，并进行检测和接线。

任务分析

　　在使用或检修一台电动机时，要熟悉电动机的性能，判断电动机的运行情况，对电动机进行日常维护；并能根据电动机的异常运行情况，判断电动机的故障部位，因此就要熟悉电动机的内部结构，熟悉各部件的作用，理解电动机的工作原理。为了正确判断电动机的绝缘、运行等是否异常，要会使用常用的电工仪表进行测量电动机的数据，因此也要掌握简单的计算。

相关知识

一、直流电机的工作原理

1. 直流发电机的工作原理

　　图 2-1 所示为一台最简单的直流发电机的物理模型，N 和 S 是一对固定的磁极，磁极固定不动，称为定子。两磁极之间有一个可以旋转的导磁圆柱体，在其表面的槽内放置了一个线圈 abcd，线圈连同导磁圆柱体是直流电机的可转动部分，称为电机转子（或电枢）。线圈的两端分别接到相互绝缘的两个圆弧形铜片（称为换向片）上，由换向片构成的圆柱体称为

换向器，换向片分别与固定不动的电刷 A 和 B 保持滑动接触，这样线圈 abcd 可以通过换向片和电刷与外电路接通。

当电枢在原动机的拖动下按逆时针方向恒速旋转时，线圈 abcd 中将有感应电动势产生。在图 2-1（a）所示时刻，导体 ab 处在 N 极下面，根据右手定则判断其感应电动势方向由 b 到 a；导体 cd 处在 S 极下面，其感应电动势方向由 d 到 c；线圈中的电动势方向为 d→c→b→a，此刻 a 点通过换向片与电刷 A 接触，d 点通过换向片与电刷 B 接触，则电刷 A 呈正电位，电刷 B 呈负电位，流向负载的电流是由电刷 A 指向电刷 B。

当电枢旋转 180°后到图 2-1（b）所示时刻时，线圈中的电动势方向为 a→b→c→d，此刻 d 点通过换向片与电刷 A 相接触，a 点通过换向片与电刷 B 相接触，从两电刷间看电刷 A 仍呈正电位，电刷 B 仍呈负电位，流向负载的电流仍是由电刷 A 指向电刷 B。可以看出，当电枢旋转 360°经过一对磁极后，线圈中电动势将变化一个周期。

由以上分析看出，电枢连续旋转时，线圈中产生的是交变电动势，但通过换向器和电刷的作用，在电刷 A、B 间输出的电动势的方向是不变的，即为直流电动势。若在电刷之间接入负载，发电机就能向负载提供直流电能，这就是直流发电机的工作原理。

实际直流发电机的电枢是根据实际应用情况确定需要有多个线圈。线圈分布于电枢铁芯表面的不同位置上，并按照一定的规律连接起来，构成电机的电枢绕组。磁极也是根据需要 N、S 极放置多对。

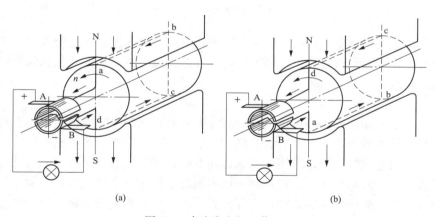

图 2-1 直流发电机工作原理

（a）ab 边在 N 极下、cd 边在 S 极上的电动势方向；（b）转子转过 180°后的电动势方向

2. 直流电动机的工作原理

直流电动机是根据通电导体在磁场中会受到磁场力作用这一基本原理制成的，其工作原理如图 2-2 所示。

在电刷 A 和 B 之间加上一个直流电压时，在线圈中流过一个电流，若起始时线圈处在图 2-2（a）所示位置，电流由电刷 A 经线圈按 a→b→c→d 的方向从电刷 B 流出。根据左手定则可判定，处在 N 极下的导体 ab 受到一个向左的电磁力；处在 S 极下的导体 cd 受到一个向右的电磁力。两个电磁力形成一个使电枢按逆时针方向旋转的电磁转矩。当这一电磁转矩足够大时，电机就按逆时针方向开始旋转。

当电枢转过 180°如图 2-2（b）所示位置时，电流由电刷 A 经线圈按 d→c→b→a 的方向从电刷 B 流出，此时线圈中电流的方向改变了，但是导体 ab 处在 S 极下受到一个向右的电磁力，导体 cd 处在 N 极下受到一个向左的电磁力，两个电磁力矩仍形成一个使电枢按逆时针方向旋转的电磁转矩。

由以上分析看出，电枢在旋转过程中，线圈中电流方向是交变的，借助于换向器和电刷的作用，使处在同一磁极下面导体中电流的方向却是恒定的，产生的电磁转矩方向不变，因此电动机的旋转方向保持不变，这就是直流电动机的工作原理。

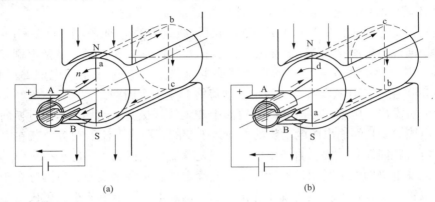

图 2-2　直流电动机的工作原理

（a）ab 边在 N 极下，cd 边在 S 极上的电流方向；（b）转子转过 180° 后的电流方向

实际的直流电动机同发电机一样，电枢上不止安放一个线圈，而是安放多个线圈；相应的换向器由许多换向片组成，使电枢线圈所产生的总电磁转矩足够大并且比较均匀，电动机的转速也就比较均匀。

3. 直流电机的可逆原理

由直流电机的工作原理可以看出，一台直流电机既可以作为发电机运行，也可以作为电动机运行，只是外界的条件不同而已。若将直流电源加在电刷两端，电机就能将直流电能转换为机械能，作为电动机运行；若用原动机拖动电枢旋转，输入机械能，电机就将机械能转换为直流电能，作为发电机运行。这种同一台电机既能作为电动机运行，又能作为发电机运行的原理，称为直流电机的可逆原理。实际的直流电动机和直流发电机，因为设计时考虑了长期作为电动机或发电机运行性能方面的不同要求，在结构上有所区别。

二、直流电机的结构

直流电机由定子（静止部分）和转子（转动部分）两大部分组成。定子与转子之间有空隙，称为气隙。定子由机座、主磁极、换向极、端盖、电刷装置等组成，其作用是产生磁场和作为电机的机械支撑。转子是直流电机进行能量转换的枢纽，所以通常又称为电枢，由电枢铁芯、电枢绕组、转轴、换向器和风扇等组成，其主要作用是产生电磁转矩和感应电动势。直流电机的结构如图 2-3 所示。

1. 定子

（1）主磁极。主磁极的作用是产生气隙磁场。主磁极由主磁极铁芯和励磁绕组两部分组成。铁芯一般用 1.0～1.5mm 厚的低碳钢板冲片叠压而成，分为极身和极靴两部分，上面套励磁绕组的部分称为极身，下面扩宽的部分称为极靴，极靴宽于极身，既可以调整气隙中磁场的分布，又便于固定励磁绕组。励磁绕组用绝缘铜线绕制而成，套在极身上。整个主磁极用螺钉固定在机座上，如图 2-4 所示。

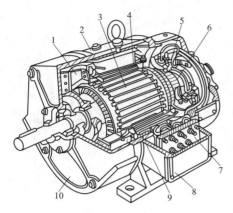

图 2-3 直流电机的结构

1—风扇；2—机座；3—电枢；4—主磁极；
5—刷架；6—换向器；7—接线板；
8—出线盒；9—换向极；10—端盖

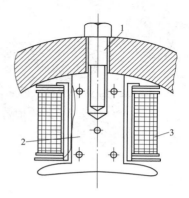

图 2-4 直流电机主磁极

1—固定螺钉；2—主磁板铁芯；3—励磁绕组

（2）换向极。换向磁极又叫附加磁极，用于改善直流电机的换向，位于相邻主磁极间的几何中心线上，其几何尺寸明显比主磁极小。换向磁极由铁芯和套在铁芯上的换向极绕组组成，如图2-5 所示。换向极铁芯常用整块钢或厚钢板制成，对换向性能要求较高的直流电机，铁芯可用 1.0～1.5mm 厚的钢板冲制叠压而成。换向极绕组一般用扁铜线绕成，匝数少，且与电枢绕组串联。换向极的极数一般与主磁极的极数相同。

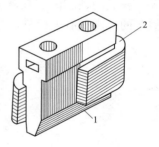

图 2-5 换向极

1—换向极铁芯；2—换向极绕组

（3）机座和端盖。机座一方面用来固定主磁极、换向极和端盖，并起到支撑和固定整个电机的作用；另一方面也是磁路的一部分，借以构成磁极之间的通路，磁通通过的部分又称磁轭。机座一般用铸钢或厚钢板焊成。

机座的两端各有一个端盖，用于保护电机免受外部机械破坏，同时用来支撑轴承、固定刷架。

（4）电刷装置。电刷装置的作用是使转动部分的电枢绕组与外电路连通，将直流电压、电流引出或引入电枢绕组。电刷装置由电刷、刷握、刷杆、刷杆座和铜丝辫等组成，如图2-6 所示。电刷放置在刷握中，用弹簧压紧，使电刷与换向器之间有良好的滑动接触，借铜丝辫将电流从电刷引入或引出，刷握固定在刷杆上，刷杆装在圆环形的刷杆座上。刷杆座装在端盖或轴承内盖上，圆周位置可以调整，调好以后加以固定。每个刷杆装有若干个刷握和相同数目的电刷，并把这些电刷并联形成电刷组，电刷组个数一般与主磁极的个数相同。

2. 转子（电枢）

（1）电枢铁芯。电枢铁芯是主磁路的主要部分，同时用以嵌放电枢绕组。一般电枢铁芯

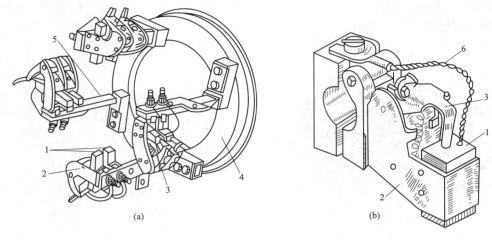

图 2-6　电刷装置

(a) 整体结构；(b) 单个电刷

1—电刷；2—刷握；3—弹簧压板；4—刷杆座；5—刷杆；6—铜丝辫

采用由 0.5mm 厚、两面涂有绝缘漆的硅钢片冲片叠压而成，冲片的形状如图 2-7 (a) 所示。叠成的铁芯固定在转轴或转子支架上如图 2-7 (b) 所示。电枢铁芯还有轴向通风孔，铁芯的外圆开有电枢槽，槽内嵌放电枢绕组。

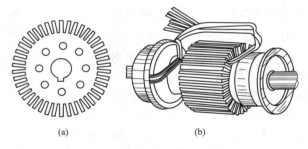

图 2-7　电枢铁芯冲片及电枢

(a) 电枢铁芯冲片；(b) 电枢

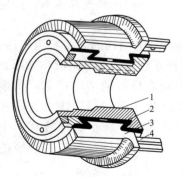

图 2-8　拱形换向器

1—V 形套筒；2—云母片；

3—换向片；4—连接片

　　(2) 电枢绕组。电枢绕组由许多个线圈按一定的规律连接而成，其作用是产生感应电动势和电磁转矩，从而实现机电能量的转换。线圈用漆包线绕制而成，嵌放在电枢铁芯槽内，每个线圈有两个出线端，分别接到换向器的两个换向片上。所有线圈按一定规律连接成一闭合回路。

　　(3) 换向器。拱形换向器的结构如图 2-8 所示。它由许多带有鸽尾形的换向片叠成一个圆筒，片与片之间用云母片绝缘，借 V 形套筒和螺纹压圈拧紧成一个整体。每个换向片与线圈的引出线焊接在一起，其作用是将直流电动机输入的直流电流转换成电枢绕组内的交变电流，或是将直流发电机电枢绕组中的交变电动势转换成输出的直流电压。

三、直流电机的铭牌

直流电机的铭牌是标明直流电机的型号及额定值的，见表 2-1。

表 2-1 直流电机的铭牌

型 号	Z2-72	励磁方式	并 励
功 率	22kW	励磁电压	220V
电 压	220V	励磁电流	2.06A
电 流	116A	定 额	连 续
转 速	1500r/min	温 升	80℃
出品编号	××××	出厂日期	××××年×月

×××× 电 机 厂

1. 电机型号

电机的产品型号表示电机的结构和使用特点，国产电机的型号一般采用大写的汉语拼音字母和阿拉伯数字表示，其格式为第一部分用大写的汉语拼音表示产品代号，第二部分用阿拉伯数字表示设计序号，第三部分用阿拉伯数字表示机座代号，第四部分用阿拉伯数字表示电枢铁芯长度代号。下面以 Z2-72 为例说明。

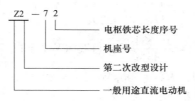

第一部分字符的含义如下：

Z 系列：一般用途直流电动机（如 Z2、Z3、Z4 等系列）。

ZJ 系列：精密机床用直流电动机。

ZT 系列：广调速直流电动机。

ZQ 系列：直流牵引电动机。

ZH 系列：船用直流电动机。

ZA 系列：防爆安全性直流电动机。

ZKJ 系列：挖掘机用直流电动机。

ZZJ 系列：冶金起重机用直流电动机。

2. 额定值

额定值是制造厂对电机在额定工作条件下所规定的量值，是选用、安装和维护电动机的依据。

（1）额定功率 P_N。额定功率是指电机按照规定的工作方式运行时所能提供的输出功率。对电动机来说，额定功率是指转轴上输出的机械功率 $P_N = U_N I_N \eta_N$；对发电机来说，额定功率是指电枢输出的电功率 $P_N = U_N I_N$。单位为瓦（W）或者千瓦（kW）。

（2）额定电压 U_N。额定电压是指在额定运行状态下，发电机允许输出的最高电压或加在电动机电枢两端的电源电压，单位为伏（V）。

（3）额定电流 I_N。额定电流是电机按照规定的工作方式运行时，电枢绕组允许流过的最大安全电流，单位为安培（A）。

（4）额定转速 n_N。额定转速是指电机在额定电压、额定电流和输出额定功率的情况下运行时，电机的旋转速度，单位为转/分（r/min）。

（5）额定效率 η_N。电机在额定条件下，输出功率与输入功率的百分比 $\eta_N = \dfrac{P_N}{P_1}$。

此外，铭牌上还标有励磁方式、额定励磁电压 U_{Nf}、额定励磁电流 I_{Nf}、额定温升 τ_N 等。

还有一些额定值，例如额定转矩 T_N 等，不一定标在铭牌上，可查产品说明书或由铭牌上的数据计算得到。

电机在实际运行时，不可能总工作在额定状态，其运行情况由负载大小来决定，如果负载电流等于额定电流，称为满载运行；负载电流大于额定电流，称为过载运行；负载电流小于额定电流，称为欠载运行。长期过载运行将使电机因过热而缩短寿命，长期欠载运行则电机的容量不能充分利用。选择电机时，应根据负载要求，尽可能使其接近额定情况下运行。

【例 2-1】 一台直流发电机，$P_N = 10\text{kW}$，$U_N = 230\text{V}$，$n_N = 2850\text{r/min}$，$\eta_N = 85\%$。求其额定电流和额定负载时的输入功率。

解 由式 $P_N = U_N I_N$ 可得

$$I_N = \frac{P_N}{U_N} = \frac{10 \times 10^3}{230} = 43.48(\text{A})$$

$$P_1 = \frac{P_N}{\eta_N} = \frac{10 \times 10^3}{85\%} = 11760(\text{W}) = 11.76(\text{kW})$$

【例 2-2】 一台直流电动机，$P_N = 100\text{kW}$，$U_N = 220V$，$n_N = 1200\text{r/min}$，$\eta_N = 90\%$。求其额定电流和额定负载时的输入功率。

解 由式 $P_N = U_N I_N \eta_N$ 得

$$I_N = \frac{P_N}{U_N \eta_N} = \frac{100 \times 10^3}{220 \times 90\%} = 505.05(\text{A})$$

$$P_1 = \frac{P_N}{\eta_N} = \frac{100 \times 10^3}{90\%} = 111.11(\text{kW})$$

四、直流电机的电枢绕组

电枢绕组是直流电机的电路部分，是电机实现机电能量转换的枢纽。电枢绕组的主要作用是产生感应电动势和电磁转矩。

电枢绕组按照连接规律，可分为叠绕组、波绕组和混合绕组，其中叠绕组又分为单叠绕组和双叠绕组，波绕组又分为单波绕组和双波绕组，单叠绕组和单波绕组是最基本和常用的绕组。

1. 直流电机电枢绕组的基本知识

构成绕组的线圈称为绕组的元件，由绝缘铜线绕制而成，分为单匝和多匝。如图 2-9 所示，元件的直线部分放置在电枢槽内，称为有效边，与磁场作用产生电动势和电磁转矩。连接有效边的部分称为端部。每个绕组元件有两个出线端，称为首端和末端，分别与两个换向片相连。电枢绕组大多做成双层绕组，为便于嵌线，每个元件的一个边放在某一槽的上层，称为上层边，画图时以实线表示；另一个边则放在另一槽的下层，称为下层边，画图时以虚线表示。

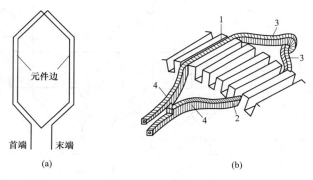

图 2-9　电枢元件及绕组在槽内的放置

(a) 电枢元件；(b) 绕组在槽内的放置

1—上层有效边；2—下层有效边；3—后端接部分；4—首端接部分

为说明电枢元件每个边的具体位置，引入"虚槽"的概念。电机电枢上实际开出的槽称为实槽，电机往往由较多的元件来构成电枢绕组，通常在每个槽的上下层各放置若干个元件边，实槽和虚槽如图 2-10 所示。所谓"虚槽"，即单元槽，每个虚槽的上、下各有一个元件边。一个电机有 Z 个实槽，每个实槽有 u 个虚槽，则虚槽数为 uZ。

设电机的虚槽数为 Z_u，每个虚槽中放置两个元件边（双层绕组），则电枢绕组的总元件数 $S = Z_u$，若一个换向片上连接两个出线端，则换向片的个数 $K = Z_u$。于是，S、K、Z_u、Z 的关系为

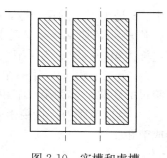

图 2-10　实槽和虚槽

$$S = K = Z_u = uZ \tag{2-1}$$

为了正确地把各元件安放在电枢槽内，并且和相应的换向片按一定规律连接起来，先了解直流电机绕组和换向器的基本术语。

（1）极距 τ。沿电枢表面相邻两磁极之间的距离称为极距 τ，可以用长度表示或虚槽数表示，即

$$\tau = \frac{\pi D_a}{2p} \ 或 \ \tau = \frac{Z_u}{2p} \tag{2-2}$$

式中：D_a 为电枢外径；p 为电机的磁极对数。

（2）绕组的节距。用以表征电枢绕组元件本身和元件之间连接规律的数据为节距，各节距关系如图 2-11 所示。

1）第一节距 y_1。同一元件的两个有效边在电枢表面所跨过的距离，称为第一节距 y_1，用虚槽数来表示。为使每个元件能获得最大的电动势，y_1 应等于或接近于一个极距 τ，但 τ 不一定是整数，而 y_1 必须是整数，因此一般取第一节距为

$$y_1 = \frac{Z_u}{2p} \pm \varepsilon \tag{2-3}$$

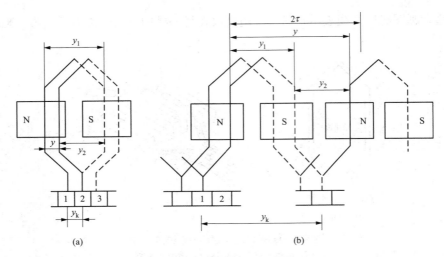

图 2-11　绕组节距示意图
(a) 单叠绕组；(b) 单波绕组

式中：ε 是小于 1 的正分数，将 y_1 凑成整数。

若 $\varepsilon=0$，则 $y_1=\tau$，称为整距绕组；若 $\varepsilon\neq0$，则当 $y_1>\tau$ 时，称为长距绕组；$y_1<\tau$ 时，称为短距绕组。为了节约铜线及其工艺的方便，一般采用整距或短距绕组。

2) 第二节距 y_2。第一个元件的下层边与同它相连接的第二个元件的上层边在电枢表面所跨过的距离，称为第二节距 y_2，用虚槽数表示。

3) 合成节距 y。直接相连的两个元件的对应有效边在电枢表面所跨过的虚槽数，称为合成节距。

$$y = y_1 \pm y_2 \tag{2-4}$$

式中：单叠绕组取"－"号；单波绕组取"＋"号。

4) 换向器节距 y_k。一个元件两出线端所连换向片在换向器表面所跨过的换向片数，称为换向器节距。不论哪种绕组，换向器节距与合成节距总是相等的，即 $y=y_k$。

2. 单叠绕组

单叠绕组是指同一元件的首端和尾端分别连接到相邻的两个换向片上，后一元件的首端叠在前一元件的尾端。单叠绕组有右行绕组（$y_k=1$）和左行绕组（$y_k=-1$）。一般情况下采用右行绕组，如图 2-11（a）所示，因为右行绕组短接部分较短，节省铜材。

【例 2-3】 已知一台直流电机的有关数据为 $2p=4$，$S=K=Z_u=Z=16$，试绕制一个单叠右行绕组。

解　（1）计算有关节距。第一节距为

$$y_1 = \frac{Z_u}{2p} \pm \varepsilon = \frac{16}{4} = 4 \text{（整距绕组）}$$

换向器节距和合成节距为

$$y = y_k = +1$$

第二节距为

$$y_2 = y_1 - y = 4 - 1 = 3$$

（2）绘制绕组展开图。假设把电枢从某一齿的中间沿轴向切开展成平面，所得绕组连接

图形称为绕组展开图，如图 2-12 所示。

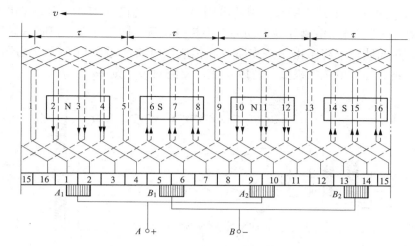

图 2-12 单叠绕组展开图

1）画 16 根等长、等距的平行实线，代表 16 个槽的上层，在实线旁画 16 根平行虚线代表 16 个槽的下层。一根实线和一根虚线代表一个槽，编上槽号，如图 2-12 所示。

2）画换向片。用带有编号的小方块代表各换向片，为分析方便，使其宽度与槽宽相等，换向片的编号也是从左向右顺序编排，且与槽的编号一致。

3）连接绕组。1 号元件上层边连接 1 号换向片，1 号元件的上层边放在 1 号槽的上层，根据 $y_1=4$，其下层边应放在 $1+y_1=4+1=5$ 号槽的下层。由于一般情况下，元件是左右对称的，为此，可把 1 号槽的上层（实线）和 5 号槽的下层（虚线）用左右对称的端接部分连成 1 号元件。注意首端和末端之间相隔一片换向片宽度（ $y_k=1$），末端接到 2 号换向片上，可以依次画出 2～16 号元件，从而将 16 个元件通过 16 片换向片连成一个闭合的回路。显然，元件号、上层边所在槽号和该元件首端所连换向片的编号相同。

4）放置主磁极。两对主磁极应均匀地、交替地放置在各槽之上，每个磁极的宽度约为 0.7 倍的极距。在对称元件中，可把任意元件轴线作为第一个磁极的轴线，然后均分。N 极磁力线穿入纸面，S 极磁力线穿出纸面。箭头 v 表示绕组的旋转方向，根据右手定则可判断电动势方向。

5）放置电刷。电刷应放在磁极轴线的位置，此时，被电刷短接的元件感应电动势为零，而两电刷之间所有元件的感应电动势方向相同，电动势最大。

（3）单叠绕组连接顺序表。绕组展开图比较直观，但画起来比较麻烦。为简单起见，绕组连接规律也可用连接顺序图表示。本例的连接顺序图如图 2-13 所示。图中上排数字同时代表上层元件边的元件号、槽号和换向片号，下排数字代表下层元件边所在的槽号。

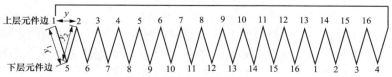

图 2-13 单叠绕组元件连接顺序图

（4）画单叠绕组的电路图。在本例中，根据右手定则，N 极下元件的电动势方向和 S 极下元件的电动势方向如图 2-12 所示，因此电刷 A_1 和 A_2 的极性为"＋"，B_1 和 B_2 的极性为"－"。因每对"＋""－"电刷间的电动势大小相等，所以同极性端 A_1 和 A_2（B_1 和 B_2）可以连接起来，从而使整个绕组由 4 条支路并联构成，电路如图 2-14 所示。由图可见，单叠绕组的并联支路数等于电机的极数，若以 a 表示支路对数，则 $2a=2p$。

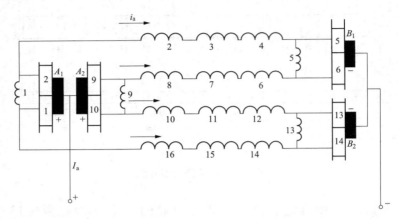

图 2-14　单叠绕组并联支路

从图 2-14 可知，正负电刷间的电动势也就是电枢电动势，等于每条支路的电动势；而电枢电流 I_a 则为每条支路电流 i_a 的总和，即 $I_a=2ai_a$。

3. 单波绕组

单波绕组是直流电机电枢绕组的另一种基本形式。由于线圈连接呈波浪形，所以称作单波绕组。单波绕组的第一节距和上述单叠绕组相同，但其端接部分的形状和连接规律与单叠绕组不同。单波绕组直接相连的两个线圈的对应边不是在同一个主磁极下面，而是分别处于相邻两对主磁极中的同极性磁极下面，合成节距约等于两个极距，如图 2-11（b）所示。这样，两个线圈在磁场中的相对位置基本上是相同的，使得两者产生的感应电动势方向相同，电磁转矩方向也相同。设电机有 p 对磁极，单波绕组的线圈沿电枢表面绕行一周应串联 p 个线圈，第 $p+1$ 个线圈的位置不能与第 1 个线圈相重合，只能放在第一个线圈相邻的电枢槽中，因此，一定满足下列条件

$$py=Z_u\pm1 \tag{2-5}$$

从换向器上看，第 p 个线圈的尾端，不能接到与第 1 个线圈的首端相连的第 1 个换向片上，只能连接到与第 1 个换向片相邻的换向片上，显然，应该满足下列条件

$$py_k=K\pm1 \tag{2-6}$$

根据式（2-5）、式（2-6）可得

$$y=y_k=\frac{K\pm1}{p}=\frac{Z_u\pm1}{p} \tag{2-7}$$

式（2-7）应满足 y 或 y_k 为整数的条件。当取正号时，第 p 个线圈的末端将置于第 1 个换向片的右边，为右行绕组；当取负号时，第 p 个线圈的末端将置于第 1 个换向片的左边，为左行绕组。左行绕组端部叠压少，易于制作，应用较多。

单波绕组的展开图作图步骤与单叠绕组基本相同，这里略去。图 2-15 是 $2p=4$，$Z_u=15$

左行单波短距绕组的展开图，对应的并联支路图如图 2-16 所示。由图可知，单波绕组只有一对并联支路，支路对数与磁极对数 p 无关，即 $a=1$。

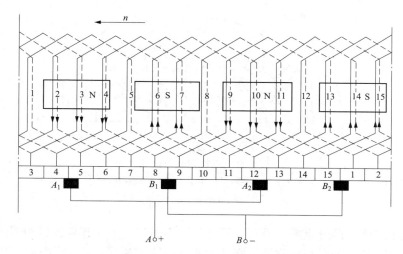

图 2-15　$Z_u=15$，$2p=4$ 的单波绕组展开图

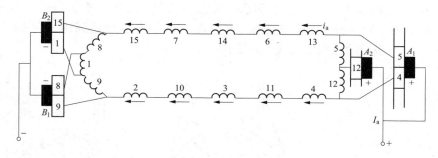

图 2-16　单波绕组并联支路

由图 2-16 可见，单波绕组只需安装正、负两组电刷，但为减小电刷电流密度，实际中仍安放 $2p$ 组电刷。

五、直流电机的磁场

由直流电机基本工作原理可知，直流电机无论作为发电机运行还是作为电动机运行，都必须具有一定强度的磁场，磁场是直流电机进行能量转换的媒介。

1. 直流电机的空载磁场

直流电机不带负载（即不输出功率）时的运行状态称为空载运行。空载运行时电枢电流为零或近似等于零，所以，空载磁场是指主磁极励磁磁势单独产生的励磁磁场，也称主磁场。一台四极直流电机空载磁场的分布示意图如图 2-17 所示，为方便起见，只画一半。

图 2-17 表明，当励磁绕组通以励磁电流时，产生的磁通大部分由 N 极出来，经气隙进入电枢齿，通过电枢铁芯的磁轭（电枢磁轭），到 S 极下的电枢齿，又通过气隙回到定子的 S 极，再经机座（定子磁轭）形成闭合回路。这部分与励磁绕组和电枢绕组都交链的磁通称为主磁通，用 Φ_0 表示。主磁通经过的路径称为主磁路，主磁路由主磁极、气隙、电枢齿、

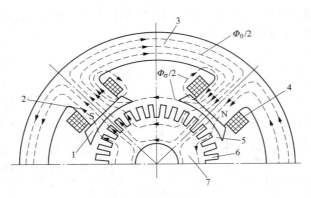

图 2-17　直流电机空载时磁场分布
1—极靴；2—极身；3—定子磁轭；4—励磁线圈；
5—气隙；6—电枢齿；7—电枢磁轭

电枢磁轭和定子磁轭 5 部分组成。另有一部分磁通不通过气隙，直接经过相邻磁极或定子磁轭形成闭合回路，这部分仅与励磁绕组交链的磁通称为漏磁通，以 Φ_σ 表示。漏磁通路径主要为空气，磁阻很大，所以漏磁通的数量只有主磁通的 15%～20%。

　　如图 2-18（a）所示为主磁场在电动机中的分布情况。按照图中所示的励磁电流方向，应用右手螺旋定则，便可确定主极磁场的方向。在电枢表面上磁感应强度为零的地方是物理中性线 m-m，它与磁极的几何中性线 n-n 重合。

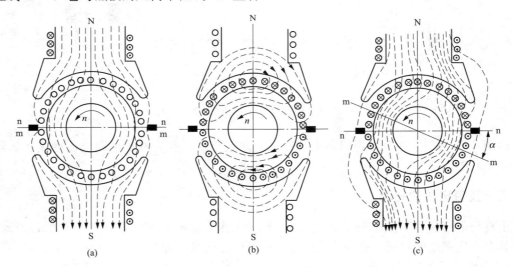

图 2-18　直流电动机气隙磁场分布示意图
（a）主极磁场；（b）电枢磁场；（c）合成磁场

2. 直流电机的电枢磁场

　　直流电机在带负载运行时，电枢绕组中有电流通过产生电枢磁场。电枢磁场与主极磁场共同作用在气隙里建立合成磁场。

　　如图 2-18（b）所示为以电动机为例的电枢磁场，它的方向由电枢电流确定。由图可以看出，不论电枢如何转动，电枢电流的方向总是以电刷为界限来划分的。在电刷两边，N 极面下的导体和 S 极面下的导体电流方向始终相反，只要电刷固定不动，电枢两边的电流方向就不变，电枢磁场的方向不变，即电枢磁场是静止不动的。

3. 电枢反应

所谓电枢反应是指电枢磁场对主磁场的影响，电枢反应对电机的运行性能有很大的影响。如图 2-18（c）所示为主极磁场和电枢磁场合在一起而产生的合成磁。与图 2-18（a）比较可见，带负载后出现的电枢磁场，对主极磁场的分布有明显的影响。电枢反应对主磁场的影响如下：

（1）电枢反应使磁极下的磁力线扭曲，磁通密度分布不均匀，合成磁场发生畸变。磁场畸变的结果，使原来的几何中性线 n-n 处的磁感应强度不等于零，磁感应强度为零的位置，即物理中性线 m-m 逆转方向移动 α 角度，物理中性线与几何中性线不再重合。

（2）电枢反应使主磁场削弱，负载运行时的感应电动势略小于空载时的感应电动势。

（3）磁通密度分布不均匀，使电枢绕组中每元件感应电动势不等，造成换向片间电位差不等，增加换向困难。

电动机拖动的机械负载越大，电枢电流 I_a 越大，电枢磁场越强，电枢反应的影响就越大。而在实际的工作中，由于负载大小不可能是恒定不变的，所以电枢反应的强弱也不是一成不变的；从直流电机的工作原理上看，电枢磁场与主磁场的相互作用是必不可少的，所以电枢反应是直流电机中客观存在的现象，对运行的影响程度是随负载的变化而变化的。

六、直流电机的感应电动势与电磁转矩

1. 电枢绕组的感应电动势

电枢绕组的感应电动势是指直流电机正负电刷之间的感应电动势，也就是电枢绕组一条并联支路的电动势。电枢旋转时，电枢绕组元件边内的导体切割气隙合成磁场，产生感应电动势，由于气隙合成磁通密度在一个极下的分布不均匀，所以导体中感应电动势的大小是变化的。为分析方便起见，可把磁通密度看成是均匀分布的，取每个极下气隙磁通密度的平均值 B_{av}，从而可得一根导体在一个极距范围内切割气隙磁通密度产生的电动势的平均值 e_{av}，其表达式为

$$e_{av} = B_{av} l v \qquad (2-8)$$

式中：B_{av} 为一个极下气隙磁通密度的平均值，称平均磁通密度；l 为电枢导体的有效长度（槽内部分）；v 为电枢表面的线速度。

由于 $B_{av} = \dfrac{\Phi}{l\tau}$，$v = \dfrac{n}{60} 2p\tau$，则一根导体感应电动势的平均值为

$$e_{av} = \frac{\Phi}{l\tau} l \frac{n}{60} 2p\tau = \frac{2p}{60} \Phi n \qquad (2-9)$$

设电枢绕组总的导体数为 N，则每一条并联支路总的串联导体数为 $N/2a$，因而电枢绕组的感应电动势

$$E_a = \frac{N}{2a} e_{av} = \frac{N}{2a} \frac{2p}{60} \Phi n = \frac{pN}{60a} \Phi n = C_e \Phi n \qquad (2-10)$$

式中：C_e 为电动势常数，与电动机的结构有关；Φ 为每极磁通，Wb（韦伯）；n 为转速，r/min；E_a 为电动势，V。

式（2-10）表明，直流电机的感应电动势与每极磁通成正比，与转子转速成正比。电枢绕组感应电动势的方向，用右手螺旋定则判定。

2. 电磁转矩

电枢绕组中流过电枢电流 I_a 时，元件的导体中流过支路电流 i_a，成为载流导体，在磁场中受到电磁力的作用，电磁力 f 的方向按左手定则确定。如果仍把气隙合成磁场看成是均匀分布的，气隙磁密用平均值 B_{av} 表示，则每根导体所受电磁力的平均值为

$$f_{av} = B_{av} l i_a \tag{2-11}$$

一根导体所受电磁力形成的电磁转矩，其大小为

$$T_{av} = f_{av} \frac{D_a}{2} \tag{2-12}$$

式中：D_a 为电枢外径。

不同极性磁极下的电枢导体中电流的方向不同，所以电枢所有导体产生的电磁转矩方向都是一致的，因而电枢绕组的电磁转矩等于一根导体电磁转矩的平均值 T_{av} 乘以电枢绕组总的导体数 N，即

$$T = N T_{av} = N B_{av} l i_a \frac{D_a}{2} = N \frac{\Phi}{l\tau} l \frac{I_a}{2a} \frac{2p\tau}{2\pi} = \frac{pN}{2\pi a} I_a \Phi = C_T \Phi I_a \tag{2-13}$$

$$C_T = \frac{pN}{2\pi a}$$

式中：C_T 为转矩常数，与电动机本身的结构有关，$C_T = 9.55 C_e$。

磁通 Φ 的单位用 Wb，电流 I_a 的单位用 A 时，电磁转矩 T 的单位为 N·m（牛·米）。

式（2-13）表明：对已制成的电机，电磁转矩 T 与每极磁通 Φ 和电枢电流 I_a 成正比。电磁转矩的方向由磁通 Φ 及电枢电流 I_a 的方向按左手定则确定。

【例 2-4】 一台直流发电机，$2p=4$，电枢绕组为单叠绕组，电枢总导体数 $N=126$，额定转速 $n_N = 1460 \text{r/min}$，每极磁通 $\Phi = 2.3 \times 10^{-2} \text{Wb}$，电枢电流为 800A，求：（1）此发电机电枢绕组的感应电动势。（2）电磁转矩。

解 电动势常数 $$C_e = \frac{pN}{60a} = \frac{2 \times 216}{60 \times 2} = 3.6$$

感应电动势 $$E_a = C_e \Phi n = 3.6 \times 2.3 \times 10^{-2} \times 1460 = 120.9 \text{(V)}$$

转矩常数 $$C_T = 9.55 C_e = 9.55 \times 3.6 = 34.4$$

电磁转矩 $$T = C_T \Phi I_a = 34.4 \times 2.3 \times 10^{-2} \times 800 = 633 \text{(N·m)}$$

技能训练 -

直流电机电枢绕组电阻的测量

【实验目的】

（1）认识直流电动机。

（2）测量直流电动机的电阻。

【实验器材】

并励直流电动机 1 台，直流可调稳压电源 1 套，直流电压表、直流电流表各 1 块，可调电阻 1 只，开关 1 只。

【实验内容】

（1）测电枢绕组直流电阻接线图如图 2-19 所示。

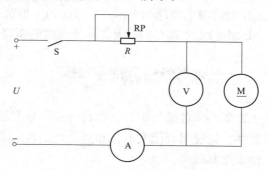

图 2-19　测电枢绕组直流电阻接线图

（2）将直流电枢电源调至最小，R 调到最大，直流电压表量程选为 300V，直流电流表量程选为 2A 挡。

（3）接通开关 S，建立直流电源，并调节直流电源至 110V 输出。

（4）调节 R 使电枢电流达到 0.2A（如果电流太大，可能由于剩磁的作用使电机旋转，测量无法进行，如果此时电流太小，可能由于接触电阻产生较大的误差），改变电压表量程为 20V，读取电机电枢两端电压 U_M 和电流 I_a，填入表 2-2 中。将电机转子分别旋转 1/3 和 2/3 周，读取 U_M、I_a。

（5）增大 R 使电流分别达到 0.15A 和 0.1A，重复步骤（4）。

取 3 次测量的平均值作为实际冷态电阻值 $R_a = \dfrac{R_{a1} + R_{a2} + R_{a3}}{3}$。

表 2-2　　　　　　　　　　　　　　　**电枢绕组电阻测量数据**　　　　　　　　　　室温_____℃

序号	U_M (V)	I_a (A)	R (Ω)	R_a 平均（Ω）	R_{aref}（Ω）
1			R_{a11}		
			R_{a12}		
			R_{a13}		
2			R_{a21}		
			R_{a22}		
			R_{a23}		
3			R_{a31}		
			R_{a32}		
			R_{a33}		

表中：$R_{a1} = (R_{a11} + R_{a12} + R_{a13})/3$；

$R_{a2} = (R_{a21} + R_{a22} + R_{a23})/3$；

$R_{a3} = (R_{a31} + R_{a32} + R_{a33})/3$。

（6）计算基准工作温度时的电枢电阻。由实验测得的电枢绕组电阻值，此值为实际冷态电阻，冷态温度为室温。按下式换算到基准工作温度时的电枢绕组电阻值，即

$$R_{aref} = R_a \frac{235 + \theta_{ref}}{235 + \theta_a}$$

式中：R_{aref} 为换算到基准工作温度时电枢绕组电阻，Ω；R_a 为电枢绕组的实际冷态电阻，Ω；θ_{ref} 为基准工作温度，对于 E 级绝缘为 $75\,^{\circ}\!C$；θ_a 为实际冷态时电枢绕组的温度，$^{\circ}\!C$。

思考题与习题

（1）直流电机有哪些主要部件？各部件用什么材料构成？分别起什么作用？

（2）什么是电机的可逆性？试说明直流发电机和直流电动机的工作原理。

（3）什么是主磁通？什么是漏磁通？

（4）什么是电枢反应？电枢反应对电机的主磁场有什么影响？

（5）一台 $Z2$ 型直流电动机，$P_N = 160\text{kW}$，$U_N = 220\text{V}$，$n_N = 1500\text{r/min}$，$\eta_N = 90\%$，其额定电流是多少？

（6）一台 $Z2$ 型直流发电机，$P_N = 145\text{kW}$，$U_N = 230\text{V}$，$n_N = 1450\text{r/min}$，其额定电流是多少？

（7）一台直流电机，$p = 2$，单叠绕组，电枢绕组总导体数 N 为 572，气隙每极磁通 Φ 为 0.015Wb，求：

1）当 $n = 1500\text{r/min}$ 时，电枢绕组的感应电动势 E_a。

2）当 $I_a = 30.4\text{A}$ 时，电磁转矩 T。

拓展知识

一、直流电机的换向

直流电机工作时，旋转的电枢绕组元件由某一支路经过电刷进入另一支路时，该元件中的电流方向就会发生改变，这种电流方向的改变过程称为换向。

换向问题很复杂，换向不良会在电刷与换向器之间产生火花。当火花大到一定程度时，将灼烧换向器和电刷，使其表面粗糙并留下灼痕，而不光滑的换向器表面与粗糙的电刷接触又促使火花进一步增强，如此恶性循环直到电机不能正常运行。此外，伴随着换向火花还有电磁波向外辐射，会对周围的通信设施造成干扰。

产生火花的原因是多方面的，除电磁原因外，还有机械原因、电化学原因等。目前尚未形成完整的可以说明全部换向过程的换向理论，但人们在长期生产实践与研究过程中，已经形成了一套行之有效的改善换向的方法，使得实际运行的直流电机基本上可以消除有害的火花。

以下仅就换向过程、影响换向的电磁原因及改善换向的方法做一些简要介绍。

1. 直流电机的换向过程

图 2-20 表示一个单叠线圈的换向过程。图中电刷是固定不动的；电枢绕组和换向器以速度 v 从右向左移动。

在图 2-20（a）中，电刷只与换向片 1 接触，线圈 K 属于电刷右边的支路，线圈中的电流为 $+i_a$。当电枢转到电刷只与换向片 2 接触时，图 2-20（c）中，换向线圈 K 已属于电刷

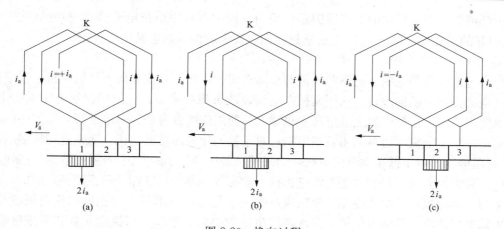

图 2-20 换向过程

(a) 换向开始瞬间；(b) 换向线圈被短接；(c) 换向结束

左边支路，电流反向为 $-i_a$。这样线圈 K 中的电流在被电刷短路的过程中，进行了电流换向，而线圈 K 就称为换向元件。电流从 $+i_a$ 变换到 $-i_a$ 所经历的时间称为换向周期 T_C，换向周期是极短的，它一般只有千分之几秒。直流电机在运行时，电枢绕组的每个元件都要经历这样的换向过程。若换向线圈中的电动势等于零，则换向电流的变化规律如图 2-21 的曲线 1 所示，称为直线换向。这是一种理想状况。

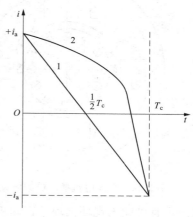

图 2-21 换向电流和变化过程

2. 影响换向的电磁原因

在实际换向过程中，换向电流的变化规律并不是直线换向这种理想情况，还存在着以下影响电流换向的因素。

(1) 电抗电动势。换向时换向线圈中换向电流 i 的大小、方向发生急剧变化，因而会产生自感电动势。同时，进行换向的线圈不止一个，电流的变化，除了各自产生自感电动势外，各线圈之间还会产生互感电动势。自感电动势和互感电动势的总和称为电抗电动势 e_x。根据楞次定律，电抗电动势 e_x 具有阻碍换向线圈中电流变化的趋势。

(2) 电枢反应电动势。直流电机负载运行时，电枢反应使主极磁场畸变，几何中性线处的磁场不为零，这时处在几何中性线上的换向线圈，就要切割电枢磁场而产生一种旋转电动势，称为电枢反应电动势 e_a，该电动势也阻碍电流的换向。

综上分析，换向线圈中出现的电抗电动势 e_x 和电枢反应电动势 e_a 均阻碍电流的换向，它们共同产生一个附加换向电流 i_k，使换向电流的变化延缓，这表现在图 2-21 中曲线 2 所示的延迟换向。当换向结束瞬间，被电刷短路的线圈瞬时脱离电刷（后刷边）时，i_k 不为零，则电感性质的换向线圈中存在一部分磁场能量 $Li_k^2/2$，这部分能量达到一定数值后，以弧光放电的方式转化为热能，散失在空气中，因而在电刷与换向器之间出现火花。经推导，e_x 和 e_a 的大小既与电枢电流成正比，又与电机的转速成正比，所以大容量高转速电机会给换向带来更大的困难。

由此可知，影响换向的电磁原因是：换向线圈中存在由电抗电动势 e_x 和电枢反应电动势 e_a 引起的附加换向电流 i_k，造成延迟换向，使电刷的后刷边易出现火花。

3. 改善换向的方法

（1）选用合适的电刷。电刷的质量对换向有很大影响，有些换向不良的电机，仅靠选择合适的电刷就能使换向改善。从限制换向电流以改善换向来看，应选用接触电阻大的电刷。但接触电阻大时，接触电阻上的电压降也增大，所以应综合考虑。一般而言，对于换向并不困难的中、小型电机，通常采用石墨电刷；对于换向比较困难的电机，通常选用接触电阻大的碳-石墨电刷；对于低压大电流电机，则采用接触压降较小的青铜-石墨或紫铜-石墨电刷。

（2）装设换向极。目前改善直流电机换向最有效的办法是在相邻两主磁极之间的几何中性线上加装换向极，目的主要是让换向极产生一个与电枢磁动势方向相反的换向极磁动势，它首先把电枢反应电动势抵消掉，其次再产生一个换向极磁场，当换向元件切割该磁场时，将产生一个换向极电动势 e_k，让 e_k 去抵消电抗电动势 e_x。为了达到这一目的，换向极绕组应与电枢绕组相串联，且换向极磁动势方向应与电枢磁动势方向相反。于是换向极的极性必须正确，确定换向极的极性可归纳为：在发电机运行时，换向极的极性应与旋转方向前面的相邻主磁极的极性相同；在电动机运行时，换向极的极性应与旋转方向后面的相邻主磁极的极性相同，如图 2-22 所示。

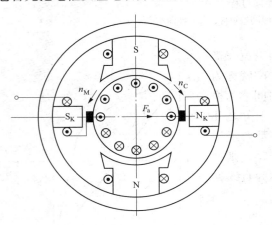

图 2-22　直流电机换向极的位置和极性

（3）装设补偿绕组。由于电枢反应还会使气隙磁场发生畸变，这样就增大了某几个换向片之间的电压。在负载变化剧烈的大型直流电机内，有可能出现环火现象，即正、负电刷间出现电弧，电机将在很短的时间内被损坏。防止环火最常用的办法是加装补偿绕组。补偿绕组嵌放在主磁极极靴上专门冲制出的槽内，与电枢绕组串联，可有效地改善气隙磁密分布，从而避免出现环火，且装有补偿绕组之后，换向极所需的磁动势可大为减少。但装设补偿绕组使直流电机用铜量增加，结构复杂，因此仅在换向比较困难而负载经常变化的大、中型直流电机中才得到应用。

二、无刷直流电动机简介

有刷直流电动机的换向不仅使电动机结构复杂、成本增加，而且使其运行的可靠性大为降低，维护费用明显增加。无刷直流电动机的发展很快，已经在很多领域广泛应用，成为小功率电动机的一个重要分支。无刷直流电动机基本上采用永磁结构。永磁无刷直流电动机具有优良的调速性能、高效率特性及高可靠性，广泛应用于航天技术、家用电器、计算机外围设备、录像机及工业自动控制系统等领域。

永磁无刷直流电动机由直流电源或整流电源供电，用电子换向电路取代了传统的机械换向器和电刷装置，因此是一种无刷结构的新型直流电动机。

为了实现电枢绕组的电子换相，必须预知转子磁极位置，因此永磁无刷直流电动机必须具有转子位置检测装置，利用位置检测信号来控制相应电子功率器件的导通与截止，使电动机获得恒定方向的电磁转矩。

1. 永磁无刷直流电动机的基本构成

永磁无刷直流电动机是由电动机本体、转子位置检测装置和电子换向电路 3 部分组成，其原理框图和基本构成分别如图 2-23 和图 2-24 所示。

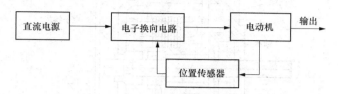

图 2-23　无刷直流电动机的原理框图

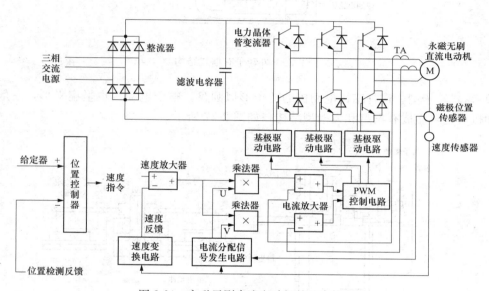

图 2-24　永磁无刷直流电动机的基本构成

（1）电动机本体。永磁无刷直流电动机实际上是一台永磁同步电动机，其电枢绕组多为三相或四相绕组，也可以做成两相或五相绕组，转子采用永磁磁极。这种电动机的结构形式有多种，大体上可分为以下几种类型：

1）内转子型。这种结构与普通永磁同步电动机的结构基本相同，如图 2-25 所示。为了抑制转矩的脉动，常做成定子斜槽，永磁体表面的形状也需要进行精心的设计。有槽式结构电动机的热容量大，过负荷能力较强，适合用于较大功率的电动机。小功率电动机也可以做成无槽式结构，把电枢绕组贴附在定子铁芯的内表面。

2）外转子型。这种结构与反装式永磁同步电动机的结构基本相同，如图 2-26 所示。

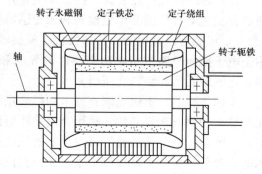

图 2-25　内转子有槽式结构

定子铁芯固定在与端盖成为一体的铁芯托架上，槽内嵌放电枢绕组，永磁磁极位于定子的外侧。外转子型电动机的转矩脉动较小，但转子的转动惯量较大。

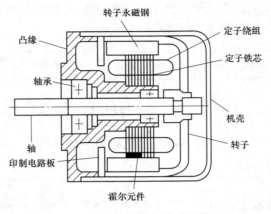

图 2-26　外转子有槽式结构

　　3）盘式转子型。这种结构电动机的转子形似圆盘，整个电动机也呈扁平形，一般称盘式电动机，也可做成有槽型和无槽型结构，如图 2-27 所示。

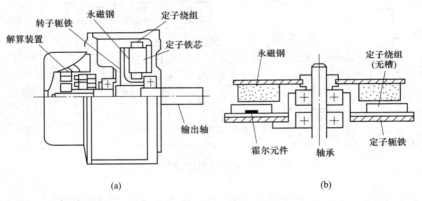

（a）　　　　　　　　　　　　　　　（b）

图 2-27　盘式电动机的结构
（a）有槽型；（b）无槽型

　　（2）转子位置检测装置。位置检测装置是无刷直流电动机的重要组成部分。转子位置检测的方法主要有传感器位置检测和无传感器位置检测两类，分别介绍如下：

　　1）传感器位置检测。传感器位置检测就是利用位置传感器来获取转子位置信号，以便用于电子换向电路中相应功率器件的导通和截止控制。常用的位置传感器主要有霍尔传感器、光电编码器和旋转变压器。

　　霍尔传感器：永磁无刷直流电动机应用较多的是利用霍尔元件制成的霍尔传感器。霍尔元件是一种磁电转换元件，采用直流稳压电源供电时，霍尔电动势与外磁场的磁感应强度成正比，即霍尔电动势的波形可以忠实的反映被测外磁场的波形。因此，霍尔传感器输出的霍尔电动势信号实际上就提供了永磁无刷直流电动机的转子磁极位置信息，可根据这一信息对电枢绕组进行换向控制。无刷直流电动机的实用化在很大程度上就是依靠霍尔位置传感器。

光电编码器：光电编码器是一种数字信号检测装置，主要由码盘、发光元件和光电晶体管等组成，可用于永磁无刷电动机的位置检测和速度检测。由于光电编码器直接输出数字信号，因此数据处理电路简单，也容易实现高精度和高分辨率。

旋转变压器：旋转变压器是一种精密控制微电机，能够检测和传送与转角有关信息。因此，可用作位置传感器。常使用 RDC（旋转变压器/数字转换器）电路，把旋转变压器输出的模拟量位置信号转换成数字信号。

2）无传感器位置检测。无传感器位置检测是一种间接位置检测技术，是一种利用电动机的某些电气参数与转子位置的函数关系来计算出转子位置信息的方法，主要有以下两种类型：

基于电感信息的位置检测：永磁无刷直流电动机的电枢绕组电感与转子磁极的位置有关。当转子磁极轴线与电枢绕组轴线重合时，电枢绕组电感最大；当转子磁极轴线与电枢绕组轴线正交（即相差 90°电角度）时，电枢绕组电感最小。因此，检测电枢绕组电感就可以间接获得转子磁极位置信息，从而控制电枢绕组的导通状态，实现电动机的无传感器位置控制。通常检测非导通相电感，也可以检测导通相电感。

基于反电动势的位置检测：永磁无刷电动机运行时，电枢绕组中将要感应出反电动势。当转子磁极轴线与电枢绕组轴线重合时，恰为反电动势的过零点。检测非导通相的反电动势过零点，就可以间接检测转子磁极位置，从而控制电枢绕组的换相。

（3）电子换向电路。永磁无刷直流电动机电子换向电路的原理可参考图 2-24。它包括功率放大电路、脉宽调制（PWM）与基极驱动电路以及反馈控制电路等。

功率放大电路可分为单极性和双极性两种。单极性时，电动机电枢绕组的电流是单方向流通的；双极性时，电枢绕组中的电流可以双向流通。在图 2-24 中，电动机采用了三相绕组结构，其功率放大电路采用了三相桥式双极性功率晶体管开关电路。显然，功率放大电路提供给电枢绕组的电源电压波形为方波。

反馈控制电路一般由位置控制、速度控制和电流控制 3 部分组成，构成了一个三闭环反馈控制系统。其反馈信号分别来自位置传感器、速度传感器以及电流互感器。

PWM（脉宽调制）控制电路主要用来调节电动机的供电电压，以便实现电动机的速度控制。位置控制信息、速度控制信息以及电流控制信息的 PWM 控制信号，经基极驱动电路放大后，就可以用来控制大功率晶体管的导通和截止，从而实现电枢绕组的换向控制、电动机的位置控制以及速度控制。

目前，永磁无刷直流电动机的电子换向电路已经集成化，常把控制电路、PWM 电路以及基极驱动电路集成到一起，制成专用芯片。芯片内一般还具有电流保护、欠电压保护、温度保护以及桥臂短路保护等多种保护功能。

2. 永磁无刷直流电动机的工作原理

为简单起见，以一台三相单极性永磁无刷直流电动机为例，来说明其工作原理。其主电路的原理图如图 2-28 所示。位置传感器信号与对应相绕组的电流波形如图 2-29 所示。

可以看出，功率开关电路由 3 个功率开关器件组成，分别控制三相绕组的导通与截止。当转子永磁磁极转到如图 2-28 所示位置（磁极轴线滞后于 U 相绕组轴线 90°电角度）时，位置传感器 A 输出位置控制信号，使功率器件 VT1 饱和导通，则 U 相绕组中将有电流流过。这时，定子电枢磁场与转子永磁磁场正交，二者之间相互作用产生电磁转矩，使转子向

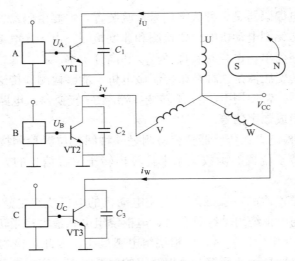

图 2-28　三相单极性永磁无刷直流电动机主电路原理图

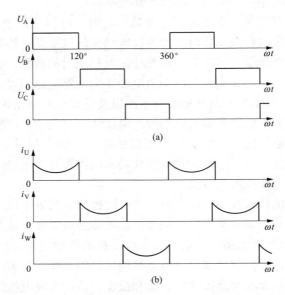

图 2-29　位置传感器信号与对应相绕组的电流波形

（a）位置信号波形；（b）电枢电流波形

逆时针方向旋转。当转子永磁磁极转过 120°电角度（即磁极轴线滞后 V 相绕组轴线 90°电角度）时，位置传感器 B 输出位置控制信号，使功率器件 VT2 饱和导通，则 V 相绕组中将有电流流过。这时，定、转子磁场间产生电磁转矩，使转子继续向逆时针方向旋转。当转子永磁磁极再转过 120°电角度（即磁极轴线滞后 W 相绕组轴线 90°电角度）时，位置传感器 C 输出位置控制信号，使功率器件 VT3 饱和导通，则 W 相绕组中将有电流流过。如此反复循环，电动机在恒定方向的平均电磁转矩作用下，就可以带动机械负载运行。

　　由以上分析可知，对于三相单极性永磁无刷直流电动机来说，需要 3 个霍尔元件作为位置传感器。在位置信号的控制下，每个功率开关元器件的导通角为 120°电角度。需要正、反转控制时，只需将位置传感器所输出信号的顺序从 A→B→C 改为 A→C→B 就可以了。

任务二 直流电机的运行

学习目标

（1）掌握直流发电机和直流电动机的平衡方程式。

（2）理解直流发电机和直流电动机的运行特性。

（3）从事直流电机运行管理的能力。

任务分析

无论是直流发电机还是直流电动机，所带负载往往是变化的。直流发电机的输出电压、直流电动机的运行速度都会随着负载的变化而改变，这些变化可能会对负载有一定的影响，因此，我们在使用中就要清楚电机的输出随负载变化的规律，以便更好地使用电机。本任务主要介绍了直流发电机和直流电动机的平衡方程式以及运行特性。

相关知识

一、直流发电机

1. 直流电机的励磁方式

直流电机的励磁方式是指电机励磁电流的供给方式，根据励磁支路和电枢支路的相互关系，有他励、并励、串励和复励。

（1）他励。励磁绕组和电枢绕组无电路上的联系，励磁电流 I_f 由一个独立的电源提供，与电枢电流 I_a 无关。图 2-30（a）中的电流 I，对于发电机而言，是指发电机的负载电流；对于电动机而言，是指电动机的输入电流，他励电机的电枢电流与电流 I 相等，即 $I_a = I$。

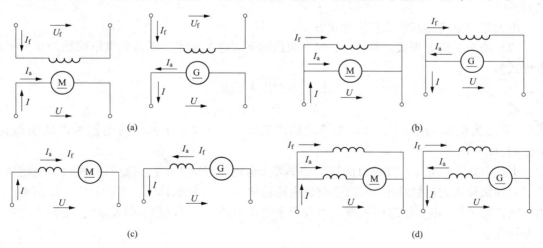

图 2-30 直流电机的励磁方式

（2）并励。图 2-30（b）中励磁绕组和电枢绕组并联。对于发电机而言，励磁电流由发电机自身提供，$I_a = I + I_f$；对于电动机而言，励磁绕组与电枢绕组并接于同一外加电源，I_a

$=I-I_f$。

（3）串励。图 2-30（c）中励磁绕组和电枢绕组串联，$I_a=I=I_f$。对于发电机而言，励磁电流由发电机自身提供；对于电动机而言，励磁绕组与电枢绕组串接于同一外加电源。

（4）复励。图 2-30（d）中励磁绕组的一部分与电枢绕组并联，另一部分与电枢绕组串联。两个绕组产生的磁动势方向相同时称为积复励，磁动势方向相反时称为差复励，通常采用积复励方式。直流电机的励磁方式不同，运行特性和适用场合也不同。

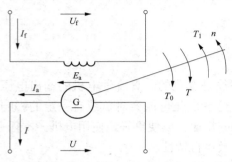

图 2-31 他励直流发电机

2. 直流发电机的基本方程式

直流发电机稳态运行时，其电压、电流、转速、转矩、功率等物理量都保持不变且相互制约，其制约关系与电机的励磁关系有关，下面以他励直流发电机（如图 2-31 所示）为例介绍直流发电机的电动势平衡方程式、转矩平衡方程式。

（1）电动势平衡方程式。

1）发电机空载运行时的电动势平衡方程式。他励直流发电机空载运行时，电枢电流 $I_a=0$，则电枢绕组的感应电动势 E_a 等于端电压 U。

2）发电机负载运行时的电动势平衡方程式。他励直流发电机负载运行时，原动机带动电枢旋转，电枢绕组切割气隙磁场产生感应电动势 E_a，在感应电动势 E_a 的作用下形成电枢电流 I_a，其方向与感应电动势 E_a 相同。电枢电流流过电枢绕组时，形成电枢压降 $I_a r_a$；由于电枢与换向器之间存在接触电阻，电枢电流流过时，形成接触压降 ΔU。各物理量的正方向如图 2-31 所示，则直流发电机的电动势平衡方程式为

$$E_a=U+I_a r_a+2\Delta U=U+I_a R_a \tag{2-14}$$

式中：r_a 为电枢电阻，Ω；$2\Delta U$ 为正负电刷的总接触压降，V；R_a 为电枢电阻和电刷接触电阻之和，Ω。

由直流发电机的基本工作原理可知，$E_a>U$。

（2）功率平衡方程式。将式（2-14）两边同乘以电枢电流，则得到电枢回路的功率平衡方程式为

$$E_a I_a=UI_a+I_a^2 R_a$$

或

$$P_{em}=P_2+p_{Cua} \tag{2-15}$$

式中：P_{em} 为电磁功率；P_2 为发电机的输出功率，$P_2=UI_a$；p_{Cua} 为电枢回路的铜损耗，$p_{Cua}=I_a^2 R_a$。

由式（2-15）可知，发电机的输出功率等于电磁功率减去电枢回路的铜损耗。电磁功率等于原动机输入的机械功率 P_1 减去空载损耗功率 p_0。p_0 包括轴承、电刷及空气摩擦所产生的机械损耗 p_Ω，电枢铁芯中磁滞、涡流产生的铁损耗 p_{Fe} 以及附加损耗 p_s。则输入功率平衡方程为

$$P_1=P_{em}+p_\Omega+p_{Fe}+p_s=P_{em}+p_0 \tag{2-16}$$

将式（2-15）代入式（2-16），可得功率平衡方程式为

$$P_1=P_2+\sum p \tag{2-17}$$

$$\sum p=p_{Cua}+p_\Omega+p_{Fe}+p_s \tag{2-18}$$

式中：$\sum p$ 为电机总损耗。

功率平衡方程说明了能量守恒的原则，他励直流发电机的功率流程如图 2-32 所示。

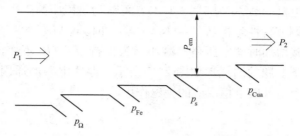

图 2-32　他励直流发电机的功率流程图

直流发电机的效率为

$$\eta=\frac{P_2}{P_1}\times100\%=\frac{P_1-\sum p}{P_1}\times100\%=\left(1-\frac{\sum p}{P_2+\sum p}\right)\times100\% \tag{2-19}$$

（3）转矩平衡方程式。直流发电机在稳定运行时存在 3 个转矩：对应原动机输入机械功率 P_1 的转矩 T_1；对应电磁功率 P_{em} 的电磁转矩 T；对应空载损耗功率 p_0 的空载转矩 T_0。其中 T_1 是驱动性质的，T 和 T_0 是制动性质的，当发电机处于稳态运行时，根据转矩平衡原则，可得出发电机转矩平衡方程为

$$T_1=T+T_0 \tag{2-20}$$

3. 直流发电机的运行特性

当发电机的转速为额定转速时，其端电压 U、负载电流 I、励磁电流 I_f、效率 η 之间的关系就是发电机的运行特性。

下面以他励直流发电机为例介绍直流发电机的运行特性。

（1）空载特性。当 $n=n_N$，$I_a=0$ 时，发电机端电压 U_0 与励磁电流 I_f 的关系曲线，即 $U_0=f(I_f)$。

空载时，$U_0=E_0$，由于 $E_0 \propto \Phi$、励磁磁势 $F_f \propto I_f$，所以空载特性曲线与铁芯磁化曲线形状相似，如图 2-33 所示，用它可以判断发电机磁路的饱和程度。因为主磁极铁芯存在剩磁，所以当励磁电流为零时，仍有一个不大的剩磁电势，其大小一般为额定电压的 $2\%\sim5\%$。

（2）外特性。直流电机的外特性是指当 $n=n_N$，$I_f=I_{fN}$ 时，端电压 U 与负载电流 I 的关系曲线，即 $U=f(I)$。负载增加时，电枢反应的去磁作用使电枢电动势 E_a 略有减小，而电枢回路的电压降 I_aR_a 有所增加，根据发电机的电动势平衡方程式 $U=E_a-I_aR_a$ 可知，端电压 U 略有下降，如图 2-34 所示。

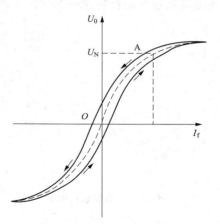

图 2-33　直流发电机的空载特性

发电机端电压随负载的变化程度可用电压变化率 ΔU 来表示。他励发电机的额定电压变化率是指当 $n=n_N$，$I_f=I_{fN}$ 时，发电机从额定负载过渡到空载时，端电压变化的数值对额定电压的百分比，即

$$\Delta U_{\mathrm{N}} = \frac{U_0 - U_{\mathrm{N}}}{U_{\mathrm{N}}} \times 100\% \tag{2-21}$$

一般他励直流发电机的 ΔU_{N} 为 $5\% \sim 10\%$，可认为是恒压源。

（3）调节特性。调节特性是指当 $U = U_{\mathrm{N}}$，$n = n_{\mathrm{N}}$ 时，I_{f} 与 I 的关系曲线，即 $I_{\mathrm{f}} = f(I)$。由外特性可知，当负载增加时端电压略有减小，为保持 $U = U_{\mathrm{N}}$ 不变，必须增加励磁电流，故调节特性曲线是一条上翘的曲线，如图 2-35 所示。曲线上翘的原因有两个：一个是补偿电枢电阻压降，另一个是补偿电枢反应的去磁作用。

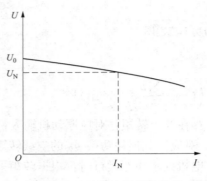

图 2-34　直流发电机的外特性

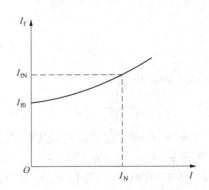

图 2-35　他励发电机的调节特性曲线

二、直流电动机

同直流发电机一样，直流电动机也有电动势、功率和转矩等基本方程式，它们是分析直流电动机各种运行特性的基础。下面以他励直流电动机为例进行讨论。

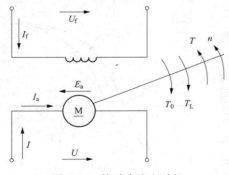

图 2-36　他励直流电动机

1. 直流电动机的基本方程式

（1）电动势平衡方程式。直流电动机运行时，在外加电源电压 U 的作用下，电枢绕组中流过电枢电流 I_{a}；电流在磁场的作用下，受到电磁力的作用，形成电磁转矩 T；在电磁转矩的作用下，电枢旋转，旋转的电枢切割磁力线，产生感应电动势 E_{a}，其方向与电枢电流相反，是反电动势。

各物理量的正方向如图 2-36 所示，则他励直流电动机稳定运行时的电动势平衡方程式为

$$U = E_{\mathrm{a}} + I_{\mathrm{a}} r_{\mathrm{a}} + 2\Delta U = E_{\mathrm{a}} + I_{\mathrm{a}} R_{\mathrm{a}} \tag{2-22}$$

由直流电动机的基本工作原理知，$U > E_{\mathrm{a}}$。

（2）转矩平衡方程式。直流电动机以转速 n 稳定运行时，作用在电机轴上的转矩有 3 个：第一个是电磁转矩 T，方向与转速 n 方向相同，为拖动性质转矩；第二个是电动机空载损耗形成的转矩 T_0，是电动机空载运行时的制动转矩，方向总与转速 n 方向相反；第三个是电动机轴上的输出转矩 T_2，其值与电动机轴上所带生产机械的负载转矩 T_{L} 相等，$T_2 = T_{\mathrm{L}}$，一般为制动性质转矩。稳定运行时，直流电动机中拖动性质的转矩总是等于制动性质的转矩，据此可得直流电动机的转矩平衡方程式为

$$T = T_2 + T_0 \qquad (2\text{-}23)$$

（3）功率平衡方程式。直流电动机工作时，从电网吸收电能，除去电枢回路的铜损耗 p_{Cua}（包括电刷接触铜损耗），其余部分便是电枢所吸收的电功率，即电磁功率 P_{em}，也是电动机获得的总机械功率 P_Ω，电动机的电磁功率可以写成为

$$P_{em} = E_a I_a = C_e \Phi n I_a = \frac{pN}{60a} \Phi n I_a = \frac{pN}{2\pi a} \Phi I_a \frac{2\pi n}{60} = T\Omega \qquad (2\text{-}24)$$

电磁功率在补偿了机械损耗 p_Ω、铁耗 p_{Fe} 和附加损耗 p_s 后，剩下的部分即是对外输出的机械功率 P_2，所以

$$P_{em} = p_\Omega + p_{Fe} + p_s + P_2 = p_0 + P_2 \qquad (2\text{-}25)$$

最后可写出直流电动机的功率平衡方程式为

$$P_1 = p_{Cua} + P_{em} = p_{Cua} + p_\Omega + p_{Fe} + p_s + P_2 = \sum p + P_2 \qquad (2\text{-}26)$$

根据他励直流电动机的功率平衡方程式，可以画出其功率流程图，如图 2-37 所示。

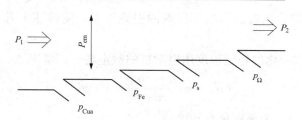

图 2-37 直流电动机功率流程图

【例 2-5】 一台他励直流电动机，$U_N = 220V$，$C_e = 12.4$，$\Phi_N = 1.1 \times 10^{-2} Wb$，$R_a = 0.208\Omega$，$p_{Fe} = 362W$，$p_\Omega = 362W$，$n_N = 1450 r/min$，忽略附加损耗。求：

（1）判断这台电机是发电机运行还是电动机运行。

（2）电磁转矩、输入功率和效率。

解 （1）判断一台电机是何种运行状态，可比较电枢电动势和端电压的大小。

$$E_a = C_e \Phi n = 12.4 \times 1.1 \times 10^{-2} \times 1450 = 197.8(V)$$

因为 $U > E_a$，故此电机为电动机运行状态。

（2）根据 $U = E_a + I_a R_a$，得电枢电流为

$$I_a = \frac{U - E_a}{R_a} = \frac{220 - 197.8}{0.208} = 106.7(A)$$

电磁转矩为

$$T = C_T \Phi I_a = 9.55 \times C_e \Phi I_a = 9.55 \times 12.4 \times 1.1 \times 10^{-2} \times 106.7 = 139(N \cdot m)$$

输入功率为

$$P_1 = U I_a = 220 \times 106.7 = 23.47(kW)$$

电磁功率为

$$P_{em} = E_a I_a = 197.8 \times 106.7 = 21.11(kW)$$

输出功率为

$$P_2 = P_{em} - p_{Fe} - p_\Omega = 21.11 - 0.362 - 0.204 = 20.54(kW)$$

效率为

$$\eta = \frac{P_2}{P_1} \times 100\% = \frac{20.54}{23.47} \times 100\% = 87.52\%$$

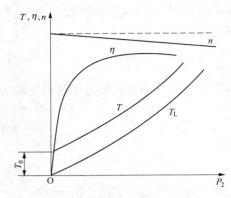

图 2-38　直流电动机工作特性

2. 工作特性

直流电动机的工作特性是指在端电压 $U = U_N$，励磁电流 $I_f = I_{fN}$，电枢回路不串附加电阻时，电动机的转速 n、电磁转矩 T 和效率 η 分别与输出功率 P_2（或电枢电流 I_a）之间的关系，即 n、T、$\eta = f(P_2)$，如图 2-38 所示。

（1）转速特性。即 $n = f(P_2)$ 曲线。

由　　　$U = E_a + I_a R_a$ 和 $E_a = C_e \Phi n$

得转速公式　　$n = \dfrac{U_N - I_a R_a}{C_e \Phi_N}$ 　　　　（2-27）

当输出功率增加时，电枢电流增加，电枢压降 $I_a R_a$ 增加，使转速下降；同时由于电枢反应的去磁作用，使转速上升。上述二者作用的结果，使转速变化很小。

电动机转速随负载变化的稳定程度用电动机的额定转速调整率 Δn_N 表示

$$\Delta n_N \% = \frac{n_0 - n_N}{n_N} \times 100\% \qquad (2-28)$$

式中：n_0 为空载转速；n_N 为额定负载转速。

他（并）励直流电动机的转速调整率很小，$\Delta n_N \%$ 为 $3\% \sim 8\%$。

（2）转矩特性。即 $T = f(P_2)$ 曲线。

根据输出功率 $T_2 = \dfrac{P_2}{\Omega} = \dfrac{P_2}{2\pi n / 60}$，当负载增加、转速略有下降时，$T_2 = f(P_2)$ 的关系曲线略向上弯曲。根据转矩平衡方程式 $T = T_2 + T_0$，在 $T_2 = f(P_2)$ 的曲线上叠加空载转矩曲线就可得 $T = f(P_2)$ 的关系曲线。

（3）效率特性。即 $\eta = f(P_2)$ 曲线。

根据效率公式

$$\eta = \frac{P_2}{P_1} \times 100\% = \left(1 - \frac{\sum p}{P_1}\right) \times 100\%$$

其中：$\sum p = p_{Cua} + p_0$，$P_1 = U I_a$。

故上式可改写成

$$\eta = \left(1 - \frac{p_0 + p_{Cua}}{U I_a}\right) \times 100\% = \left(1 - \frac{p_0 + I_a^2 R}{U I_a}\right) \times 100\%$$

由前面的分析可知，直流电机的损耗分为不变损耗 p_0 和可变损耗 p_{Cua} 两部分。当 P_2 从零逐渐增大时，I_a 值很小，可变损耗 $I_a^2 R_a$ 很小，可略而不计，电机损耗以不变损耗为主。这样输出功率 P_2 增大，而电机损耗极微小，效率 η 上升很快。随后因为可变损耗随电流按二次方关系增大，使总损耗增加很快，效率下降，由此可知，效率曲线是一条先上升、后下降的曲线，如图 2-38 所示，曲线中出现了效率最大值 η_{max}。

用数学方法可以求得 η_{max}，在上式中求导，并令 $\mathrm{d}\eta / \mathrm{d}I_a = 0$，可得他励电动机获得最大

效率的条件为

$$p_0 = p_{Cua}$$

可见，当电机的可变损耗等于不变损耗时其效率最高。最高效率一般出现在输出功率为 3/4 额定功率左右。在额定功率时，一般中、小型电动机的效率为 $75\% \sim 85\%$，大型电动机的效率为 $85\% \sim 94\%$。

技能训练 --

直流电动机工作特性测定

【实验目的】

测定他励直流电动机的工作特性。

【实验仪器】

他励直流电动机 1 台、并励直流发电机 1 台、负载电阻 1 件、滑动变阻器 3 件、直流电压表 2 台、直流电流表 4 台、转速表 1 台。

【实验步骤】

直流电动机工作特性实验接线图如图 2-39 所示。

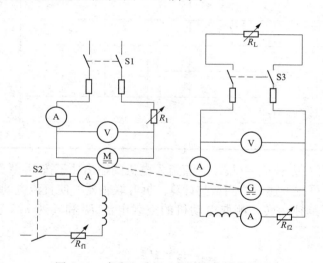

图 2-39　直流电动机工作特性实验接线图

（1）记录室温。测定被测电动机电枢回路在室温下的电阻值，并按公式 $R_{a75℃} = \dfrac{235 + 75}{235 + \theta_a} R_\theta$ 折合至工作温度下的电枢电阻值 $R_{a75℃}$。

（2）合理选择表的量程，按图 2-39 接线。将电动机励磁回路的附加电阻 R_{f1} 调到阻值最小的位置，电枢回路的电阻 R_1 调到阻值最大的位置。发电机励磁回路的附加电阻 R_{f2} 调到阻值最大的位置。

（3）闭合电源开关 S2，调节 R_{f1}，使得 $I_{f1} = I_{fN}$，再闭合开关 S1，启动电动机，逐渐减小 R_1 直至短接。调节电阻 R_{f1}，使电动机转速 $n = n_N$。直流发电机建立电压，调节电阻 R_{f2} 使并励发电机自励磁，使发电机电压 U 的值在 U_N 左右。

（4）将发电机负载电阻 R_L 调至阻值最大位置，闭合负载开关 S3。调节电阻 R_L 和电阻 R_{fl}，使直流电动机在电压 $U=U_N$ 和负载电流 $I=I_N$ 的情况下，转速 $n=n_N$，此时电动机为额定运行状态，其励磁电流为额定励磁电流 I_{fN}。

（5）保持电动机电压 $U=U_N$ 和励磁电流 $I_f=I_{fN}$ 不变，调节电动机的负载（改变发电机负载 R_L），使电动机的负载电流从 $1.2I_N$ 开始，逐渐减小到仅拖动直流发电机空载运行（断开开关 S3）为止。每次测得负载电流 I、转速 n 及发电机的电压 U_G、电流 I_G 等值 5～7 组，记录于表 2-3 中。

（6）计算直流电动机的效率 η 和转矩 T_2、T_0 和 T，直流发电机的输出功率 P_{2G}，将计算的结果记录于表 2-3 中。

表 2-3　　　　　　　　　　　　他励直流电动机工作特性数据

$U=U_N=$ _____ V，$I_f=I_{fN}=$ _____ A

序号	直流电动机									直流发电机		
	测量值		计算值							测量值		计算值
	I	n	I_a	P_1	P_2	η	T_2	T_0	T	U_G	I_G	P_{2G}
1												
2												
3												
4												
5												
6												

直流电动机的输入功率 $P_1=U_N I_a$，直流发电机的输出功率按 $P_{2G}=U_G I_G$ 计算。直流电动机的空载转矩 T_0 可按下述方法测量与计算。拆开联轴器，使直流电动机在额定电压 U_N、额定励磁电流 I_{fN} 下单独运转，测取电动机的空载电流 I_0 和转速 n_0'，直流电动机空载转矩为

$$T_0=9.55\frac{U_N I_0-I_0^2 R_a}{n_0'}$$

直流电动机的电磁转矩为

$$T=T_2+T_0$$

【实验报告】

（1）绘制他励直流电动机的工作特性曲线 n、T、$\eta=f(P_2)$。

（2）由他励直流电动机的工作特性计算转速变化率 $\left(\Delta n_N\%=\dfrac{n_0-n_N}{n_N}\times100\%\right)$。

思考题与习题

（1）直流发电机和直流电动机中的电磁转矩 T 有何区别？它们是怎样产生的？而直流

发电机和直流电动机中的电枢电动势 E_a 又有何区别？它们又是怎样产生的？

（2）如何判断直流电机是运行于发电机状态还是电动机状态？

（3）直流电机有哪几种励磁方式？试分别说明励磁方式不同时，电机输入（输出）电流 I 与电枢电流 I_a 及励磁电流 I_f 有什么关系？

（4）如何改变他励直流电动机的转向？改变电源的极性能否改变并励直流电动机的转向？

（5）一台他励直流电动机，$U_N = 220V$，$P_N = 10kW$，$\eta_N = 88\%$，$n_N = 1200r/min$，$R_a = 0.44\Omega$。求：

1）额定负载时的电枢电动势。

2）额定负载时的电磁转矩、输出转矩和空载转矩。

（6）已知一台他励直流电动机的数据为 $P_N = 40kW$，$U_N = 220V$，$I_N = 207.5A$，$R_a = 0.067\Omega$，$n_N = 1500r/min$。求：

1）额定效率。

2）额定转速调整率。

3）额定电磁转矩。

任务三　直流电动机的电力拖动

🎯 学习目标

（1）熟悉电力拖动系统的运动方程式，理解生产机械的负载特性。

（2）理解直流电动机的固有机械特性和人为机械特性。

（3）掌握直流电动机的启动、调速、制动方法及其选择原则。

（4）能根据实际情况选择直流电动机的启动、调速、制动方法。

🖐 任务分析

使用一台电动机时，首先碰到的问题是怎样把它启动起来，其次还有反转、制动和调速。要使电动机启动的过程达到最优，主要应考虑以下几方面的问题：①启动电流 I_{st} 的大小；②启动转矩 T_{st} 的大小；③启动设备是否简单等。电动机驱动的生产机械，常常需要改变运动方向，例如起重机、刨床、轧钢机等，这就需要电动机能快速地正反转。某些生产机械除了需要电动机提供拖动力矩外，还要电动机在必要时，提供制动的力矩，以便限制转速或快速停车，例如电车下坡刹车时，起重机下放重物时，机床反向运动开始时，都需要电动机进行制动。有些生产机械在运行的过程中还需要调速，如龙门刨床在切削过程中工作台速度的变化，轧钢机在轧制不同的钢材时需要不同的速度，因此还需要电动机能人为的调节速度。因此掌握直流电动机启动、反转、制动和调速的方法，对电气技术人员是很重要的。

要了解、分析和掌握直流电动机的启动、反转、制动和调速，首先要掌握直流电动机的机械特性，了解生产机械的负载特性。

相关知识

一、电力拖动系统运动方程式

用电动机作为原动机拖动生产机械，完成一定生产任务的拖动方式叫作电力拖动。在电气传动系统中，电动机是原动机，起主导作用，生产机械是负载。

电力拖动系统一般有控制设备、电动机、传动机构、生产机械和电源 5 部分组成，如图 2-40 所示。其中电动机用以实现电能和机械能的转换；机械传动机构用来传递机械能，控制装置则用来控制电动机的运动，在电力拖动系统中，还必须有电源部分，向电动机及电气控制装置供电。最简单的电力拖动系统如日常生活中的电风扇、洗衣机、工业生产中的水泵等，复杂的电力拖动系统如轧钢机、电梯等。

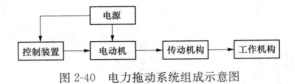

图 2-40　电力拖动系统组成示意图

电力拖动系统中所用的电动机的种类很多，生产机械的性质也各不相同。因此，需要找出它们普遍的运动规律予以分析。从动力学的角度看，它们都服从动力学的统一规律。

图 2-41（a）为单轴电力拖动系统，电动机的轴与生产机械的轴刚性相连，电动机与负载用同一个轴，以同一转速运行。电气传动系统中主要的机械物理量有电动机的转速 n、电磁转矩 T、负载转矩 T_L 及空载转矩 T_0。各物理量的正方向按电动机惯例确定，如图 2-41（b）所示，电磁转矩 T 的方向与转速 n 方向相同时取正号；负载转矩 T_L 与空载转矩 T_0 方向与转速 n 方向相反时取正号。由于电动机负载运行时，一般情况下 $T_L \gg T_0$，故可忽略 T_0。根据动力学定律，可写出做旋转运动的平衡方程式为

$$T - T_L = J \frac{\mathrm{d}\Omega}{\mathrm{d}t} \tag{2-29}$$

式中：T 为电动机的电磁转矩，$\mathrm{N \cdot m}$；T_L 为电动机的负载转矩，$\mathrm{N \cdot m}$；J 为运动系统的转动惯量，$\mathrm{kg \cdot m^2}$；$\frac{\mathrm{d}\Omega}{\mathrm{d}t}$ 为系统的角加速度，$\mathrm{rad/s^2}$；Ω 为角速度，$\mathrm{rad/s}$。

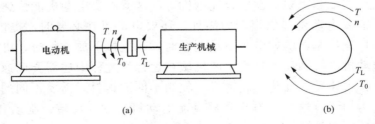

(a)　　　　　　　　　　　　　(b)

图 2-41　单轴电力拖动系统及各量的参考方向

(a) 单轴电力拖动系统；(b) 各量的参考方向

式（2-29）实质上是旋转运动系统的牛顿第二定律。在实际工程计算中，经常用转速 n

代替角速度 Ω 表示系统的转动速度，用飞轮矩 GD^2 代替转动惯量 J 表示系统的机械惯性。Ω 与 n、J 与 GD^2 的关系为

$$\Omega = 2\pi n / 60 \tag{2-30}$$

$$J = m\rho^2 = \frac{G}{g} \cdot \frac{D^2}{4} = \frac{GD^2}{4g} \tag{2-31}$$

式中：n 为转速，r/min；m 为旋转体的质量，kg；G 为旋转体的重量，N；ρ 为旋转部件的惯性半径，m；D 为旋转部件的惯性直径，m；g 为重力加速度，$g = 9.81 \text{m/s}$。

把式（2-30）、式（2-31）代入式（2-29），经整理可得出单轴拖动系统的运动方程的实用表达式

$$T - T_L = \frac{GD^2}{375} \frac{\mathrm{d}n}{\mathrm{d}t} \tag{2-32}$$

式中：GD^2 为旋转体的飞轮矩，N·m²。

应注意，式（2-32）中的 375 具有加速度的量纲；GD^2 是整个系统旋转惯性的整体物理量。电动机和生产机械的 GD^2 可从产品样本或有关设计资料中查得。

式（2-32）是今后常用的运动方程式，它反映了电机拖动系统机械运动的普遍规律，是研究电机拖动系统各种运转状态的基础。由式（2-32）可知，电力拖动系统运行可分为 3 种状态：

（1）当 $T > T_L$，$\dfrac{\mathrm{d}n}{\mathrm{d}t} > 0$ 时，系统处于加速运动状态，即处于动态过程。

（2）当 $T < T_L$，$\dfrac{\mathrm{d}n}{\mathrm{d}t} < 0$ 时，系统处于减速运动状态，即处于动态过程。

（3）当 $T = T_L$，$\dfrac{\mathrm{d}n}{\mathrm{d}t} = 0$ 时，系统处于恒转速运行（或静止）状态，即处于稳态。

由此可见，只要 $\dfrac{\mathrm{d}n}{\mathrm{d}t} \neq 0$，系统就处于加速或减速运行（也可以说是处于瞬态过程），而 $\dfrac{\mathrm{d}n}{\mathrm{d}t} = 0$ 叫作稳态运行。

二、生产机械的负载转矩特性

生产机械运行时常用负载转矩标志其负载的大小，不同的生产机械的转矩随转速变化规律不同，用负载转矩特性来表征，即生产机械的转速 n 与负载转矩 T_L 之间的关系 $n = f(T_L)$。各种生产机械大致可归纳为恒转矩负载特性、恒功率负载特性、通风机型负载特性 3 种类型。

1. 恒转矩负载

所谓恒转矩负载是指生产机械的负载转矩 T_L 的大小不随转速 n 变化，即 T_L 为常数的负载。按负载转矩 T_L 与转速 n 之间的关系又分为反抗性恒转矩负载和位能性恒转矩负载两种。

（1）反抗性恒转矩负载。反抗性恒转矩负载的特点是负载转矩 T_L 的大小不变，但方向始终与生产机械运动的方向相反，总是阻碍电动机的运转。当电动机的旋转方向改变时，负载转矩的方向也随之改变，永远是阻力矩，其特性在第一象限和第三象限，如图 2-42 所示。

属于这类特性转矩的设备有起重机的行走机构、皮带运输机和轧钢机等。

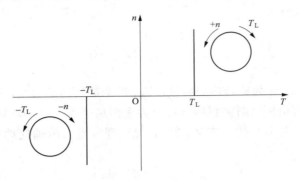

图 2-42　反抗性恒转矩负载特性

（2）位能性恒转矩负载。这种负载的特点是负载转矩由重力作用产生，不论生产机械运动的方向变化与否，负载转矩的大小和方向始终不变。例如无论起重设备提升或下放重物，由于重力所产生的负载转矩的大小和方向均不改变。其负载转矩特性在第一象限和第四象限，如图 2-43 所示。

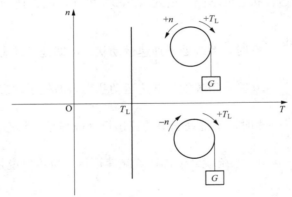

图 2-43　位能性恒转矩负载特性

2. 恒功率负载

恒功率负载的特点是当转速变化时，负载从电动机吸收的功率为恒定值，即 $P_L = T_L \Omega = T_L \dfrac{2\pi n}{60} = \dfrac{2\pi}{60} T_L n$ 为常数，就是说负载转矩 T_L 与转速 n 成反比。在机械加工工业中，有许多机床（如车床）在粗加工时，切削量比较大，切削阻力也大，宜采用低速运行；而在精加工时，切削量比较小，切削阻力也小，宜采用高速运行。这就使得在不同情况下，负载功率基本保持不变。需要指出，恒功率只是机床加工工艺的一种合理选择，并非必须如此。另外，一旦切削量选定以后，当转速变化时，负载转矩并不改变，在这段时间内，应属于恒转矩性质。恒功率负载特性曲线如图 2-44 所示。

3. 通风机型负载

通风机型负载的特点是负载转矩的大小与转速 n 的二次方成正比，即

$$T_L = Kn^2$$

式中：K 为比例常数。

常见的这类负载如风机、水泵、油泵等。负载特性曲线如图 2-45 所示。

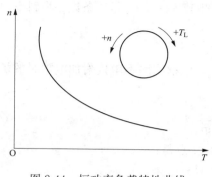

图 2-44 恒功率负载特性曲线

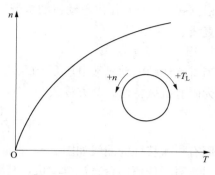

图 2-45 通风机负载特性曲线

应当指出，以上 3 类是典型的负载特性，实际生产机械的负载特性常为几种类型负载的相近或综合。例如起重机提升重物时，电动机所受到的除位能性负载转矩外，还要克服系统机械摩擦所造成的反抗性负载转矩，所以电动机轴的负载转矩应是上述两个转矩之和。

三、直流电动机的机械特性

直流电动机的机械特性是指电动机在电源电压 U、励磁电流 I_f 和电枢回路电阻 R_a 为恒定值时，电动机的转速 n 与电磁转矩 T 之间的关系：$n=f(T)$。机械特性是电动机的主要特性，是分析电动机启动、调速、制动等问题的重要工具。下面以他励直流电动机为例讨论机械特性。

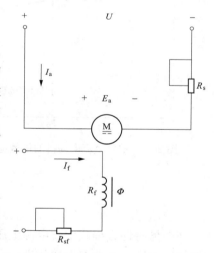

图 2-46 他励直流电动机电路原理图

1. 机械特性方程式

图 2-46 是他励直流电动机的电路原理图。

与列写直流电动机基本方程的原理图相比，在电枢电路中串联了一附加电阻 R_s，励磁电路中串联了一附加电阻 R_{sf}。这时电动机的电压方程式为

$$U=E_a+I_aR$$

式中：$R=R_a+R_s$，为电枢回路总电阻，即电枢内电阻 R_a 与外接附加电阻 R_s 之和。将电枢电动势 $E_a=C_e\Phi n$ 和电磁转矩 $T=C_T\Phi I_a$ 代入上式中，经整理可得他励直流电动机的机械特性方程式

$$n=\frac{U}{C_e\Phi}-\frac{R}{C_eC_T\Phi^2}T=n_0-\beta T=n_0-\Delta n \tag{2-33}$$

$$n_0=\frac{U}{C_e\Phi}$$

$$\beta=\frac{R}{C_eC_T\Phi^2}$$

$$\Delta n=\beta T$$

式中：n_0 为电磁转矩 $T=0$ 时的转速，称为理想空载转速，它和实际的空载转速不同，是无损耗的空载转速；β 为机械特性的斜率；Δn 为转速降。

根据式（2-33）作出电动机的机械特性曲线如图 2-47 所示，它是一条以 β 为斜率向下倾斜的直线。

2. 固有机械特性

当直流他励电动机端电压 $U=U_N$，磁通 $\Phi=\Phi_N$，电枢回路不串接附加电阻时的机械特性称为固有机械特性。其方程式为

$$n=\frac{U_N}{C_e\Phi_N}-\frac{R_a}{C_eC_T\Phi_N^2}T \tag{2-34}$$

固有机械特性的曲线如图 2-48 中曲线 1 所示，其特点是：

（1）对于任何一台直流电动机，其固有机械特性只有一条。

（2）由于 R_a 较小，特性曲线斜率 β 较小，Δn 较小，特性较平坦，属于硬特性。

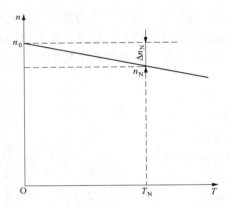

图 2-47 他励直流电动机的机械特性

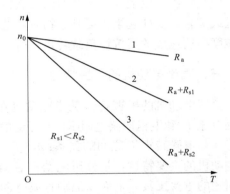

图 2-48 他励直流电动机的固有机械性及
电枢串接电阻时的人为机械特性
1—固有机械特性；2、3—电枢串联电阻的人为机械特性

3. 人为机械特性

在机械特性方程式中，电源电压 U、磁通 Φ 及电枢回路中外串电阻 R_s 等参数都可以人为地加以改变，当改变上述任意一个参数时，电动机的机械特性也将随之发生改变。他励直流电动机的人为机械特性就是通过改变这些参数得到的机械特性。人为机械特性共有 3 种，现分述如下：

（1）电枢串接电阻时的人为机械特性。保持 $U=U_N$，$\Phi=\Phi_N$ 不变，在电枢回路中串入电阻 R_s 时的人为特性方程为

$$n=\frac{U_N}{C_e\Phi_N}-\frac{R_a+R_s}{C_eC_T\Phi_N^2}T \tag{2-35}$$

电枢串接电阻的人为机械特性如图 2-48 曲线 2、3 所示，与固有机械特性相比，电枢串接电阻时的人为机械特性具有如下一些特点：

1）理想空载转速 n_0 不变，且不随串接电阻 R_s 的变化而变化。

2）随着串接电阻 R_s 的加大，特性的斜率 β 加大，转速降落 Δn 加大，机械特性变软，稳定性变差。

3）机械特性由与纵坐标轴交于一点（$n=n_0$）但具有不同斜率的射线簇组成。

4）串入的附加电阻 R_s 越大，电枢电流流过 R_s 所产生的损耗就越大。

（2）改变电源电压时的人为机械特性。保持 $R=R_a$，$\Phi=\Phi_N$ 不变，改变电源电压 U 时的人为特性方程为

$$n=\frac{U}{C_e\Phi_N}-\frac{R_a}{C_eC_T\Phi_N^2}T \tag{2-36}$$

由于电动机受绝缘强度的限制，电压只能从额定值 U_N 向下调节，由机械特性方程，得出这时的人为机械特性如图 2-49 所示。

与固有机械特性相比，当电源电压降低时，其机械特性的特点为：

1）特性斜率 β 不变，转速降落 Δn 不变，但理想空载转速 n_0 降低。

2）机械特性由一组平行线组成。

3）$R_s=0$，因此其机械特性较串联电阻时硬。

4）当 T 为常数时，降低电压，可使电动机转速 n 降低。

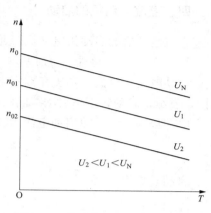

图 2-49 他励直流电动机改变电源
电压时的人为机械特性

（3）改变磁通时的人为机械特性。一般情况下，他励直流电动机在额定磁通下运行时，电机磁路已接近饱和，因此改变磁通实际上只能是减弱磁通。

减弱磁通的人为机械特性是指 $U=U_N$、$R_s=0$，只调节磁通 Φ 的机械特性。其方程式为

$$n=\frac{U_N}{C_e\Phi}-\frac{R_a}{C_eC_T\Phi^2}T \tag{2-37}$$

根据机械特性方程可得出此时的人为机械特性曲线如图 2-50 所示。其特点为：

1）理想空载转速 n_0 与磁通 Φ 成反比，即当 Φ 下降时，n_0 上升。

2）磁通 Φ 下降，特性斜率 β 上升，且 β 与 Φ^2 成反比，机械特性变软。

3）一般 Φ 下降，n 上升，但由于受机械强度的限制，由额定转速向上调速的范围是不大的，磁通 Φ 不能下降太多。

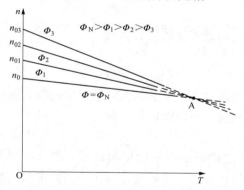

图 2-50 他励直流电动机减弱
磁通时人为机械特性

4. 直流电动机的反转

在有些电力拖动设备中，由于生产的需要，常常需要电动机能正反转运行，如直流电动机拖动龙门刨床的工作台往复运动、矿井卷扬机的上下运动、起重机的升降等。电动机中的电磁转矩是动力转矩，因此改变电磁转矩 T 的方向就能改变电动机的转向。根据公式 $T=C_T\Phi I_a$ 可知，只要改变磁通 Φ 或电枢电流 I_a 这两个量中一个量的方向，就能改变 T 的方向，因此改变电动机转矩方向有两种方法。

（1）保持电枢绕组两端电源电压的极性不变，将励磁绕组反接，使励磁电流反向，从而

改变磁通 Φ 的方向。

（2）保持励磁绕组的电压极性不变，将电枢绕组反接，使电枢电流 I_a 改变方向。

同时改变 Φ、I_a 的方向，电动机转向保持不变。

由于磁滞及励磁回路电感等原因，反向磁场的建立过程缓慢，反转过程不能很快实现，故一般多采用后一种方法。

四、直流电动机的启动

直流电动机的启动指电动机接通电源后，由静止状态加速到稳定运行状态的过程。

1. 他励直流电动机启动的基本要求

启动电流指直流电动机在额定电压下直接启动时，启动瞬间（$n=0$ 时）的电枢电流，用 I_{st} 表示；启动转矩指启动瞬间的电动机的电磁转矩，用 T_{st} 表示。由于启动瞬间 $n=0$，电枢电动势 $E_a=0$，故启动电流为

$$I_{st}=\frac{U_N}{R_a} \tag{2-38}$$

启动转矩为

$$T_{st}=C_T\Phi I_{st} \tag{2-39}$$

因为电枢电阻 R_a 很小，所以直接启动电流将达到额定电流的 $10\sim20$ 倍。过大的启动电流会引起电网电压下降，影响电网上其他用户的正常用电；使电动机换向困难，甚至产生环火烧坏电机；过大的冲击转矩会损坏电枢绕组和传动机构；因此，必须把启动电流限制在一定的范围内，除了个别容量很小的电动机外，一般不允许电动机在额定电压下直接启动。

对直流电动机启动性能一般有如下要求：

（1）要有足够大的启动转矩 T_{st}（$T_{st}>T_L$，电动机才能顺利启动）。

（2）启动电流 I_{st} 要限制在一定范围内。

（3）启动设备要简单、可靠。

限制启动电流的措施有两个：一个是降低电源电压；另一个是加大电枢回路电阻。因此直流电动机启动方法主要有降低电源电压启动和电枢回路串电阻启动两种。

2. 降低电源电压启动

图 2-51（a）是降低电源电压启动时的接线图。电动机的电枢由可调直流电源（直流发电机或可控整流器）供电。启动时，先将励磁绕组接通电源，并将励磁电流调到额定值，然后从低向高调节电枢回路的电压。启动瞬间加到电枢两端的电压 U_1 在电枢回路中产生的电流不应超过 $(1.5\sim2)I_N$。这时电动机的机械特性为图 2-51（b）中的曲线 1，此时电动机的电磁转矩大于负载转矩，电动机开始旋转。随着转速升高，E_a 增大，电枢电流 $I_a=(U_1-E_a)/R_a$ 逐渐减小，电动机的电磁转矩也随着减小。当电磁转矩下降到 T_2 时，将电源电压提高到 U_2，其机械特性为图 2-51（b）中的曲线 2。在升压瞬间，n 不变，E_a 也不变，因此引起 I_a 增大，电磁转矩增大，直到 T_1，电动机将沿着机械特性曲线 2 升速。逐级升高电源电压，直到 $U=U_N$ 时电动机将沿着图中的点 $a\rightarrow b\rightarrow c\rightarrow\cdots\rightarrow k$，最后加速到 p 点，电动机稳定运行，降低电源电压启动过程结束。值得注意的是在调节电源电压时，不能升得太快，否则会引起过大的冲击。

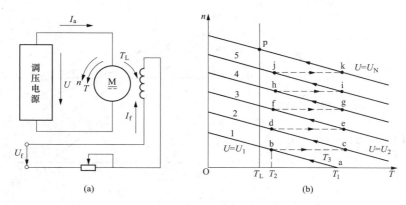

图 2-51 降低电源电压启动时接线图及机械特性

（a）接线图；（b）机械特性

降压启动方法在启动过程中能量损耗小，启动平稳，便于实现自动化，但需要一套可调节的直流电源，增加了初投资。

3. 电枢回路串电阻启动

电动机启动时，在电枢回路中串接启动电阻以限制启动电流，称为串电阻启动。启动电流 I_{st} 应限制在允许范围（$1.5 \sim 2$）I_N 内，启动电流 $I_{st} = U_N/(R_a + R_{st})$，则启动电阻为

$$R_{st} = \frac{U_N}{I_{st}} - R_a \tag{2-40}$$

在启动过程中，将串入电枢回路的启动电阻再分级切除，这种启动方法称为电枢串电阻分级启动。如果把启动电阻一次全部切除，会引起过大的电流冲击，因此在启动电流的允许值范围内，先切除一部分，待转速升高后，再切除一部分，如此逐步地每次切除一部分，直到启动电阻全部切除为止，启动过程结束。启动级数不宜过多，一般为 $2 \sim 5$ 级。

在分级启动过程中，如果忽略电枢回路电感，并合理地选择每次要切除的电阻值，就能做到每切除一段启动电阻，电枢电流就瞬间增大到最大启动电流 I_1。此后随着转速上升，电枢电流就下降。每当电枢电流下降到某一数值 I_2 时就切除一段电阻，电枢电流又突增至 I_1。这样在启动过程中就可以把电枢电流限制在 I_1 和 I_2 之间，I_2 称为切换电流。

下面以三级启动为例，说明三级启动过程。图 2-52（a）为三级启动时的接线图，启动电阻分为三段，R_{st1}、R_{st2} 和 R_{st3}，接触器的 3 个常开触点分别并联在 3 个分级电阻上。启动过程如下：

启动瞬间，接触器 KM 的触点闭合，而 KM1、KM2、KM3 都断开，电枢回路的总电阻为 $R_3 = R_a + R_{st1} + R_{st2} + R_{st3}$，电动机运行点为图中 a 点，启动电流为 I_1，启动转矩为 T_1，且 $T_1 > T_L$，电动机从 a 点开始启动，如图 2-52（b）中的曲线 1 所示。转速沿着 R_3 的机械特性 ab 上升，启动电流下降，到图 2-52（b）中的 b 点时，启动电流降到切换电流 I_2，这时 KM3 触头闭合，切除启动电阻 R_{st3}，电枢回路电阻减小为 $R_2 = R_a + R_{st1} + R_{st2}$，电动机运行由 R_3 的机械特性切换到 R_2 的机械特性上，即图 2-52（b）中的曲线 2。切除电阻瞬间转速不能突变，电流则突增至 I_1，运行点过渡到 c 点。此后电动机又沿着直线 cd 升速，启动电流下降。当转速升到图中 d 点，启动电流又下降到 I_2，此刻闭合 KM2 触点，切除第二段电阻 R_{st2}，电枢回路电阻变为 $R_1 = R_a + R_{st1}$，电动机的机械特性为直线 ef，运行

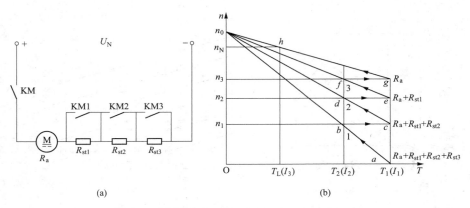

图 2-52 他励直流电动机电枢回路串电阻启动

(a) 启动电路；(b) 机械特性

点从 d 过渡到 e 点，启动电流又从 I_2 增加到 I_1，电动机沿 ef 段升速，启动电流又开始下降。当转速升高到 f 点时，启动电流又降到 I_2。此刻闭合 KM1 触点，切除最后一段电阻 R_{st1}，运行点从 f 点过渡到固有机械特性上的 g 点，电流再一次增加到 I_1。此后电动机转速沿固有机械特性上升到 h 点，$T=T_L$，电动机稳定运行，启动过程结束。

在电动机的启动过程中，为减小启动时对系统生产机械的冲击，各级启动电流的计算，应以在启动过程中最大启动电流 I_1（或最大启动转矩 T_1）及切换电流 I_2（或切换转矩 T_2）不变为原则。对普通型直流电动机通常取

$$I_1 = (1.5 \sim 2)I_N \tag{2-41}$$

$$I_2 = (1.1 \sim 1.2)I_N \tag{2-42}$$

各级启动电阻的计算可用图解法和解析法进行计算，在此不再阐述，具体的计算方法可参阅其他书籍。

【例 2-6】 一台 Z2-61 他励直流电动机，$P_N = 10kW$，$U_N = 220V$，$n_N = 1500r/min$，$I_N = 53.8A$，$R_a = 0.286\Omega$，若限制启动电流不超过 100A，试求：

（1）采用减压启动，启动电压是多少？

（2）采用电枢回路串电阻启动，则启动开始时应串入多大电阻？

解 （1）启动电压　　$U_{st} = I_{st}R_a = 100 \times 0.286 = 28.6(V)$

（2）启动电阻　　$R_{st} = \dfrac{U_N}{I_{st}} - R_a = \dfrac{220}{100} - 0.286 = 1.914(\Omega)$

五、直流电动机的调速

为了使产生机械以最合理的速度工作，从而提高生产率和保证产品具有较高的质量，大量的生产机械（如各种机床、轧钢机、造纸机、纺织机械等）要求在不同的情况下以不同的速度工作。这就需求拖动生产机械的电动机的速度在一定的范围内可调。

调速可用机械方法、电气方法或机械电气配合的方法。在用机械方法调速的设备上，速度的调节是用改变传动机构的速度比来实现的，但机械变速机构较复杂，无法自动调速，且调速为有级的。用电气方法调速是通过改变电动机的有关电气参数以改变拖动系统的转速，

特点为简化机械传动与变速机构，调速时不需停机；可实现无级调速，易于实现电气控制自动化。在机械电气配合的调速设备上，用电动机获得几种转速，配合用几套（一般用 3 套左右）机械变速机构来调速。

根据他励直流电动机的转速公式 $n=\dfrac{U}{C_e\Phi}-\dfrac{R}{C_eC_T\Phi^2}T$ 可知，当电枢电流 I_a 不变时（即在一定的负载下），只要改变电枢电压 U、电枢回路电阻 R 和气隙磁通 Φ 中任意一个参数值，就可改变转速 n。因此，他励直流电动机具有调压调速、电枢串电阻调速和调磁调速 3 种调速方法。

1. 调速的性能指标

在实际工作中，为了选择生产机械合适的调速方法，统一规定了一些技术和经济指标，作为调速的依据。

（1）调速范围。调速范围是指电动机驱动额定负载时，电力拖动系统所能达到的最高转速 n_{max} 与最低转速 n_{min} 之比，通常用 D 表示，即

$$D=\frac{n_{max}}{n_{min}} \tag{2-43}$$

电动机的最高转速受电动机的换向条件及机械强度的限制，一般取额定转速，即 $n_{max}=n_N$。在额定转速以上，转速提高的范围是不大的。最低转速则受生产机械对转速的相对稳定性要求的限制。

不同的生产机械对电动机的调速范围有不同的要求。如车床 $D=20\sim120$，龙门刨床 $D=10\sim40$，轧钢机 $D=3\sim120$，造纸机 $D=3\sim20$ 等。

（2）静差率（相对稳定性）。静差率是指电动机在某一条机械特性上运行时，由理想空载到额定负载运行时的转速降 Δn_N 与理想空载转速 n_0 的百分比，用 δ 表示，即

$$\delta=\frac{\Delta n_N}{n_0}\times100\%=\frac{n_0-n_N}{n_0}\times100\% \tag{2-44}$$

静差率的大小反映了静态转速的稳定性，即负载转矩变化时转速变化的程度。显然，电动机的机械特性越硬，则静差率越小，负载转矩变化时转速变化越小，相对稳定性就越高。

从调速性能来讲，静差率越小越好。一般生产机械对机械特性相对稳定性的程度是有要求的。调速时，为保持一定的稳定性，总是要求静差率 δ 小于某一允许值。不同的生产机械，其允许的静差率是不同的，例如普通车床要求 δ 不大于 30%，一般设备要求 δ 不大于 50%，而高精度的造纸机则要求 δ 不大于 0.1%。

（3）调速的平滑性。调速的平滑性是指在一定的调速范围内，相邻两级速度变化的程度，用平滑系数 φ 表示，即

$$\varphi=\frac{n_i}{n_{i-1}}(i=1,\ 2,\ 3,\ \cdots) \tag{2-45}$$

φ 越接近于 1，则平滑性越好，当 $\varphi=1$ 时，称为无级调速，即转速可以连续调节。调速不连续时，级数有限，称为有级调速。

（4）调速的经济性。调速的经济性是指对调速设备的投资和电能消耗、调速效率等经济效果的综合比较。

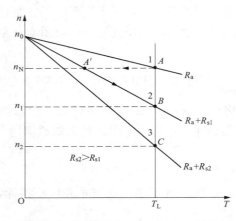

图 2-53　电枢回路串电阻调速的机械特性

2. 电枢回路串电阻调速

他励直流电动机电枢回路串电阻的调速原理及调速过程如图 2-53 所示。

调速前，电枢回路电阻 $R = R_a$，电动机拖动恒转矩负载 T_L 运行在对应于固有特性曲线 1 上的 A 点，其转速为 n_N，电枢电流为 I_N。

当电枢串入调节电阻 R_{s1} 时，电动机的机械特性变为曲线 2，在此瞬间，由于系统的机械惯性，电动机的转速 n 不能突变，E_a 不变，于是电枢电流 I_a 及电磁转矩 T 减小，这时运行点由固有特性上的 A 点过渡到人为特性曲线 2 上的 A' 点。因为 $T < T_L$，电动机的转速开始下降。随着 n 的减小，E_a 减小，I_a 及 T 增大，n 及 T 沿着人为特性由 A' 点向 B 点沿箭头方向移动，当到达 B 点时，$T = T_L$，达到了新的平衡，电动机以较低的转速 n_1 稳定运行。从图 2-53 中可以看出，串入的电阻值越大，稳态转速就越低。负载 T_L 不变时，调速前后（稳定时）电动机的电磁转矩不变，电枢电流也保持不变。

电枢回路串电阻调速，转速只能从额定转速往下调，所以 $n_{max} = n_N$，其调速范围 $D = n_N / n_{min}$，一般来说 D 不大于 2。

电枢回路串电阻调速的优点是设备简单、操作方便。其缺点是：

（1）由于电阻只能分段调节，所以调速的平滑性差。

（2）低速时，特性较软，稳定性较差。

（3）空载或轻载时，几乎没有调速作用。

（4）因为电枢电流不变，转速越低，须串入的电阻越大，损耗越大，不经济。

这种调速方法适用于容量不大，低速运行时间不长，对调速性能要求不高的场合。

需指出，调速电阻 R_s 和启动电阻 R_{st} 都是用来得到不同的机械特性，但是启动电阻是按短时工作设计的，而调速电阻则应按长期工作考虑。因此，不能把启动电阻当作调速电阻使用。

3. 降低电源电压调速

电动机的工作电压不允许超过额定电压，因此电枢电压只能在额定电压以下进行调节。降低电源电压的调速原理及调速过程如图 2-54 所示。

保持 $\Phi = \Phi_N$，$R = R_a$，调速前，设电动机拖动恒转矩负载 T_L 运行于固有特性 1 上的 A 点，其转速为 n_N。当电源电压由 U_N 降至 U_1 时，由于机械惯性，转速 n 不能突变，E_a 不变，于是电枢电流 I_a 因电压的降低而减小，电磁转矩 T 也相应减小。这时运行点由固有特性的 A 点过渡到人为特性 2 上的 A' 点，这时 $T < T_L$，转速 n 开始下降。随着 $n \downarrow \to E_a \downarrow \to I_a \uparrow \to T \uparrow$，运行点沿着 $A'B$ 箭头方向移动，直到 B 点 $T = T_L$，电动机以较低的转速稳定运行。

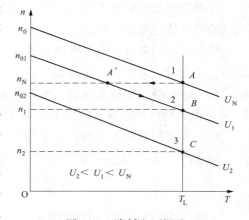

图 2-54　降低电压调速

降压调速的特点：

（1）电源电压能够平滑调节，可以实现无级调速。

（2）由于机械特性的斜率不变，硬度较高，当负载变化时，速度稳定性好。

（3）无论轻载还是负载，调速范围相同。

（4）调速过程中能量损耗较小。

（5）降压调速的缺点是需要一套专用的直流电源设备，设备投资大。

降压调速多用在对调速性能要求较高的生产机械上，如精密机床、轧钢机、造纸机等。

4. 弱磁调速

由于电动机额定运行时，磁路已基本饱和，即使励磁电流增加很大，磁通增加也很少，另外，从电机的性能考虑也不允许磁路过饱和，因此改变磁通只能从额定值往下调，即进行弱磁调速，机械特性如图 2-55 所示。

设在调速过程中，$U = U_N$，$R = R_a$，电动机拖动额定恒转矩负载。

调速前，电动机在 $\Phi = \Phi_N$ 的固有特性上 A 点运行，其转速为 n_N。当磁通从 Φ_N 减弱到 Φ_1 时，电动机的机械特性变为人为特性曲线 2。在减弱磁通的瞬间，转速 n 由于惯性不能突变，电动势 E_a 随 Φ 减小而减小，电枢电流 I_a 增大。尽管 Φ 减小，但

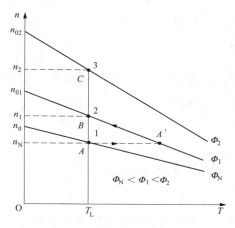

图 2-55　减速磁通调速的机械特性

I_a 增大很多，所以电磁转矩 T 还是增大的，因此运行点移到人为特性曲线 2 的 A' 点。此时 $T > T_L$，电动机开始加速，随着 $n \uparrow \rightarrow E_a \uparrow \rightarrow I_a \downarrow \rightarrow T \downarrow$，直到 B 点 $T = T_L$，电动机以新的较高的工作速度稳定运行。

这种调速方法的优点有：

（1）调速在励磁电路里进行，因励磁电流较小，控制起来很方便，设备也简单，调速的平滑性较好。

（2）虽然弱磁升速后电枢电流增大，电动机的输入功率增大。但由于转速升高，输出功率也增大，电动机的效率基本不变，因此弱磁调速经济性较好。

缺点：

（1）因弱磁只能升速，转速升高受到电机换向能力和机械强度的限制，调速范围不可能很大，一般来说 D 不大于 2。

（2）因弱磁调速的人为机械特性的斜率变大，特性变软，稳定性较差。

为扩大调速范围，常把降压和弱磁两种调速方法结合起来。在额定转速以下采用降压调速，在额定转速以上采用弱磁调速。

【例 2-7】　一台他励直流电动机额定数据分别为 $P_N = 100\text{kW}$，$U_N = 220\text{V}$，$I_N = 511\text{A}$，$n_N = 1500\text{r/min}$，电枢回路总电阻 $R_a = 0.04\Omega$，电动机拖动额定恒转矩负载运行，求：

（1）电枢回路串入 0.165Ω 电阻后的稳态转速。

（2）将电源电压降至 110V 时的稳态转速。

（3）磁通减弱为 $90\% \Phi_N$ 时的稳态转速。

解
$$C_e\Phi_N = \frac{U_N - I_N R_a}{n_N} = \frac{220 - 511 \times 0.04}{1500} = 0.133$$

（1）因为负载转矩不变，磁通不变，所以 I_a 不变

$$n = \frac{U_N - (R_a + R_s)I_a}{C_e\Phi_N} = \frac{220 - (0.04 + 0.165) \times 511}{0.133} = 867(\text{r/min})$$

（2）因为负载转矩不变，磁通不变，所以 I_a 不变

$$n = \frac{U - R_a I_a}{C_e\Phi_N} = \frac{110 - 0.04 \times 511}{0.133} = 673(\text{r/min})$$

（3）因为 $T = C_T\Phi_N I_N = C_T\Phi' I_a' = $ 常数，所以

$$I_a' = \frac{\Phi_N}{\Phi'} I_N = \frac{1}{0.9} \times 511 = 567.8 > I_N$$

即弱磁调速时，若负载转矩不变且等于额定转矩，则弱磁调速后电枢电流将超过额定电流，电机过负荷。此时转速为

$$n = \frac{U_N - R_a I_a'}{C_e\Phi'} = \frac{220 - 0.04 \times 567.8}{0.9 \times 0.133} = 1648(\text{r/min})$$

六、直流电动机的制动

所谓制动，就是给电动机一个与其转动方向相反的转矩使它迅速停转或限制其转速。电动机的制动方法通常有机械制动和电气制动两大类。机械制动是指利用机械装置使电动机断开电源后迅速停止的方法（如电磁抱闸制动器和电磁离合器制动）。电气制动就是让电动机产生一个与旋转方向相反的电磁转矩来实现制动。由于电气制动容易实现自动控制，所以在电力拖动系统中被广泛采用。

根据电磁转矩 T 和转速 n 方向之间的关系，可以把电机分为两种运行状态。当 T 与 n 同方向时，为电动状态，电磁转矩为驱动转矩；当 T 与 n 反方向时，为制动状态，电磁转矩为制动转矩。

常用的电气方法有能耗制动、反接制动和回馈制动 3 种。

1. 能耗制动

如图 2-56（a）所示为他励直流电动机能耗制动接线图。制动前接触器 KM 的常开触点闭合，常闭触点断开，电动机处于正向电动稳定运行状态，此时电动机的电枢电流 I_a、电枢电动势 E_a、电磁转矩 T 和转速 n 的方向如图 2-56（a）所示。制动时，保持电动运行中的励磁不变，断开 KM 常开触点使电枢电源断开，闭合 KM 常闭触点，用电阻 R_B 将电枢回路闭合，则进入能耗制动。

能耗制动时，电枢电源电压 $U = 0$，由于机械惯性，制动初始瞬间转速 n 不能突变，仍保持原来的方向和大小，电枢感应电动势 E_a 也保持原来的大小和方向。但是，由于 E_a 在闭合回路内产生的电枢电流 I_{aB} 与电动状态时的电枢电流 I_a 的方向相反，即 $I_{aB} = \frac{U - E_a}{R_a + R_B} = \frac{-E_a}{R_a + R_B}$，由此产生的电磁转矩 T_B 与转速 n 的方向相反，成为制动转矩，如图 2-56（a）所示，于是电动机处于制动运行。此时，电动机靠生产机械惯性力的拖动而发电，将生产机械储存的动能转换成电能，并消耗在电阻 R_a 和 R_B 上，直到电动机停止转动为止，所以这种制

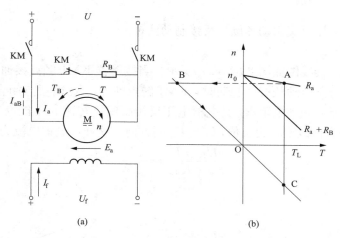

图 2-56   能耗制动接线图及机械特性

（a）能耗制动接线图；（b）能耗制动机械特性

动方式称为能耗制动。

能耗制动时，外电压 $U=0$，$\varPhi=\varPhi_N$，$R=R_a+R_B$，故其机械特性方程为

$$n=\frac{0}{C_e\varPhi_N}-\frac{R_a+R_B}{C_eC_T\varPhi_N^2}T=-\frac{R_a+R_B}{C_eC_T\varPhi_N^2}T \tag{2-46}$$

或

$$n=-\frac{R_a+R_B}{C_e\varPhi_N}I_a \tag{2-47}$$

因此，能耗制动的机械特性是一条过坐标原点的直线，机械特性曲线如图 2-56（b）中的直线 BC 所示，其斜率与电动状态下电枢回路串电阻 R_B 时的人为机械特性的斜率相同。

制动前，假设电动机拖动反抗性恒转矩负载运行于固有机械特性曲线上的 A 点，制动切换瞬间，由于转速 n 不能突变，电动机的工作点从 A 点过渡到能耗制动曲线上的 B 点，此时，电磁转矩反向，与负载转矩同方向，在它们的共同作用下，电机沿曲线 BO 减速，随着 $n\downarrow\rightarrow E_a\downarrow\rightarrow I_{aB}\downarrow\rightarrow T_B\downarrow$，直至 O 点，这时 $n=0$，制动结束。

若电动机拖动的是位能性负载，在 O 点虽然 $T=0$，但在负载转矩 T_L 的作用下，电动机将反转并加速，工作点将沿特性曲线 OC 方向移动。此时，E_a 的方向随 n 的反向而反向，则 n 和 E_a 的方向均与电动状态时相反，而 E_a 产生的 I_{aB} 的方向与电动状态时相同，随之 T_B 的方向也与电动状态时相同，即 $n<0$，$T_B>0$，电磁转矩仍为制动转矩。随着反向速度 n 的增加，当制动转矩与负载平衡（$T_B=T_L$）时，电动机便在某一转速下处于稳定的制动状态运行，即匀速下放重物，如图 2-56（b）中的 C 点，这时电动机处于制动运行状态。

由于 $I_a=I_{aB}=\dfrac{E_a}{R_a+R_B}$，为避免过大制动电流和制动转矩对电动机及拖动系统造成损伤，常要求制动电流不得超过 $(2\sim2.5)I_N$，故制动电阻应满足

$$R_B\geqslant\frac{E_a}{I_{aB}}-R_a \tag{2-48}$$

能耗制动操作简便，制动过程中不需要从电网吸收电功率，比较经济、安全。但随着转速 n 的下降，电动势 E_a 减小，制动电流和制动转矩也随之减小，制动效果会变差。

2. 反接制动

反接制动分为电压反接制动和倒拉反接制动两种。

（1）电压反接制动。

电压反接制动的接线图如图 2-57（a）所示。当接触器 KM1 触点接通，KM2 触点断开时，电动机稳定运行于电动状态。制动时，KM1 触点断开，KM2 触点闭合，把电枢电压反接，并串入限制电流的制动电阻 R_B。电枢电压反接瞬间，转速 n 不能突变，电动势 E_a 也不变，但电压 U 的方向改变，为负值，U 与 E_a 同方向，这样，电枢电流为

$$I_{aB} = \frac{-U_N - E_a}{R_a + R_B} = -\frac{U_N + E_a}{R_a + R_B} \tag{2-49}$$

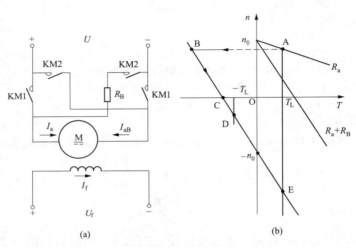

图 2-57　电压反接制动接线图及机械特性

（a）电压反接制动接线图；（b）电压反接制动机械特性

电动状态时，电枢电流的大小决定于 U_N 与 E_a 之差，即 $I_a = \dfrac{U_N - E_a}{R_a}$，而电压反接制动时，电枢电流的大小决定于 U_N 与 E_a 之和，因此反接制动时的电枢电流非常大。为了限制过大的电枢电流，反接制动时必须在电枢回路中串接制动电阻 R_B，以限制制动电流 $I_{aB} \leqslant (2 \sim 2.5) I_N$，因此应串入是制动电阻值为

$$R_B \geqslant \frac{U_N + E_a}{(2 \sim 2.5) I_N} - R_a \tag{2-50}$$

电压反接制动中，$U = -U_N$，$\Phi = \Phi_N$，$R = R_a + R_B$，其机械特性方程为

$$n = \frac{-U_N}{C_e \Phi_N} - \frac{R_a + R_B}{C_e C_T \Phi_N^2} T = -n_0 - \frac{R_a + R_B}{C_e C_T \Phi_N^2} T \tag{2-51}$$

或

$$n = -\frac{U_N}{C_e \Phi_N} - \frac{R_a + R_B}{C_e \Phi_N} I_a = -n_0 - \frac{R_a + R_B}{C_e \Phi_N} I_a \tag{2-52}$$

可见，特性曲线是一条通过 $-n_0$ 点，斜率为 $\dfrac{R_a + R_B}{C_e C_T \Phi_N^2}$，与电动状态时电枢串入的电阻 R_B 的人为机械特性相平行的直线，如图 2-57（b）所示。

设电动机原来工作在固有机械特性曲线上的 A 点，反接制动时，由于惯性转速不能突

变，工作点过渡到反接制动机械特性曲线上的 B 点，B 点对应的电磁转矩为负值，与 n 方向相反为制动转矩，转速开始下降，工作点沿 BC 方向移动，当达到 C 点时，$n=0$，如果要求停车，就必须马上切断电源。如果要求电动机反向运行，若负载是反抗性恒转矩负载，当 $n=0$ 时，若电磁转矩 $|T|<|T_L|$，则电动机堵转；若 $|T|>|T_L|$，电动机将反向启动，沿特性曲线至 D 点（$-T=-T_L$），电动机稳定运行在反向电动状态。如果负载是位能性恒转矩负载，电动机反向，转速继续升高将沿特性曲线到 E 点，在反向回馈制动状态下稳定运行，制动特性过 $-n_0$ 点。

电源反接制动过程中，电动机仍与电网连接，从电网吸取电能，同时随着转速的降低，系统储存的动能减少，减少的动能从电动机轴上输入转换为电能，这些电能全部消耗在电枢电路的电阻上。

电源反接制动的特点是：设备简单，操作方便，制动转矩较大。但制动过程中能量损耗较大，在快速制动停车时，如不及时切断电源可能反转，不易实现准确停车。

电源反接制动适用于要求迅速停车的生产机械，对于要求迅速停车并立即反转的生产机械更为理想。

（2）倒拉反接制动。这种制动方法一般发生在提升重物转为下放重物的情况下，即位能性恒转矩负载。倒拉反接制动接线图如图 2-58（a）所示。

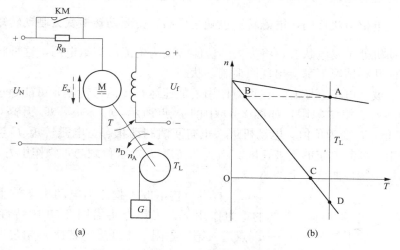

图 2-58　倒拉反接制动接线图及机械特性
（a）倒拉反接制动接线图　（b）倒拉反接制动机械特性

电动机提升重物时，电路图 2-58（a）上的接触器 KM 常开触点是闭合的，电动机运行在固有机械特性的 A 点（电动状态），如图 2-58（b）所示。下放重物时，将 KM 触点断开，电枢回路内串入较大电阻 R_B，串电阻瞬间，因转速 n 不能突变，工作点从 A 点过渡到对应的人为机械特性 B 点上，由于 $T<T_L$，电机减速沿曲线下降至 C 点。在 C 点，$n=0$，此时仍有 $T<T_L$，在负载重物的作用下，电动机被倒拉而反转起来，重物下放。由于 n 反向（负值），E_a 也反向（负值），电枢电流 $I_a\left(I_a=\dfrac{U_N-E_a}{R_a+R_B}\right)$ 为正值，所以电磁转矩保持原方向，与转速方向相反，电动机运行在制动状态。此运行状态是由于位能负载转矩拖动电动机反转而形成的，所以称为倒拉反接制动。

电机过 C 点后，仍有 $T < T_L$，电机反向加速，使 E_a 增大，I_a 与 T 也相应增大，直到 D 点，$T = T_L$，电动机以 D 点的速度匀速下放重物。

倒拉反接制动的机械特性方程为

$$n = \frac{U_N}{C_e \Phi_N} - \frac{R_a + R_B}{C_e C_T \Phi_N^2} T = n_0 - \frac{R_a + R_B}{C_e C_T \Phi_N^2} T \tag{2-53}$$

由于此时电枢串联的电阻值较大，使得 $\dfrac{R_a + R_B}{C_e C_T \Phi_N^2} T > n_0$，所以 n 为负值，特性曲线位于 CD 段。

显而易见，下放重物的速度可以因串入电阻 R_B 的大小不同而异，制动电阻越大，下放速度越高。

综上所述，电动机进入倒拉反接制动必须有位能负载反拖电动机，同时电枢回路要串入较大的电阻。在此状态下，位能负载转矩是拖动转矩，而电动机的电磁转矩是制动转矩，它抑制重物下放的速度，使之限制在安全范围之内。

3. 回馈制动

电动机在电动状态下运行时，由于外界原因，如带位能性负载下降、降压调速等，使电动机转速 n 超过理想空载转速 n_0，即 $n > n_0$，电枢电动势 E_a 大于电枢电压 U，电枢电流 $I_a = \dfrac{U - E_a}{R} < 0$，电枢电流反向，电磁转矩也随之反向，由驱动转矩变为制动转矩。从能量传递方向看，电动机处于发电状态，将失去的位能转换为电能回馈给电网，这种状态称为回馈制动状态。下面几种情况下都会出现回馈制动状态。

（1）电车下坡。电车下坡时，在重力作用下加速运行，运行转速 n 可能超过理想空载转速 n_0，工作点运行于第二象限，如图 2-59 中的 A 点所示，$n > n_0$，E_a 升高，使得 $E_a > U_N$，I_a 变为负值，T 变为负值，电动机进入正向回馈制动状态。电磁转矩 T 与 n 的方向相反，为制动转矩，抑制电车的下坡速度。当制动转矩 T 等于负载与重物作用力矩 T_L'，这时电动机稳定运行于特性曲线 1 上的 A 点。

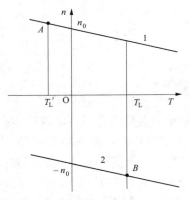

图 2-59　回馈制动机械特性

（2）提升机构下放重物。当电动机下放重物时，在重物的重力作用下，工作点将沿图 2-59 中特性曲线 2 通过 $-n_0$ 点进入第四象限，出现运行转速 n 超过理想空载转速的制动状态，即 $|-n| > |-n_0|$，$|E_a| > |U_N|$，电流 I_a 及 T 均变为正，当制动的电磁转矩 T 与重物作用力矩 T_L 相平衡，如图 2-59 中的 B 点所示，电力拖动系统便在回馈制动状态下稳定运行，即重物匀速下降。这时电枢电压 U 为负，转速 n 为负，是反向回馈制动。

（3）降速过程中。在突然降低电源电压的瞬间，转速来不及变化，电动势 E_a 不变，也会使 E_a 大于 U_N 而出现回馈制动状态，如图 2-60（a）所示。当电枢电压从 U_N 降到 U_1 的瞬间，电动势 E_a 来不及变化，$E_a > U_1$，$n_A > n_{02}$，进入第二象限的回馈制动状态。T 与 n 反方向为制动转矩，在 T 与 T_L 的共同作用下，使转速迅速下降。到 $n = n_{02}$，$T = 0$ 时，回馈制动状态结束。因为 $T_L > T$，系统在电动状态下继续减速，直到 $T = T_L$，电动机以

较低的转速 n_C 稳定运行。可见在此降压调速过程中，电动机经过了正向回馈制动和正向电动状态减速两个阶段。

同样，当磁通未达到额定值时，增加励磁电流，调节磁通。在增磁过程中，当 $E_a > U_1$ 时，也会出现回馈制动状态，如图 2-60（b）所示。

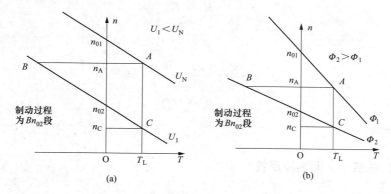

图 2-60　他励直流电动机降速过程中的回馈制动特性
（a）降压过程；（b）增磁过程

【例 2-8】　一台他励直流电动机额定数据分别为：$P_N = 16kW$，$U_N = 220V$，$I_N = 86A$，$n_N = 670r/min$，$R_a = 0.2\Omega$，负载转矩为额定转矩，电枢电流最大允许值为 $2I_N$（忽略空载转矩 T_0）。试求：

（1）电动机拖动反抗性负载进行能耗制动，电枢回路应串入的制动电阻最小值；若采用电枢反接制动，电枢回路应串入的制动电阻最小值。

（2）电动机拖动位能性恒转矩额定负载，要求以 300r/min 的速度下放重物，采用倒拉反接制动运行，电枢回路应串入的制动电阻值；若采用能耗制动运行，电枢回路应串入的电阻值。

解　（1）额定负载时，电动机电动势
$$E_a = U_N - R_a I_N = 220 - 0.2 \times 86 = 202.8(V)$$

制动电流等于 $2I_N$ 时，能耗制动应串入的电阻值
$$R_B = \frac{E_a}{2I_N} - R_a = \frac{202.8}{2 \times 86} - 0.2 = 0.979(\Omega)$$

反接制动应串入的电阻值
$$R_B = \frac{U_N + E_a}{2I_N} - R_a = \frac{220 + 202.8}{2 \times 86} - 0.2 = 2.258(\Omega)$$

（2）因磁通不变，则
$$C_e \Phi_N = \frac{E_a}{n_N} = \frac{202.8}{670} = 0.303$$

下放重物时，转速为 $n = -300r/min$，由倒拉反接制动的机械特性方程
$$n = \frac{U_N}{C_e \Phi_N} - \frac{R_a + R_B}{C_e C_T \Phi_N^2} T = \frac{U_N}{C_e \Phi_N} - \frac{R_a + R_B}{C_e \Phi_N} I_a$$

得

$$-300 = \frac{220}{0.303} - \frac{0.2+R_B}{0.303} \times 86$$

$$R_B = 3.415(\Omega)$$

由能耗制动的机械特性方程

$$n = -\frac{R_a+R_B}{C_e\Phi_N}I_a$$

得

$$-300 = -\frac{0.2+R_B}{0.303} \times 86$$

$$R_B = 0.857(\Omega)$$

技能训练

他励直流电动机的启动、调速及反转

【实验目的】

（1）掌握他励直流电动机的启动方法。

（2）掌握他励直流电动机的调速方法。

（3）掌握他励直流电动机的反转方法。

【实验仪器】

他励直流电动机 1 台、测速发电机及转速表 1 套、直流电压表 2 块、直流电流表 2 块、电枢回路可变电阻 1 件、励磁变阻器 1 件、开关板 1 套。

【实验步骤】

1. 正确选择仪表量程

直流仪表、转速表量程是根据电机的额定值和实验中可能达到的最大值来选择的，变阻器根据实验要求来选用，并按电流的大小选择串联、并联或串并联的接法。

2. 直流电动机的启动

（1）他励直流电动机启动、调速、反转实验电路图如图 2-61 所示。

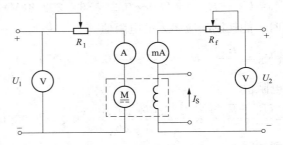

图 2-61　他励直流电动机启动、调速、反转实验电路图

图 2-61 中，R_1 为电枢调节电阻；R_f 为磁场调节电阻；M 为他励直流电动机；U_1 为可调直流稳压电源；U_2 为直流电动机励磁电源。

（2）将磁场调节电阻 R_f 调至最小，以保证启动时励磁电流最大。

（3）开启总电源开关，旋转电源电压调节电位器，使可调直流稳压电源输出为直流电动机的额定电压。

（4）先接通励磁电源，然后将电动机电枢调节电阻 R_1 调至最大，接通电枢回路电源，启动电动机，观察电枢电流的大小。

（5）逐步减小 R_1 电阻，直至最小，使电动机启动，观察启动时电枢电流大小变化情况。

3. 调节他励直流电动机转速

分别调节串入电动机 M 电枢回路的调节电阻 R_1 和励磁回路的调节电阻 R_f，观察电动机的转速变化。

4. 他励直流电动机的反转

（1）切断电源，将电枢两端反接，然后重新启动电动机，观察电动机的旋转方向及转速表读数。

（2）切断电源，将励磁绕组反接，然后重新启动电动机，观察电动机的旋转方向及转速表读数。

（3）切断电源，将电枢绕组和励磁绕组同时反接，然后重新启动电动机，观察电动机的旋转方向及转速表读数。

【注意事项】

（1）他励直流电动机启动时，需将励磁回路串联的电阻 R_f 调到最小，先接通励磁电源，使励磁电流最大，同时需将电枢串联电阻 R_1 调至最大，然后方可接通电源，使电动机正常启动，启动后，将启动电阻 R_1 调至最小，使电动机正常工作。

（2）他励直流电动机停机时，必须先切断电枢电源，然后切断励磁电源。同时，将电枢串联电阻 R_1 调回最大值，励磁回路串联的电阻 R_f 调到最小值，给下次启动做好准备。

（3）测量前注意仪表的量程、极性及接法。

思考题与习题

（1）什么是电力拖动系统？它包括哪几部分？各起什么作用？举例说明。

（2）从运动方程式中如何看出系统是处于加速、减速、稳速或静止等运动状态？

（3）什么叫负载转矩特性？典型的负载转矩特性有哪几种，各有什么特点？试画出其转矩特性。

（4）他励直流电动机的机械特性指什么？什么是固有机械特性和人为机械特性？

（5）他励直流电动机稳定运行时，电枢电流的大小由什么决定？改变电枢回路电阻或改变电源电压的大小时，能否改变电枢电流的大小？

（6）他励直流电动机一般为什么不能直接启动？直接启动会引起什么不良后果？

（7）他励直流电动机有哪几种启动方法？

（8）启动直流电动机时为什么一定要先加励磁电压？如果未加励磁电压，而将电枢接通电源，会发生什么现象？

（9）为什么他励（并励）电动机在运行时励磁电路不可断开？

（10）电动机在电动状态和制动状态下运行时机械特性位于哪个象限？

（11）他励直流电动机的制动方法有哪几种？各有什么特点？适用于哪些场合？

（12）电源反接制动和倒拉反接制动有何异同点？

（13）什么叫电气调速？调速指标有哪些？

（14）他励直流电动机有哪几种调速方法？各有什么特点？

（15）一台直流他励电动机，$P_N = 21kW$，$U_N = 220V$，$I_N = 115A$，$n_N = 980r/min$，$R_a = 0.1\Omega$。计算：

1）全压启动时的启动电流 I_{st}。

2）若限制启动电流不超过 200A，采用电枢串电阻启动时，最小应串入多大启动电阻？

3）若拖动负载转矩为 T_N 的恒转矩负载启动时，采用降压启动时最低电压为多少？这时启动电流为多少？

（16）一台他励直流电动机，$P_N = 7.5kW$，$U_N = 220V$，$I_N = 41A$，$n_N = 1500r/min$，$R_a = 0.376\Omega$，拖动恒转矩负载运行，$T = T_N$。当把电源电压降到 $U = 180V$ 时，计算：

1）降低电源电压瞬间电动机的电枢电流及电磁转矩是多少？

2）稳定运行时转速是多少？

（17）一台他励直流电动机，$P_N = 17kW$，$U_N = 220V$，$I_N = 92.5A$，$n_N = 1000r/min$，$R_a = 0.16\Omega$，电动机允许的最大电流 $I_{amax} = 1.8I_N$，电动机拖动负载 $T_L = 0.8T_N$ 电动运行。计算：

1）若采用能耗制动停车，电枢回路应串入多大电阻？

2）若采用反接制动停车，电枢回路应串入多大电阻？

（18）一台他励直流电动机，$P_N = 5.5kW$，$U_N = 220V$，$I_N = 30.5A$，$R_a = 0.45\Omega$，$n_N = 1500r/min$。电动机拖动额定负载运行，保持励磁电流不变，要把转速降到 $1000r/min$，求：

1）若采用电枢回路串电阻调速，应串入多大电阻？

2）若采用降压调速，电枢电压应降到多少？

3）两种方法调速时电动机的效率各是多少？

（19）他励直流电动机的数据分别为：$P_N = 30kW$，$U_N = 220V$，$I_N = 158.5A$，$R_a = 0.1\Omega$，$n_N = 1000r/min$，$T_L = 0.8T_N$，求：

1）电动机的转速。

2）电枢回路串入电阻 0.3Ω 时的稳态转速。

3）电压降低到 188V 时，降压瞬间的电枢电流和降压后的稳态转速。

4）将磁通减弱至 $80\%\Phi_N$ 时的稳态转速。

任务四　直流电机故障分析与维护

学习目标

（1）掌握直流电机换向故障的原因及维护方法。

（2）掌握直流电机绕组故障的原因及维护方法。

（3）掌握直流电机运行中常见故障的原因及处理方法。

（4）能根据直流电机的故障现象分析故障原因，提出排除故障的方法。

任务分析

直流电动机经常性的维护和监视工作，是保证电动机正常运行的重要条件。除经常保持电动机清洁、不积尘土、油垢外，必须注意监视电动机运行中的换向火花、转速、电流、温升等的变化是否正常。因为直流电动机的故障都会反映在换向恶化和运行性能的异常变化上，做好直流电动机的维护及检修工作，对提高生产效率、预防事故的发生具有非常重要的意义。本任务重点介绍了直流电机换向和绕组故障的原因及维护方面的知识。

相关知识

一、直流电机换向故障的原因及维护

直流电机的换向故障是直流电机经常遇到的重要故障。换向不良不但严重影响直流电机的正常工作，还会危及直流电机的安全，造成较大的经济损失。另外，直流电机的内部故障，大多数会引起换向时出现有害的火花或火花增大，严重时会灼伤换向器表面，甚至妨碍直流电机的正常工作。因此，对换向故障进行正确的分析、检测、维护是现场技术人员必不可少的基本技能。

以下就机械方面和由机械引起的电气方面、电枢绕组、定子绕组、电源等故障，对造成换向恶化的主要原因做概要分析，并介绍一些基本的维护方法。

1. 机械原因及维护

直流电机的电刷和换向器的连接属于滑动接触，保持良好的滑动接触才能保证良好的换向，但腐蚀性气体、空气湿度、电机振动、电刷和换向器装备质量及安装工艺等因素都会对电刷和换向器的滑动接触情况产生一定的影响。当电机振动时，电刷和换向器的机械原因使电刷和换向器的滑动接触不良，这时就会在电刷和换向器之间产生有害火花。

（1）电机振动。电机振动对换向的影响是由电枢振动的振幅和频率高低所决定的。当电枢向某一方向振动时，就会造成电刷与换向器的接触面压力波动，从而使电刷在换向器表面跳动，随着电机转速的增高，振动加剧，电刷在换向器表面跳动幅度就越大。电机的振动过大主要是由于电枢两端的平衡块脱落，造成电枢的不平衡，或是在电枢绕组修理后未进行平衡校正引起的。一般来说，对于低速运行的电机，电枢应进行静平衡校验；对于高速运行的电机，电枢必须进行动平衡校验，所加平衡块必须牢靠地固定在电枢上。

（2）换向器。换向器是直流电机的关键部件，要求表面光洁圆整，没有局部变形。在换向良好的情况下，长期运转的换向器表面与电刷接触的部分将形成一层坚硬的褐色薄膜，这层薄膜有利于换向，并能减少换向器的磨损。当换向器因装备不良造成变形或换向片间云母凸出以及受到碰撞使个别换向片凸出或凹下，表面有撞击疤痕或毛刺时，电刷就不能在换向器上平稳地滑动，使火花增大。换向器表面粘有油腻污物，也会使电刷因接触不良而产生火花。

换向器表面若有污物，应用蘸有酒精的抹布擦净。

换向器表面出现不规则情况时，用与换向片表面吻合的木块垫上细玻璃砂纸磨换向器，若还不能满足要求，则必须车削换向器的外圆。

若换向片的绝缘云母突起，应将云母片下刻，下刻深度以 1.5mm 左右为宜，过深的下刻，易在换向片之间堆积炭粉，造成换向片之间短路。下刻换向片之间填充云母后，应研磨换向器外圆，使换向器表面光滑。

（3）电刷。为保证电刷和换向器的良好接触，电刷表面至少要有 3/4 与换向器接触，电

刷压力要保持均匀，电刷间压力相差不超过 10％，以保证各电刷的接触电阻基本相当，从而使各电刷的电流均衡。

电刷弹簧压力不合适、电刷材料不符合要求、电刷型号不一致、电刷与刷盒之间的配合太紧或太松、电刷伸出盒太长，都会影响电刷的受力，产生有害火花。

电刷压力弹簧应根据不同的电刷而定，一般电机用的 D104 或 D172 电刷，其压力可取1500～2500Pa。

2. 电气原因及维护

换向接触电势与电枢反应电势是直流电机换向不良的主要原因，一般在电机设计与制造时都做了较好的补偿与处理。电刷通过换向器与几何中心线的元件接触，使换向元件不切割主磁场，但是由于维修后换向绕组、补偿绕组安装不准确，磁极、刷盒装配偏差，造成各磁极间距离相差太大、各磁极下的气隙不均匀、电刷中心对齐不好、电刷沿换向器圆周等分不均（一般电机电刷沿换向器圆周等分差不超过 ±0.5mm）。因此上述原因都可以增大电枢反应电势，从而使换向恶化，产生火花。

因此，在检修时，应使各个磁极、电刷安装合适，分配均匀。换向极绕组、补偿绕组安装正确，就能起到改善换向的作用。

二、直流电机电枢绕组故障的原因及维护

直流电机电枢绕组是电机产生感应电动势和电磁转矩的核心部件，输入的电压较高，电流较大。它的故障不但直接影响电机的正常运行，也随时危及电机和运行人员的安全。所以在直流电机运行维护过程中，必须随时监测，一旦发现电枢故障，应立即处理，以避免事故过大造成更大损失。

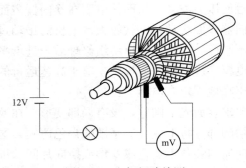

图 2-62　电枢短路检测

1. 电枢绕组短路故障的分析与处理

电枢绕组由于短路故障而烧毁时，一般打开电机通过直接观察就可找到烧焦的故障点，为了准确，除了用短路测试器检查外，还可以通过图2-62 所示的电枢短路检测方法进行确定。

将 6～12V 直流电源接到电枢两侧的换向片上，用直流毫伏表依次测量各相邻的两个换向片间的电压值，由于电枢绕组非常有规律地重复排列，所以在正常换向片间的读数也是相等的或呈现规律的重复变化。如果出现在某两个测点的读数很小或近似为零的情况，则说明连接这两个换向片的电枢绕组存在短路故障，若是读数为零，则多为换向片间的短路。

电枢绕组短路的原因，往往是绝缘老化、机械磨损使同槽线圈间的匝间短路或上下层之间的层间短路。对于使用时间不长、绝缘并未老化的电机，当只有一两个线圈有短路时，可以切断短路线圈，在两个换向片接线处接以跨接线，做应急使用，如图 2-63 所示。若短路线圈过多，则应送电机修理厂重绕。

对于叠绕直流电机的电枢绕组线圈，其首尾正好在相邻的两片上，所以将对应的这两个换向片短接就可以了。而对于单波绕线，其短接线应跨越一个磁极矩。具体的位置应以准确的测量点来定，即被短接的两个换向片之间的电压测量读数最小或为零。

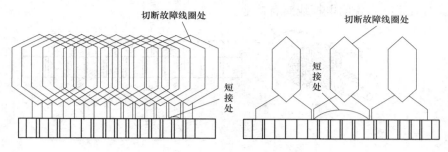

图 2-63　电枢线圈的短接

2. 电枢绕组断路故障的原因及维护

电枢绕组断路的原因多是由于换向片与导线接头焊接不良，或电机的振动而造成导线接头脱焊，个别也有内部断线的，这时明显的故障现象是电刷下产生较大火花。具体要确定是哪一个线圈断路，检测方法如图 2-64 所示。

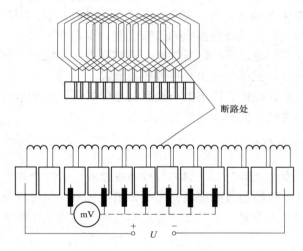

图 2-64　电枢线圈断路检测

抽出电枢，将直流电源接于电枢换向器的两侧，由于断线，回路不会有电流，所以电压都加在断线的线圈两端，这时可通过毫伏表依次测换向片的电压。当毫伏表跨接在未断线圈换向片间测量时，没有读数。当毫伏表跨接在断路线圈时，就会有读数指示，且指针剧烈跳动。

应急处理方法是将断路线圈进行短接，对于单叠绕组，将有断路的绕组所接的两个换向片用短线跨接起来，而对于单波绕组，短接线跨过了一个极距，接在有断路的两个换向片上。

3. 电枢绕组接地故障的原因及处理

电枢绕组接地的原因，多数是由于槽绝缘及绕组相间绝缘损坏，导体与硅钢片碰接所致，也有的是由于换向片接地。一般击穿点出现在槽口换向片内和绕组端部。

检测电枢绕组是否有接地的方法是比较简单的，通常采用试验灯法进行检测。先将电枢取出放在支架上，再将电源线串接一盏灯，一端接在换向片上，另一端接在轴上，如图 2-65

（a）所示。若灯发亮，说明电枢线圈有接地。

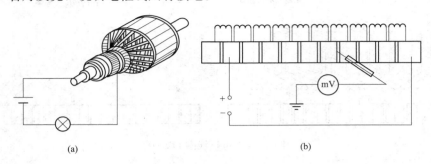

图 2-65　电枢绕组接地检查
（a）试验灯法；（b）毫伏表法

　　若要确定是哪槽线圈接地，还要用毫伏表法来测定，如图 2-65（b）所示。先将电源、灯串接，然后一端接换向器，另一端与轴相接，由于电枢绕组与轴形成短路，所以灯是亮的，将毫伏表的一个端接在轴上，另一端与换向片依次接触，若毫伏表跨接的线圈是完好的，则毫伏表指针要摆动；若线圈是接地的故障线圈，则指针不动。

　　若要判明是电枢线圈接地还是换向器接地，还需要进一步检测，就是将接地线圈从换向片上焊脱下来，分别测试，就可判断出是哪种接地故障。

　　应急处理的方法是：在接地处插垫上一块新的绝缘材料，将接地点断开，或将接地线从换向片上拆下来，再将这两个换向片短接起来即可。

三、直流电动机常见故障及处理

　　由于直流电动机在发生故障时，有时一种故障现象对应着几个可能的故障原因，有时一种故障原因又对应着几个可能的故障现象。因此，根据故障现象进行分析判断，找出造成该故障的真正原因就显得尤为重要，也是故障处理的基础。直流电动机常见故障及处理方法见表 2-4。

表 2-4　　　　　　　　　　　　直流电动机常见故障及处理方法

故障现象	故障产生原因分析	处　理　方　法
电刷下火花过大	电刷与换向器接触不良	研磨电刷，并在轻载下运行 0.5～1h
	刷盒松动或装置不正	紧固或纠正刷盒装置
	电刷与刷盒配合不当	不能过紧或过松，略微磨小电刷尺寸或更换电刷
	电刷压力不当或不匀	适当调整弹簧压力，使电刷压力保持在 1.47～2.45N·mm
	电刷位置不在中性线上	把刷杆座调整到原有记号的位置或参考换向片位置重新调整到刷杆的距离
	电刷磨损过短或型号、尺寸不符	更换电刷
	换向器表面不光洁、不圆或有污垢	清洁、研磨或加工换向器表面
	换向器片间云母凸出	用刻刀按要求下刻云母

续表

故障现象	故障产生原因分析	处理方法
电刷下火花过大	过载	恢复正常负载
	电动机底脚螺钉松动，发生振动	紧固底脚螺钉
	换向极绕组短路	查找短路部位，进行修复
	换向极绕组接反	检查换向极极性，加以纠正
	电枢绕组短路或电枢绕组与换向片脱焊	检查短路或脱焊的部位，进行修复
	电枢绕组短路或换向器短路	检查短路的部位，进行修复
	电枢绕组中有部分接反	检查电枢绕组接线，加以纠正
	电枢平衡没校好	重校电枢平衡
不能启动	过载	减少负载
	接线板线头接错	检查接线，加以纠正
	电刷接触不良或换向器表面不清洁	研磨电刷或调整压力，清理换向器表面及片间云母
	电刷位置移动	重新校正中性线位置
	主极绕组断路	检查断路的部位，进行修复
	轴承损坏或有异物	清除异物或更换轴承
转速不正常	电刷不在正常位置	调整刷杆座位置，可逆转的电动机应使其在中性线上
	电枢或主极绕组短路	检查短路的部位，进行修复
	串励主极绕组接反	检查主极绕组接线，加以纠正
	并励主极绕组断线或接反	检查断线部位与接线，加以纠正
温度过高	电源电压高于额定值	降低电源电压到额定值
	电动机超载	降低负载或换一台容量较大的电动机
	绕组有短路或接地故障	检查故障部位后按故障情况处理
	电机的通风散热情况不好	检查环境温度是否过高，风扇是否脱落，风扇旋转方向是否正确，电机内部通风道是否被阻塞
电动机振荡	串励绕组或换向极绕组接反	改正接线
	电刷未在中性线上	调整电刷位于中性线上
	励磁电流太小或励磁电路有断路	增加励磁电流或检查励磁电路中有无断路
	电动机电源电压波动	检查电枢电压
轴承过热	轴承损坏或有异物	更换轴承或清除异物
	润滑脂过多或过少，型号选用不当或质量差	调整或更换润滑脂
	轴承装配不良	检查轴承与转轴、轴承与端盖的配合情况，进行调整或修复
外壳带电	接地不良	查找原因，并采取相应的措施
	绕组绝缘老化或损坏	查找绝缘老化或损坏的部位，进行修复，并进行绝缘处理

技能训练 -

10kW 以下直流电动机的检查与拆装

【实训目的】

（1）学习使用拆装电动机的工具。

（2）掌握直流电动机的检查和维护方法。

（3）掌握直流电动机的拆卸和组装方法、步骤及工艺。

【实训器材】

直流电动机、轴承拉具、扳手、铁锤、紫铜棒、木锤、常用电工工具、砂纸、压力计、直流毫伏表、调压器、绝缘电阻表、电压表和电流表等。

【实训内容】

1. 直流电动机的检查和维护

对直流电动机应按运行规程的要求检查其工作状况，对换向器、电刷装置、轴承、通风系统、绕组绝缘等部位应重点加以维护。

（1）直流电动机运行前的检查维护。

1）清除电动机外部污垢、杂物，并用压缩空气吹去电动机中的灰尘和电刷粉末。对换向器、电刷装置、绕组、铁芯等认真清洁处理。

2）拆除电动机的连接线，通常用绝缘电阻表测量绕组外壳的绝缘电阻。

3）检查换向器是否光洁。若有损伤及火花烧伤的痕迹，则应修理。

4）检查电刷装置安装是否牢固，有无变形。检查电刷的装置是否正确，电刷型号规格是否合适。电刷压簧的压力是否恰当。电刷和换向器的表面的接触面是否良好。

5）检查轴承的油量以及转动的灵活度。检查电动机底脚螺钉是否紧固，基底是否稳固。

（2）直流电动机运行中的检查。

1）检查电压表、电流表的指示是否超过额定值，是否有异响、异色和异味，电动机各部分的温升是否超过所规定的范围。

2）观察火花状况，判断火花等级。直流电动机正常运行时允许 1.5 级以下的火花存在，暂时过负荷、启动及变换转向时可允许 2 级火花发生。一旦出现 3 级火花应停机待处理。

2. 直流电动机的拆卸方法

（1）拆除接至电动机的所有接线。

（2）拆除电动机的地脚螺栓，记录底脚下面的垫片的厚度。

（3）拆除与电动机相连接的传动装置。

（4）拆除轴伸端的联轴器或皮带轮。

（5）拆除换向器端的轴承外盖螺丝钉，取下轴承外盖。

（6）打开换向器端的视察窗，从刷盒中取出电刷，再拆下刷杆上的连接线。

（7）拆下换向器的端盖，取出刷架。

（8）用线板将换向器包好。

（9）拆下轴伸端的端盖螺钉，把带有端盖的电动机转子取出，对于中型电动机，将后轴承盖拆下，再卸下后端盖。

（10）若轴承有故障或必须更换时，拆卸轴承。直流电动机拆装程序如图 2-66 所示。

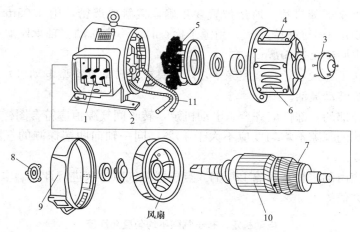

图 2-66 直流电动机拆装程序

1—接线；2—垫片；3—轴承外盖；4—视察窗；5—电刷；6—端盖；

7—换向器；8—轴承盖；9—后端盖；10—转子；11—连接线

3. 直流电动机的组装方法

（1）修配零部件要达到装配要求。

（2）装配定子。

（3）套装轴承内盖和热套轴承。

（4）装刷架于前端盖内，转子穿入定子内堂内。

（5）装端盖及轴承内盖，对称扭紧螺栓。

（6）检查气隙并调整均匀，将电刷放入盒内，压好弹簧。

（7）研磨电刷，测各刷压，不可超过 10%。

（8）装地脚螺栓，装各引线和出线盒。

（9）装联轴器或带轮以下其他部件。

（10）调整电刷中性线；试验检查，最后上油漆。

4. 直流电动机的装配质量要求

（1）电动机装配前，应通过各种试验项目。轴承、电刷装置、风扇、引出线、端盖等全面检查合格，电动机运转部分的各零部件固定良好。铭牌数据正确，字迹清楚。

（2）检查装配部位有无障碍物，详细检查配合表面，如止口面、螺孔、销钉孔等。要求各零部件清洗，无油垢、铁屑和杂物，挡灰板清洁完好。

（3）应将定、转子所有紧固部位紧固好，并有防松措施。电动机内部不许有异物存在。所有螺钉、螺栓、垫圈等规格应符合要求，外形应一致，不许存在脱扣、螺母外形尺寸不一的现象。

（4）电动机引出线电缆规格和长度应符合要求，绝缘应良好，线夹紧固要可靠，无油污和碎裂现象。

（5）定、转子的铁芯中心线对齐，通风孔内无杂物堵塞，铁芯和绝缘表面应无油渍和锈蚀。

（6）电动机测温屏蔽线要固定可靠，无悬空和折断现象。

（7）电动机机座下部垫片，所垫位置要正确，接触要严密，用 0.05mm 塞尺插入缝隙检查时，插入面积小于全面积的 5％，用锤子检查时，不应松动。轴承座底部垫片要安放正确，绝缘板应露出底座每边 5mm 左右。

（8）电动机转子穿入定子，装配完毕，用工具或手转动（小型电动机）转子时，应无相擦的声音，转子应转动灵活。

（9）电动机外部的零部件应齐全。电动机定、转子间气隙值应符合图样或原始记录。从铁芯任何一端探测的气隙不均匀度应不大于 10％，同一轴向两端探测的气隙之差，不应大于平均气隙值的 5％。

气隙平均值应由测定相互间隔 120°的 3 点位置的气隙值来进行计算。电动机定、转子间气隙不均匀度允许值见表 2-5。

表 2-5　　　　　　　　　　　　　电动机定、转子气隙不均匀度允许值

公称气隙（mm）	不均匀度（％）	公称气隙（mm）	不均匀度（％）
0.2～0.5	±25	1.0～1.3	±15
0.5～0.75	±20	>1.4	±10
0.75～1.0	±18		

思考题与习题

（1）试简述直流电动机绝缘电阻低的原因。

（2）直流电机换向不良的主要现象有哪些？

（3）直流电机换向故障产生的原因有哪些？

（4）直流电机过热的原因有哪些？

（5）如何检测直流电机电枢绕组是否接地？

（6）如何检测直流电机电枢绕组短路、断路和开焊故障？

（7）直流电机机壳漏电的原因是什么？

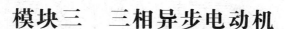

模块三 三相异步电动机

交流旋转电机可分为同步电机和异步电机两大类。同步电机是指电机运行时的转子转速与旋转磁场的转速相等或与电源频率之间有严格不变的关系，不随负载大小而变化。异步电机是指电机运行时的转子转速与旋转磁场的转速不相等或与电源频率之间没有严格不变的关系，且随着负载的变化而有所改变。

异步电机有异步发电机和异步电动机之分。因为异步发电机一般只用于特殊场合，所以异步电机主要用作电动机。异步电动机中又有三相异步电动机和单相异步电动机两类，三相异步电动机广泛应用在各种工业生产、农业机械化、交通运输、国防工业等电力拖动装置中。据统计，在电网的总负荷中，异步电动机的用电量约为总用电量的 2/3。这是因为三相异步电动机具有结构简单、制造方便、运行可靠、价格低廉等一系列优点；还具有较高的运行效率和较好的工作特性，从空载到满载范围内接近恒速运行，能满足各行各业大多数生产机械的传动要求。在日常生活中，单相异步电动机广泛应用在电风扇、洗衣机、电冰箱、空调机及各种自动装置中。

但异步电机也存在缺点：一是在运行时要从电网吸取感性无功功率以建立旋转磁场，使电网的功率因数降低，增加线路损耗，限制电网的功率传送；二是启动和调速性能较差。

任务一 三相异步电动机的结构与工作原理分析

📖 学习目标

（1）理解三相异步电动机的工作原理，掌握三相异步电动机的结构。

（2）了解三相异步电动机绕组的基本知识，理解三相异步电动机的感应电动势。

（3）会拆装普通的小型三相异步电动机。

👍 任务分析

三相交流异步电动机是工厂使用最广泛的动力机械，作为一名工作在一线的专业技术人员，要保障设备良好运行，就要熟悉电机的结构和工作原理，了解电机的运行特点。本任务介绍了常用三相异步电动机的性能特点、基本结构、铭牌数据、工作原理。

📖 相关知识

一、三相异步电动机的结构

三相异步电动机主要由固定不动的定子和旋转的转子组成，定子和转子之间还存在有气隙。图 3-1 所示为三相笼型异步电动机的结构图。

1. 定子

定子部分由定子铁芯、定子绕组和机座等组成。

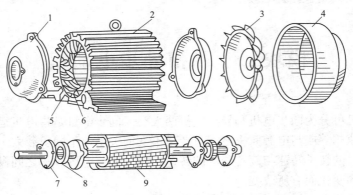

图 3-1　三相笼型异步电动机的结构

1—端盖；2—定子；3—风扇；4—风扇罩；5—定子铁芯；
6—定子绕组；7—轴承盖；8—轴承；9—转子

（1）定子铁芯。定子铁芯是电动机磁路的一部分，为了减小涡流和磁滞损耗，定子铁芯由导磁性能较好、0.5mm 厚的两面涂有绝缘漆的硅钢片叠压而成，定子固定在机座内，定子铁芯硅钢片形状如图 3-2（a）所示。

在定子铁芯内圆开有均匀分布的槽，槽内放置定子绕组。图 3-2（b）所示是开口槽，用于大中容量的高压异步电动机；图 3-2（c）是半开口槽，用于中型 500V 以下的异步电动机；图 3-2（d）是半闭口槽，用于低压小型的电动机。

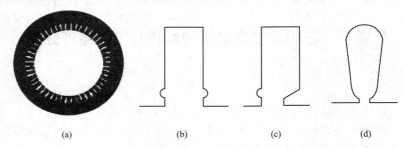

(a)　　　　　　　(b)　　　　　(c)　　　　　(d)

图 3-2　定子铁芯硅钢片及定子铁芯槽

（a）定子铁芯硅钢片；（b）开口槽；（c）半开口槽；（d）半闭口槽

（2）定子绕组。定子绕组是电动机的电路部分，其作用是通入三相交流电后产生旋转磁场。小型异步电动机的定子绕组是用高强度漆包圆铜线或铝线绕制而成，大型异步电动机的导线截面较大，采用矩形截面的铜线或铝线制成线圈，再嵌入定子铁芯槽内，按照一定的接线规律，相互连接而成。

三相异步电动机的定子绕组是一个对称绕组，它由 3 个完全相同的绕组组成，每个绕组即一相，三相绕组的 6 个出线端都引至接线盒上，首端分别为 U1、V1、W1，末端分别为 U2、V2、W2，可以根据需要接成星形（Y）或三角形（△），三相异步电动机的定子接线如图 3-3 所示。

（3）机座。机座的作用主要是为了固定与支撑定子铁芯，所以要求它有足够的机械强度和刚度。中、小型电动机一般用铸铁机座，大型电动机多采用钢板焊接而成。

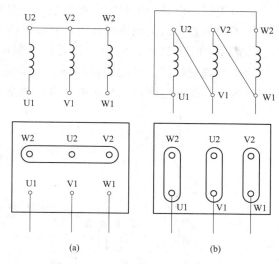

图 3-3 三相异步电动机的定子接线

（a）星形连接；（b）三角形连接

2. 转子

异步电动机的转子由转子铁芯、转子绕组和转轴等组成。

（1）转子铁芯。转子铁芯的作用与定子铁芯相同，一方面作为电动机磁路的一部分，另一方面用来安放转子绕组。转子铁芯也是用厚 0.5mm 且冲有转子槽型的硅钢片叠压而成，如图 3-4 所示。中小型电动机的转子铁芯一般都直接固定在转轴上，而大型异步电动机的转子则套在转子支架上，然后让支架固定在转轴上。

（2）转子绕组。转子绕组的作用是产生感应电动势、通过电流并产生电磁转矩。按其结构形式分为鼠笼型和绕线型两种。笼型转子绕组是在转子铁芯的每一个槽里插入一根导条（铜条或铝条），在铁芯两端分别用两个短路环（也称为端环）把导条连接成

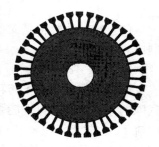

图 3-4 转子铁芯冲片

一个整体，形成一个自身闭合的多相短路绕组。如果去掉铁芯，绕组的外形就像一个"鼠笼"，所以称为笼型转子。由笼型转子构成的电动机称为笼型异步电动机。大型异步电动机转子绕组采用铜导条，如图 3-5（a）所示。中、小型异步电动机的笼型转子一般都采用铸铝材料，如图 3-5（b）所示。

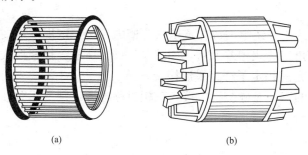

图 3-5 笼型转子

（a）笼型绕组（铜条）；（b）铸铝笼型转子

绕线型转子绕组与定子绕组类似，也是一个对称三相绕组，一般采用星形连接，三相绕组的尾端接在一起，首端由转子轴中心引出接到集电环上，通过电刷装置与外电路相接。绕线式异步电动机转子接线示意图如图 3-6 所示，它可以把外接电阻串联到转子绕组回路中去，以便改善异步电动机的启动及调速性能。有的绕线型异步电动机还装有提刷短路装置，当电动机启动后又不需要调速时，可提起电刷，三相集电环直接短路，减小运行中的损耗。

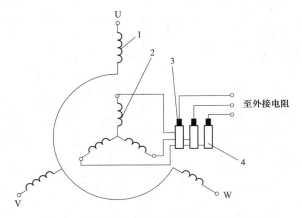

图 3-6　绕线式异步电动机转子接线示意图
1—定子绕组；2—转子绕组；3—电刷；4—集电环

（3）转轴。转轴是支撑转子铁芯和输出转矩的部件，一般用强度和刚度较高的低碳钢制成。

3. 气隙（δ）

所谓气隙就是定子与转子之间的空隙。中小型异步电动机的气隙一般为 0.2～1.5mm。气隙的大小对电动机性能影响较大，气隙越大，磁阻也越大，产生同样大的磁通所需的励磁电流 I_m 也越大，电动机的功率因数也就越低。但气隙过小，将给装配造成困难，运行时定、转子容易发生摩擦，使电动机运行不可靠。

4. 其他部分

其他部分包括端盖、风扇、轴承等。端盖除了起防护作用外，还装有轴承，用以支撑转子轴。风扇则用来通风冷却。

二、三相异步电动机的工作原理

1. 旋转磁场的产生

三相异步电动机的定子绕组嵌放在定子铁芯槽内，按一定规律连接成三相对称结构。三相绕组在空间上的电角度彼此相差120°，如图 3-7（a）所示。接线形式可以接成星形或三角形，图 3-7（b）所示是三相定子绕组星形接线。

若在异步电动机的三相对称绕组中接入三相对称电源，则三相对称绕组中便流过三相对称电流，即

$$\begin{cases} i_U = I_m \sin\omega t \\ i_V = I_m \sin(\omega t - 120°) \\ i_W = I_m \sin(\omega t + 120°) \end{cases}$$

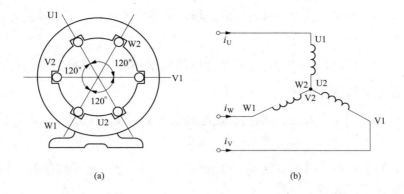

图 3-7　三相异步电动机（磁极对数 $p=1$）三相定子绕组
（a）三相定子绕组在空间的布置；（b）三相定子绕组的星形接法

　　三相对称电流波形如图 3-8 所示。为了方便分析，以两极电机为例，将三相异步电动机定子绕组的结构简化成每相绕组只有一个线圈组成，各相在定子空间内彼此相隔 120°电角度（因为磁极对数 $p=1$，所以在图中空间角度与电角度是相等的）。若绕组采用星形接法，即各相的末端 U2、V2、W2 接于一点，各相的首端 U1、V1、W1 分别接在三相电源上。

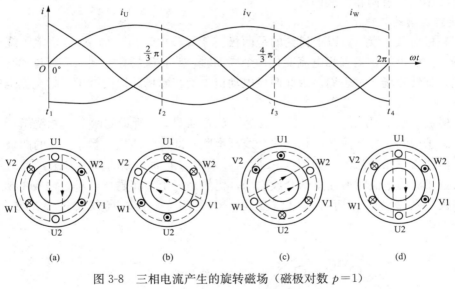

图 3-8　三相电流产生的旋转磁场（磁极对数 $p=1$）

（a）$\omega t=0$；（b）$\omega t=\dfrac{2}{3}\pi$；（c）$\omega t=\dfrac{4}{3}\pi$；（d）$\omega t=2\pi$

　　设电流为正时，电流从绕组的首端流进，末端流出；电流为负值时，则从末端流入，首端流出。三相绕组通入三相电流后，每个绕组均产生各自的交变磁场，在定子空间形成合成磁场。为分析方便起见，分别选取 $\omega t=0$，$\omega t=\dfrac{2}{3}\pi$，$\omega t=\dfrac{4}{3}\pi$，$\omega t=2\pi$ 等瞬时来分析三相电流产生的合成磁场。

　　当 $\omega t=0$ 时，$i_U=0$，$i_V<0$，即电流从末端 V2 流进，从首端 V1 流出；$i_W>0$，即电流从首端 W1 流进，从末端 W2 流出。根据右手螺旋定则，确定 3 个线圈中电流产生的合成磁场方向如图 3-8（a）所示。这是一对磁极的磁场，磁感应线自上而下，即上方相当于 N 极，下方相当于 S 极。

当 $\omega t = \dfrac{2}{3}\pi$ 时，$i_U > 0$，$i_V = 0$，$i_W < 0$ 合成的磁场如图 3-8（b）所示。与 $\omega t = 0$ 相比较，合成磁场在空间顺时针旋转了 $120°$。

同理可做出 $\omega t = \dfrac{4}{3}\pi$ 与 $\omega t = 2\pi$ 时的合成磁场如图 3-8（c）、（d）所示，它们依次较前转过 $120°$。

由此可见，对于两极（磁极对数 $p=1$）异步电动机，通入定子绕组的三相电流变化一周期，合成磁场在空间旋转了一周。

2. 旋转磁场的旋转方向

由图 3-8 可以看出，流入三相定子绕组的电流 i_U、i_V、i_W 是按 U→V→W 的相序达到最大值的，产生旋转磁场的旋转方向也是从 U 相绕组轴线转向 V 相绕组轴线，再转向 W 相绕组轴线的，即按 U→V→W 的顺序旋转（图中为顺时针方向），即与三相交流电的变化顺序一致。由此可以得出结论：在三相定子绕组空间排序不变的条件下，旋转磁场的转向取决于三相电流的相序，即从电流超前相转向电流滞后相。若要改变旋转磁场的方向，只需将三相电源进线中的任意两相对调即可。

3. 旋转磁场的转速

（1）磁极对数 p 为 1。以上讨论的是两极三相异步电动机（即 $p=1$）定子绕组产生的旋转磁场，分析可知，当三相电流变化一个周期时，旋转磁场在空间相应转过 $360°$，即电流变化一次，旋转磁场转过一周。因此两极电动机中旋转磁场的速度等于三相交流电的变化速度，即 $n_1 = 60f_1$。

（2）磁极对数 p 为 2。如果在定子铁芯上放置如图 3-9 所示的两套三相绕组，每套绕组占据半个定子内圆，并将属于同相的两个线圈串联，即成为磁极对数 $p=2$ 的四极三相异步电动机。再通入三相交流电，如图 3-10 所示。采用与前面相似的分析方法，可确定该三相绕组流入三相对称电流时所建立的合成磁场，仍然是一个旋转磁场，不过磁场的极数变为 4 个，即磁极对数 p 为 2，而且当电流变化一个周期，旋转磁场仅转过 1/2 转，即 $n_1 = 60f_1/2$。

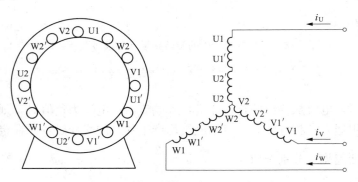

图 3-9　定子三相绕组结构示意图（磁极对数 $p=2$）

（3）p 对磁极。用同样方法分析，旋转磁场的转速 n_1 与磁极对数 p 之间的关系是一种

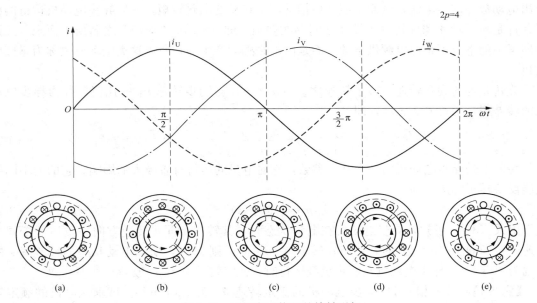

图 3-10 四极定子绕组的旋转磁场

(a) $\omega t=0$；(b) $\omega t=\dfrac{\pi}{2}$；(c) $\omega t=\pi$；(d) $\omega t=\dfrac{3}{2}\pi$；(e) $\omega t=2\pi$

反比关系，即具有 p 对磁极的旋转磁场，交流电变化一个周期，磁场转过 $1/p$ 转。因此具有 p 对磁极的旋转磁场的转速为

$$n_1=\frac{60f_1}{p}(\text{r/min}) \tag{3-1}$$

式（3-1）说明，旋转磁场的转速与电动机的磁极对数成反比，与电源的频率成正比，n_1 又称为同步转速。由于我国交流电的频率为 50Hz，因此不同极对数的异步电动机对应的同步转速也不同。当 $p=1$ 时，$n_1=3000$r/min；当 $p=2$ 时，$n_1=1500$r/min；当 $p=3$ 时，$n_1=1000$r/min；当 $p=4$ 时，$n_1=750$r/min；当 $p=5$ 时，$n_1=600$r/min。

4. 转子转动原理

由前面的分析可知，若在异步电动机的定子三相对称绕组中通入三相对称电流，电动机的气隙中将建立一旋转磁场（电生磁）。若旋转磁场的转向及瞬时位置如图 3-11 所示，磁场以同步转速 n_1 顺时针旋转切割静止的转子导体，在转子导体中产生感应电动势（磁生电）。由于转子导体的两端由端环连通，形成闭合的转子电路，在转子电路中便产生了感应电流。载流的转子导体在磁场中受电磁力 f 的作用，f 对电动机的转轴形成一转矩 T，在此转矩的作用下，转子便沿旋转磁场的方向转动起来，其转速用 n 表示。

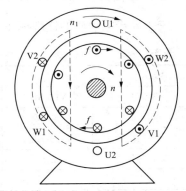

图 3-11 三相异步电动机工作原理

显然，在没有其他外力的作用下，三相异步电动机的转子转速 n 总是小于同步旋转磁场的转速 n_1。因为如果 $n=n_1$，则转子绕组与定子旋转磁场之间就没有相对运动，就不会感

应出电动势并产生电流，从而不能产生推动转子转动的电磁转矩，所以异步电动机运行的必要条件是转子转速和旋转磁场转速之间存在差别，即 $n \neq n_1$，"异步"之名由此而来。又因为转子中的电流不是由电源供给的，而是由电磁感应产生的，所以这类电动机也称为感应电动机。

旋转磁场的同步转速与转子转速之差（$n_1 - n$）与同步转速 n_1 的比值，称为异步电动机的转差率，用符号 s 表示，即

$$s = \frac{n_1 - n}{n_1} \tag{3-2}$$

转差率是异步电动机的一个基本参数，它对电机的运行有着极大的影响。它的大小同样也能反映转子转速，即

$$n = n_1(1 - s) \tag{3-3}$$

由式（3-2）可知，异步电动机在电动状态时，其转速与同步转速方向一致但低于同步转速，转子静止（$n=0$）时，$s=1$；转速 $n=n_1$ 时，则 $s=0$，所以电动状态的转差率 s 的范围为 $0 < s < 1$。异步电动机在额定负载运行时，额定转差率 s_N 一般为 $0.02 \sim 0.06$。

【例 3-1】 某三相 50Hz 异步电动机的额定转速 n_N 为 720r/min。试求该电机的额定转差率及极对数。

解 同步转速 $n_1 = \dfrac{60 f_1}{p}$

当 $f_1 = 50$Hz，极对数 $p = 4$ 时，$n_1 = 750$r/min，由于额定转速略低于同步转速，所以同步转速应比 $n_N = 720$r/min 略高，即 $n_1 = 750$r/min。则极对数为

$$p = \frac{60 f_1}{n_1} = \frac{60 \times 50}{750} = 4$$

其额定转差率为

$$s_N = \frac{n_1 - n_N}{n_1} = \frac{750 - 720}{750} = 0.04$$

三、三相异步电动机的铭牌

三相异步电动机的铭牌标注有电动机的型号、额定值等，见表 3-1。

表 3-1　　　　　　　　　　　　　三相异步电动机的铭牌

三相异步电动机					
型　号	Y160M-4	功　率	11kW	频　率	50Hz
电　压	380V	电　流	22.6A	接　法	△
转　速	1460r/min	温　升	75℃	绝缘等级	B
防护等级	IP44	质　量	120kg	工作方式	连续
××电机厂　　　　　　　年　　月					

1. 型号

异步电动机的型号按国家标准规定，由汉语拼音大写字母和阿拉伯数字组成，可以表示电动机的主要技术条件、名称、规格等，下面举例说明。

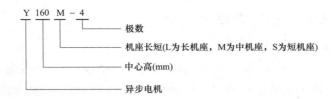

20 世纪 90 年代起，我国又设计开发了 Y2 系列三相异步电动机，机座中心高 63～355mm，功率为 0.18～315kW，是在 Y 系列基础上更新设计的，已达到国际同期先进水平，是取代 Y 系列的更新换代产品。Y2 系列较 Y 系列效率高、启动转矩大、噪声低、结构合理、体积小、质量轻、外形新颖美观。由于采用 F 级绝缘（用 B 级考核），故温升裕度大，完全符合国际电工委员会标准。我国已实现从 Y 系列向 Y2 系列过渡。

2. 额定值

（1）额定电压 U_N，指电动机额定运行时，加在定子绕组出线端的线电压，单位为 V 或 kV。

（2）额定频率 f_N，指电动机所接的交流电源的频率。我国电力网的频率（即工频）规定为 50Hz。

（3）额定功率 P_N，指电动机在额定运行时，轴上输出的机械功率，单位为 W 或 kW。其计算式为

$$P_N = \sqrt{3} U_N I_N \cos\varphi_N \eta_N \tag{3-4}$$

式中：η_N 为额定效率；$\cos\varphi_N$ 为额定功率因数。

（4）额定电流 I_N，指电动机在额定电压、额定频率下轴上输出额定功率时，定子绕组的线电流，单位为 A。

（5）额定转速 n_N，指电动机在额定电压、额定频率、额定负载下转子的转速，单位为 r/min。

（6）工作方式，指电动机运行允许的持续时间，分为"连续""短时"和"断续"，后两种运行方式的电动机只能短时、间歇地使用。

（7）接法，指三相异步电动机定子绕组的连接方式，有 Y 形和 △ 形接线。接法是电动机出厂时已确定的，使用时应按铭牌规定接线。国产 Y 系列的异步电动机，额定功率 4kW 以上的均采用三角形连接。

（8）温升。电动机在运行过程中会产生各种损耗，这些损耗转化成热量，导致电动机绕组温度升高。铭牌中的温升是指电动机运行时，其温度高出环境温度的允许值。环境温度规定为 40℃。

（9）绝缘等级。根据绝缘材料允许的最高温度不同，分为 A、E、B、H、F 级，极限工作温度分别为 105、120、130、155、180℃。

（10）防护等级，指电动机外壳防护形式的分级，用 IP 和其后面的两位数字表示的。IP 为国际防护的缩写。IP 后面的第一位数字代表第一种防护形式（防尘）的等级，共分"0～6" 7 个等级；第 2 个数字代表第 2 种防护形式（防水）的等级，共分"0～8" 9 个等级。数字越大，表示的防护能力越强。例如 IP44 表示电动机能防止大于 1mm 的固体物进入电动机内，同时能防止水溅入电动机内。

四、三相异步电动机的定子绕组

1. 交流绕组的基本知识

（1）三相交流绕组的分类。异步电动机定子绕组的种类很多，按相数分有单相、二相和三相绕组；按槽内线圈的层数分有单层、双层和单双层混合绕组；按绕组端接部分的形状分单层绕组又有同心式、交叉式和链式；双层绕组又有叠绕组和波绕组；按每极每相所占的槽数是整数还是分数有整数槽和分数槽绕组等。

（2）交流绕组的基本术语。

1）线圈。线圈是由单匝或多匝串联而成，是组成交流绕组的基本单元。每个线圈放在铁芯槽内的直线部分称为有效边，槽外部分称为端部，交流绕组线圈示意图如图 3-12 所示。

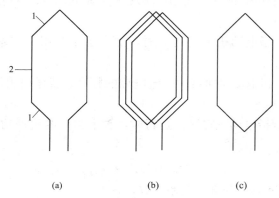

图 3-12 交流绕组线圈示意图

（a）单匝线圈；（b）多匝线圈；（c）多匝线圈简化图

1—端部；2—有效边

2）极距 τ。每个磁极沿定子铁芯内圆所占的范围称为极距。极距 τ 可用磁极所占范围长度或定子槽数表示，即

$$\tau = \frac{\pi D}{2p} \qquad \text{或} \qquad \tau = \frac{Z_1}{2p} \tag{3-5}$$

式中：D 为定子铁芯内圆直径；Z_1 为定子铁芯槽数。

3）节距 y。一个线圈的两个有效边所跨定子内圆周的距离称为节距，一般节距 y 用槽数表示。当 $y = \tau$ 的绕组称为整距绕组，$y < \tau$ 的绕组称为短距绕组，$y > \tau$ 的绕组称为长距绕组。常用的是整距和短距绕组。

4）电角度。电机圆周在几何上分成 360°，这个角度称为机械角度。从电磁的观点看，若电动机的极对数为 p，则经过一对磁极，磁场变化一周，相当于 360° 电角度。因此，电机圆周按电角度计算就有 $p \times 360°$，即

$$电角度 = p \times 机械角度$$

5）槽距角 α。槽距角是相邻两槽间的电角度。由于定子槽在定子内圆周上均匀分布，所以当定子槽数为 Z_1，电机极对数为 p 时，得

$$\alpha = \frac{p \times 360°}{Z_1} \tag{3-6}$$

6) 每极每相槽数 q。每一个极下每相所占有的槽数称为每极每相槽数，以 q 表示

$$q = \frac{Z_1}{2m_1 p} \tag{3-7}$$

式中：m_1 为定子绕组的相数。

7) 相带。每相绕组在每一对极下所连续占有的宽度（用电角度表示）称为相带。在异步电动机中，一般将每相所占的槽数均匀地分布在每个磁极下，因为每个磁极占有的电角度是 $180°$，对三相绕组而言，每相占有的电角度是 $60°$，称为 $60°$ 相带。由于三相绕组在空间彼此相距 $120°$ 电角度，所以相带的划分沿定子内圆应依次为 U1、W2、V1、U2、W1、V2，如图 3-13 所示。

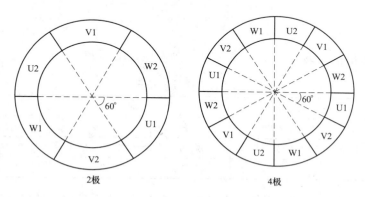

图 3-13　$60°$ 相带三相绕组

8) 极相组。将一个磁极下的属于一个相带 q 个线圈串联起来，便构成一个极相组。

（3）三相绕组的构成原则。

1) 交流绕组通过电流之后，必须形成规定的磁场极对数。这由正确的线圈节距及线圈间的连线来确定。

2) 三相绕组在空间布置上必须对称，以保证三相磁动势及电动势对称。这不仅要求每相绕组的匝数、线径及在圆周上的分布情况相同，而且要求三相绕组的轴线空间互差 $120°$ 电角度。

3) 交流绕组通过电流所建立的磁场在空间的分布应尽量为正弦分布，且旋转磁场在交流绕组中的感应电动势必须随时间按正弦规律变化。为此，必须采用分布绕组，最好采用短距绕组。

4) 在一定的导体数之下，建立的磁场最强而且感应电动势最大。为此，线圈的节距 y 尽可能接近极距 τ。

5) 用铜量少，嵌线方便，绝缘性能好，机械强度高，散热条件好。

2. 三相单层绕组

单层绕组每个槽内只放置一个线圈边，整台电动机的线圈数等于槽数的一半。三相单层绕组可分为链式绕组、交叉式绕组和同心式绕组。

（1）单层链式绕组。单层链式绕组是由几个几何尺寸和节距都相同的线圈连接而成，就

整个外形来说，形如长链，故称为链式绕组。举例说明如下。

【例 3-2】 有一台极数 $2p=4$，定子槽数 Z_1 为 24 的三相单层链式绕组电机，说明单层链式绕组的构成原理并绘出绕组展开图。

解 1）分别计算极距 τ、每极每相槽数 q 和槽距角 α，即

$$\tau=\frac{Z_1}{2p}=\frac{24}{4}=6$$

$$q=\frac{Z_1}{2m_1p}=\frac{24}{2\times 3\times 2}=2$$

$$\alpha=\frac{p\times 360°}{Z_1}=\frac{2\times 360°}{24}=30°$$

取 $$y=5$$

2）分相。将槽依次编号，按 60°相带的排列次序，填入表 3-2 中。

表 3-2 相带与槽号对应表

槽 号	相 带					
	U1	W2	V1	U2	W1	V2
第一对极	1、2	3、4	5、6	7、8	9、10	11、12
第二对极	13、14	15、16	17、18	19、20	21、22	23、24

3）构成一相绕组，绘制展开图。首先标出同一相中线圈有效边的电流方向：按相邻两个磁极下线圈边中的电流方向相反的原则进行，若 S 极下线圈边的电流方向向下，则 N 极下线圈边的电流方向向上。

将定子内圆周画成平面展开图，标明槽号 1～24。以 U 相为例，如图 3-14（a）所示，将属于 U 相的导体 2 和 7，8 和 13，14 和 19，20 和 1 相连，构成 4 个节距相等的线圈。其中同一极下的两个线圈串联构成一个线圈组，2 和 7、8 和 13 串联构成一个线圈组（又称极相组）。如当电动机中有旋转磁场时，槽内导体将切割磁力线而感应电动势，U 相绕组的总电动势将是导体 1、2、7、8、13、14、19、20 的电动势之和（相量和），按电动势相加的原则，将 4 个线圈串联构成 U 相绕组，如图 3-14（a）所示。

按三相对称原则（各相互差 120°）连接成三相绕组，展开图如图 3-14（b）所示。

确定各相绕组的电源引出线。各相绕组的电源引出线应彼此相隔 120°电角度。由于相邻两槽间相隔的电角度为 30°，则 120°电角度应相隔 4 个槽。将 U 相电源引出线的首端 U1 定在第 2 槽，则 V 相的首端 V1 应在第 6 槽，W 相的首端 W1 应在第 10 槽，如图 3-14（b）所示。

链式绕组的每个线圈节距相等并且制造方便，线圈端部连线较短并且省铜，主要用于 $q=2$ 的 4、6、8 极小型三相异步电动机。

（2）单层交叉式绕组。单层交叉式绕组由线圈数和节距不相同的两种线圈组构成，同一组线圈的形状、几何尺寸和节距均相同，各线圈组的端部互相交叉。图 3-15 所示为是 $Z_1=36$，$p=2$ 的单层交叉式绕组的 U 相的展开图。

交叉式绕组的线圈为两大一小交叉布置，线圈端部连线较短，有利于节省材料。单层交

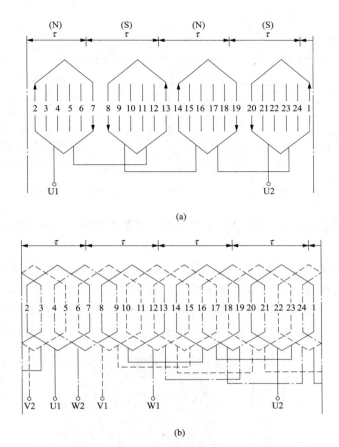

图 3-14 24 槽 4 极三相单层链式绕组的展开图

(a) 单相绕组；(b) 三相绕组

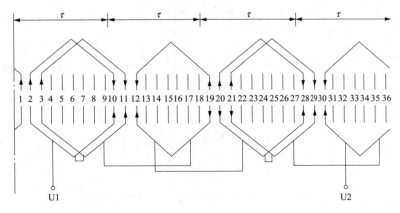

图 3-15 $Z_1 = 36$，$p = 2$ 的单层交叉式绕组 U 相展开图

叉式绕组广泛用于 q 大于 1 且为奇数的小型三相异步电动机中。

（3）单层同心式绕组。同心式绕组由几个几何尺寸和节距不等的线圈连成同心形状的线圈组构成。图 3-16 所示为 $Z_1 = 24$，$p = 2$ 的单层同心式绕组 U 相展开图。

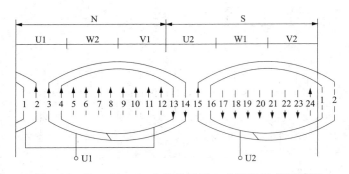

图 3-16　$Z_1=24$，$p=2$ 的单层同心式绕组 U 相展开图

同心式绕组端部连线较长，适用于 q 为 4、6、8 等偶数的 2 极小型三相异步电动机。

3. 三相双层绕组

双层绕组在每个槽内放置两个不同线圈的线圈边，每个线圈的一个有效边放置在某槽的上层，另一个有效边则放置在相隔节距 y 的另一个槽下层。双层绕组的线圈数等于定子槽数，如图 3-17 所示。根据双层绕组线圈的形状和端部连接方式的不同，可分为双层叠绕组和双层波绕组，图 3-18 所示为 24 槽 4 极三相双层短距叠绕组的 A 相绕组展开图。

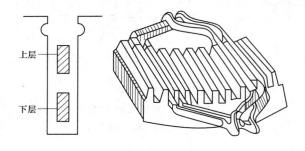

图 3-17　双层绕组

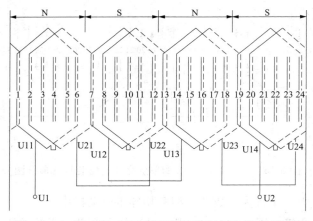

图 3-18　24 槽 4 极三相双层短距叠绕组 U 相绕组展开图

五、交流绕组的感应电动势

异步电动机气隙中的磁场旋转时，定子绕组切割旋转磁场将产生感应电动势，经推导可得每相定子绕组基波感应电动势为

$$E_1 = 4.44 f_1 N_1 k_{w1} \Phi_1 \tag{3-8}$$

式中：f_1 为定子绕组的电流频率，即电源频率，Hz；Φ_1 为每极基波磁通；N_1 为每相定子绕组的串联匝数；k_{w1} 为定子绕组的基波绕组系数，它反映了集中整距绕组（如变压器绕组）变为分布、短距绕组后，基波电动势应打的折扣，一般 $0.9 < k_{w1} < 1$。

式（3-8）不但是异步电动机每相定子绕组电动势有效值的计算公式，也是交流绕组感应电动势有效值的普遍公式。该公式与变压器一次绕组的感应电动势公式 $E_1 = 4.44 f N_1 \Phi_m$ 在形式上相似，只多了一个绕组系数 k_{w1}，若 $k_{w1} = 1$，两个公式就一致了。这说明变压器的绕组是集中绕组，其 $k_{w1} = 1$；异步电动机的绕组是分布短距绕组，其 $k_{w1} < 1$，故 $N_1 k_{w1}$ 也可以理解为每相定子绕组基波电动势的有效串联匝数。

同理可得转子转动时每相转子绕组的基波感应电动势为

$$E_{2s} = 4.44 f_2 N_2 k_{w2} \Phi_1 \tag{3-9}$$

式中：f_2 为转子电流的频率，Hz；N_2 为每相转子绕组的串联匝数；k_{w2} 为转子绕组的基波绕组系数。

技能训练 --

三相异步电动机定子绕组首尾端判别和拆装

一、三相异步电动机定子绕组首尾端判别

【实训目的】
（1）掌握三相异步电动机定子绕组首尾端的判别方法。
（2）熟悉三相异步电动机绕组首尾端判别操作过程。

【实训器材】
三相笼型异步电动机 1 台，1 号电池 1 节，万用表 1 块，调压器 1 套，单极开关 1 个，低压灯泡 1 个，电工工具 1 套，软导线若干。

【实训内容】
1. 用万用表毫安挡判别三相定子绕组首末端

先用万用表的欧姆挡测出每相绕组的两个引出线头。做三相绕组的假设编号 U1、V1、W1、U2、V2、W2。再将三相绕组假设的三首三尾分别连接在一起，接上万用表，用毫安挡或微安挡测量，如图 3-19 所示。用手转动电动机的转轴，若万用表指针不动，如图 3-19（a）所示，则假设的首尾端都正确；若万用表指针摆动，如图 3-19（b）所示，说明假设编号的首尾有错，应逐相对调重测，直到万用表指针不动为止，此时连在一起的三首三尾均正确。

2. 直流法测三相绕组首末端

做好假设编号后，将任一相绕组接万用表毫安（或微安）挡，另选一相绕组，用该相绕组的两个引出线头分别碰触干电池的正、负极，若万用表指针正偏转，则与干电池负极相

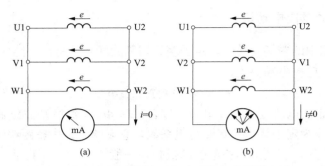

图 3-19　用万用表判别电动机定子绕组首尾端方法一

(a) 指针不动，绕组首尾连接正确；(b) 指针摆动，绕组首尾连接不正确

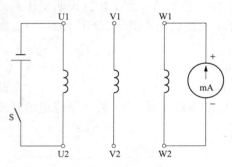

图 3-20　用万用表判别电动机
定子绕组首尾端方法二

接的引出线头与红表笔所接的线头为首（或尾）端，如图 3-20 所示。用同样的方法找出第三相绕组的首（尾）端。

3. 36V 交流电和灯泡判别法

用 36V 交流电和灯泡判别三相定子绕组的首尾端接线图如图 3-21 所示，若灯泡亮则为两相首尾相连，灯泡不亮则为首首（或尾尾）相连。为避免接触不良造成误判别，当灯泡不亮时，最好对调引出线头的接线，再重新测一次，以灯泡亮为准来判别绕组的首尾端。

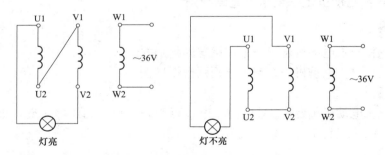

图 3-21　用 36V 交流电和灯泡判别三相定子绕组的首尾端接线图

【思考题】

(1) 说明用万用表毫安挡测定绕组首末端的原理。

(2) 说明 36V 交流电和灯泡判别法判别三相定子绕组首末端的原理。

二、三相异步电动机的拆装

【实训目的】

(1) 进一步认识三相笼型异步电动机的结构。

(2) 掌握三相笼型异步电动机的拆卸和组装方法、步骤及工艺。

【实训器材】

三相笼型异步电动机、撬棍、拉锯、扳手、手锤、拉马、常用电工工具、万用表、绝缘电阻表、钳形电流表、直流毫伏表和电压表等。

【实训内容】

1. 拆卸及注意事项

在修理异步电动机时，需要把电动机拆开，如果拆卸方法不正确，有可能损坏电动机的结构，使修理质量难以保证。

拆卸前，首先要做好准备工作，包括准备好需要的拆卸工具，做好拆卸前的原始数据记录，在电动机上做好位置标记，检查电动机的外部结构情况等，然后开始拆卸。

2. 拆装步骤

以笼型异步电动机为例，分解示意图如图 3-1 所示。

（1）拆卸。

1）拆下电动机的电源引线。

2）拆下皮带轮或联轴器。

3）拆卸风扇罩、风扇。

4）拆卸轴承盖和端盖。

5）从定子腔内抽出转子。

6）拆卸前后轴承及轴承盖。

（2）装配。电动机的装配步骤大致与拆卸的顺序相反。

1）检查定子腔内有无杂物。

2）装配转子。装上集电环并加以紧固；把滚动轴承压入或配合上轴承衬，装上风扇。

3）将装配好的转子装入定子内，再将端盖装上。

4）端盖固定后，手动盘车时，转子在定子内部应转动自如，无摩擦、碰撞现象。之后，将滚动轴承内加上适量的润滑油，再装上并紧固轴承的凸缘和侧盖。

5）再手动盘车，若转动部分没有摩擦并且轴向游隙值正常，可把皮带轮或联轴器装上，装配完毕。

6）用绝缘电阻表检查绕组对地的冷态（即常温下）绝缘电阻值不应低于 $0.5M\Omega$。

思考题与习题

（1）试述交流异步电动机的工作原理，并说明"异步"的含义。

（2）简述三相异步电动机的基本结构和各部分的主要功能。

（3）三相异步电动机的旋转磁场是怎样产生的？旋转磁场的转向和转速各由什么因素决定？

（4）定子绕组通入三相电，转子三相绕组开路，电动机能否转动？为什么？

（5）有些三相异步电动机有 380/220V 两种额定电压，定子绕组可以接成星形，也可以接成三角形。试问两种额定电压分别对应哪一接法？采用两种相应的接法时，电动机的额定值（如功率、相电压、线电压、相电流、线电流、效率、功率因数、转速等）有无变化？

（6）什么是同步转速？它与哪些因素有关？一台三相4极交流异步电动机，当电源频率 $f=50Hz$ 与 $f=60Hz$ 时，同步转速各为多少？

（7）何为转差率？异步电动机的额定转差率一般是多少？启动瞬时的转差率是多少？转差率等于零对应什么情况？这在实际中存在吗？

（8）一台三相异步电动机 $P_N=75\text{kW}$，$n_N=975\text{r/min}$，$U_N=3000\text{V}$，$I_N=18.5\text{A}$，$f=50\text{Hz}$，$\cos\varphi=0.87$。求：

1）电动机的极数。

2）额定负载下的转差率。

3）额定负载下的效率。

（9）一台△连接的 Y132M-4 异步电动机，其 $P_N=7.5\text{kW}$，$U_N=380\text{V}$，$n_N=1440\text{r/min}$，$\eta_N=87\%$，$\cos\varphi_N=0.82$，求其额定电流和对应的相电流。

任务二　三相异步电动机的运行

🎓 学习目标

（1）理解三相异步电动机空载和负载运行时电磁关系、电动势方程式、等效电路及相量图。

（2）掌握三相异步电动机的功率与转矩的平衡关系。

（3）掌握三相异步电动机的工作特性。

（4）学会分析计算三相异步电动机的功率和转矩。

（5）能通过空载和短路试验测定三相异步电动机的参数。

🧑‍🏫 任务分析

对于一台普通的三相异步电动机来说，一旦制造出厂，它通电后产生的旋转磁场的速度是固定的，但是转子的转速会随着转轴上的负载变化而变化。电动机带不同负载时，三相异步电动机的转差率、转矩、功率因数、电流、效率等参数均不同，为了高效经济地利用电动机，需要掌握分析异步电动机性能的方法。异步电动机的工作特性是用好电动机的依据，因此熟悉异步电动机的运行性能，掌握常用的测试方法是很有必要的。

📑 相关知识

一、三相异步电动机的空载运行

三相异步电动机的工作原理和变压器相似，即通过电磁感应工作，定转子电路之间没有直接电的关系。它的定子绕组相当于变压器的一次绕组，转子绕组相当于变压器的二次绕组，因此对三相异步电动机的运行分析，可以参照变压器的分析方法进行。

1. 空载运行时的电磁关系

当电动机空载，定子三相绕组接到对称的三相电源时，在定子绕组中流过的电流称为空载电流 I_0，大小为额定电流的 $20\%\sim50\%$。三相空载电流所产生的合成磁动势的基波分量的幅值为：$F_0=\dfrac{m_1}{2}\times0.9\dfrac{N_1k_{w1}}{p}I_0$，它以同步转速 n_1 旋转。

$\dot{I}_0$ 也称为励磁电流，它的有功分量 $\dot{I}_{0p}$ 用来供给空载损耗，包括空载时的定子铜损耗、定子铁芯损耗和机械损耗。无功分量 $\dot{I}_{0Q}$ 用来产生气隙磁场，它是空载电流的主要部分，$\dot{I}_0$ 也可写为 $\dot{I}_0 = \dot{I}_{0P} + \dot{I}_{0Q}$。

由于电动机空载，电动机轴上没有任何机械负载，因而其转速很高，接近同步转速，即 $n \approx n_1$，s 很小。此时，定子旋转磁场与转子之间的相对速度几乎为零，于是转子感应电动势 $E_2 \approx 0$，转子电流 $I_2 \approx 0$。

励磁磁动势产生的磁通绝大部分穿过气隙，并同时交链定子绕组和转子绕组，这部分磁通称为主磁通，用 Φ_1 表示，其路径为定子铁芯→气隙→转子铁芯→气隙→定子铁芯，构成闭合回路，如图 3-22（a）所示。主磁通参与能量转换，在电动机中产生有用的电磁转矩。此外还有一小部分磁通仅与定子绕组交链，称为漏磁通，用 $\Phi_{1\sigma}$ 表示，如图 3-22（b）所示，漏磁通不参与能量转换。

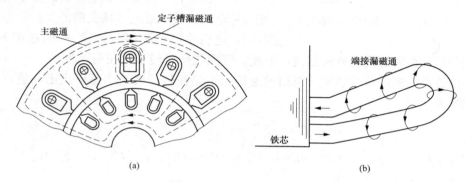

图 3-22　主磁通与漏磁通

（a）主磁通和槽漏磁通；（b）端部漏磁通

由以上分析可得出空载运行时三相异步电动机的电磁关系如下：

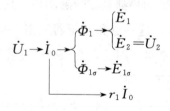

电磁关系

2. 空载运行时的电压平衡方程式

设定子绕组上每相所加的端电压为 $\dot{U}_1$，相电流为 $\dot{I}_0$，主磁通 $\dot{\Phi}_1$ 在定子绕组中感应的每相电动势为 $\dot{E}_1$，定子漏磁通在每相绕组中感应的电动势为 $\dot{E}_{1\sigma}$，定子绕组的每相电阻为 r_1，类似于变压器空载的一次侧，电动机空载时每相的定子电压平衡方程式为

$$\dot{U}_1 = -\dot{E}_1 - \dot{E}_{1\sigma} + \dot{I}_0 r_1 \tag{3-10}$$

与变压器类似

$$\dot{E}_1 = -\dot{I}_0(r_m + jX_m) = -\dot{I}_0 Z_m \tag{3-11}$$

$$Z_m = r_m + jX_m$$

式中：Z_m 为励磁阻抗；r_m 为励磁电阻，反映铁耗的等效电阻；X_m 为励磁电抗，与主磁通 Φ_1 相对应。

$$\dot{E}_{1\sigma} = -\mathrm{j}\dot{I}_0 X_1 \tag{3-12}$$

于是电压平衡方程可改写为

$$\dot{U}_1 = -\dot{E}_1 + \dot{I}_0(r_1 + \mathrm{j}X_1) = -\dot{E}_1 + \dot{I}_0 Z_1 \tag{3-13}$$

因为 $E_1 \gg I_0 Z_1$，可近似认为

$$\dot{U}_1 \approx -\dot{E}_1 \text{ 或 } U_1 \approx E_1 \tag{3-14}$$

由式（3-13）可画出感应电动机空载时的等效电路如图 3-23 所示。

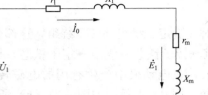

图 3-23　异步电动机空载时的等效电路

二、三相异步电动机的负载运行

所谓负载运行，是指异步电动机的定子绕组接上三相对称电压，转子带上机械负载的运行状态。负载运行时，电机将以低于同步转速 n_1 的速度 n 旋转，其转向仍与气隙旋转磁场的方向相同，因此，气隙磁场与转子的相对速度为 $\Delta n = n_1 - n = sn_1$，$\Delta n$ 也就是气隙磁场切割转子绕组的速度，于是在转子绕组中感应出电动势，产生电流，其频率为

$$f_2 = \frac{p\Delta n}{60} = s\frac{pn_1}{60} = sf_1 \tag{3-15}$$

对感应电机，一般 s 为 $0.02 \sim 0.06$，当 $f_1 = 50\mathrm{Hz}$ 时，f_2 仅为 $(1 \sim 3)\mathrm{Hz}$。

1. 负载运行时的电磁关系

当异步电动机空载运行时，可认为只有 $\dot{I}_0$，$\dot{I}_0$ 建立空载磁动势 $\dot{F}_0$，产生主磁通；负载运行时，存在两个电流，即定子电流 $\dot{I}_1$ 和转子电流 $\dot{I}_2$，它们分别在电动机中产生定子磁动势 $\dot{F}_1$ 和转子磁动势 $\dot{F}_2$，这两个磁动势都是旋转磁动势，且方向和速度相同，即在空间上相对静止，它们共同建立主磁通 $\dot{\Phi}_1$，这一点和变压器相似。从前面的分析可知，当外加电压和频率不变时，主磁通近似为一常量。因此，空载时产生主磁通的磁动势 $\dot{F}_0$ 与负载时产生主磁通的磁动势 $(\dot{F}_1 + \dot{F}_2)$ 应相等，即

$$\dot{F}_1 + \dot{F}_2 = \dot{F}_0 \quad \text{或} \quad \dot{F}_1 = \dot{F}_0 + (-\dot{F}_2) \tag{3-16}$$

根据楞次定律，负载时主磁通感应产生的转子电流及建立的转子磁动势总是企图削弱主磁通的，因此定子电流从空载时的 $\dot{I}_0$ 增加到 $\dot{I}_1$，建立的磁动势 $\dot{F}_1$ 有两个分量：一个是励磁分量 $\dot{F}_0$ 用来产生主磁通；另一个是负载分量 $(-\dot{F}_2)$ 用来抵消转子磁动势 $\dot{F}_2$ 的去磁作用，以保证主磁通不变。

2. 负载运行时的电动势平衡方程式

前面已提及，从空载到负载，定子电流从 $\dot{I}_0$ 变为 $\dot{I}_1$，定子电路的电动势平衡方程式为

$$\dot{U}_1 = -\dot{E}_1 + \dot{I}_1(r_1 + \mathrm{j}X_1) = -\dot{E}_1 + \dot{I}_1 Z_1 \tag{3-17}$$

$$E_1 = 4.44 f_1 N_1 k_{\mathrm{w1}} \Phi_1 \tag{3-18}$$

负载时，转子电动势的频率为 $f_2 = sf_1$，转子电动势的大小为

$$E_{2\mathrm{s}} = 4.44 f_2 N_2 k_{\mathrm{w2}} \Phi_1 \tag{3-19}$$

式中：N_2 为转子每相绕组匝数；k_{w2} 为转子绕组系数。

因为异步电动机的转子电路自成闭路，端电压 $U_2=0$，所以转子的电动势平衡方程式为

$$\dot{E}_{2s}-\dot{I}_2(r_2+jX_{2s})=0$$

即

$$\dot{E}_{2s}-\dot{I}_2Z_2=0 \tag{3-20}$$

式中：$\dot{I}_2$ 为转子每相电流；r_2 为转子每相电阻，对绕线形转子包括外加电阻；X_{2s} 为转子每相漏电抗；Z_2 为转子每相漏阻抗。

转子电流的有效值为

$$I_2=\frac{E_{2s}}{\sqrt{r_2^2+X_{2s}^2}} \tag{3-21}$$

3. 负载运行时的等效电路

异步电动机与变压器一样，定子电路与转子电路之间只有磁的耦合而无电的直接联系，为了便于分析和简化计算，也采用了与变压器相似的等效电路的方法，即设法将电磁耦合的定、转子电路变为有直接电联系的电路。根据定、转子电动势平衡方程式，可画出图 3-24 所示异步电动机旋转时定子、转子电路图。但由于异步电动机定、转子绕组的有效匝数、绕组系数不相等，因此在推导等效电路时，与变压器相仿，必须要进行相应的绕组折算。此外，由于定、转子电流频率也不相等，还要进行频率折算。在折算时，必须保证转子对定子绕组的电磁作用和异步电动机的电磁性能不变。

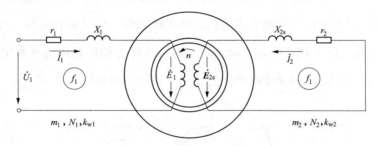

图 3-24　频率折算前异步电动机旋转时定子、转子电路

（1）频率折算。频率折算就是要用一个等效的转子电路来代替实际旋转的转子电路，该等效的转子电路应与定子电路有相同的频率。当转子静止时，$n=0$，$s=1$，这时 $f_2=f_1$，所以频率折算的实质就是用静止的转子代替实际转动的转子，这时气隙磁场切割转子的速度为同步转速，因此在转子中感应频率为 f_1 的电动势 $\dot{E}_2$ 的大小为

$$E_2=4.44f_1N_2k_{w2}\Phi_1 \tag{3-22}$$

因为转子转动时的转子电动势为

$$E_{2s}=4.44f_2N_2k_{w2}\Phi_1=4.44sf_1N_2k_{w2}\Phi_1 \tag{3-23}$$

所以

$$E_{2s}=sE_2 \tag{3-24}$$

式中：E_2 为转子不动时的转子电动势。

转子不动时，转子漏抗

$$X_2=2\pi f_1L_2 \tag{3-25}$$

转子转动时，转子漏抗

$$X_{2s} = 2\pi f_2 L_2 = 2\pi s f_1 L_2 \qquad (3-26)$$

所以

$$X_{2s} = sX_2 \qquad (3-27)$$

将式（3-24）和式（3-27）代入式（3-21），得

$$I_2 = \frac{E_{2s}}{\sqrt{r_2^2 + X_{2s}^2}} = \frac{sE_2}{\sqrt{r_2^2 + (sX_2)^2}} = \frac{E_2}{\sqrt{\left(\dfrac{r_2}{s}\right)^2 + X_2^2}} \qquad (3-28)$$

式（3-28）说明，进行频率折算后，只要用 $\dfrac{r_2}{s}$ 代替 r_2，就可保持转子电流的大小不变。而转子功率因数

$$\cos\varphi_2 = \frac{\dfrac{r_2}{s}}{\sqrt{\left(\dfrac{r_2}{s}\right)^2 + X_2^2}} = \frac{r_2}{\sqrt{r_2^2 + X_{2s}^2}} \qquad (3-29)$$

式（3-29）说明频率折算后，转子电流的相位移没有发生变化，这样转子磁动势 $\dot{F}_2$ 的幅值和空间位置也就保持不变。频率折算后，转子电流的频率为 f_1，所以 $\dot{F}_2$ 在空间的转速仍为同步转速。这就保证了在频率折算前后，转子对定子的影响不变。

因为 $\dfrac{r_2}{s} = r_2 + \dfrac{1-s}{s}r_2$，说明频率折算时，转子电路应串入一个附加电阻 $\dfrac{1-s}{s}r_2$，而这正是满足折算前后能量不变这一原则所需要的。转子转动时，转子具有动能（转化为输出的机械功率），当用静止的转子代替实际转动的转子时，这部分动能就用消耗在电阻 $\dfrac{1-s}{s}r_2$ 上的电能来表示了。折算后的三相异步电动机的定子、转子电路如图3-25所示。

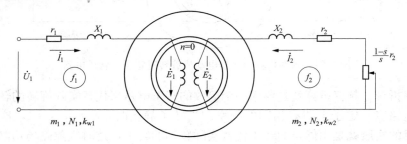

图3-25 频率折算后的三相异步电动机的定子、转子电路

（2）绕组折算。经过频率折算之后，定、转子频率虽然相同了，但还不能把定、转子电路连接起来，因为两个电路的电动势还不相等，即 $\dot{E}_1 \neq \dot{E}_2$，电动机两端还不是等电位点，所以还要像变压器那样经过折算才可以得出等值电路。与变压器一样，三相异步电动机的绕组折算就是把实际上相数为 m_2、每相匝数为 N_2，绕组系数为 k_{w2} 的转子绕组折算成与定子绕组完全相同的一个等效绕组。折算后转子各量称为折算量。为了区别起见，折算后的各转子物理量都加上符号"'"表示。

1）电流的折算。根据折算前后转子磁动势不变，可得

$$\frac{m_1}{2} \times 0.9 \frac{N_1 k_{w1}}{p} \dot{I}'_2 = \frac{m_2}{2} \times 0.9 \frac{N_2 k_{w2}}{p} \dot{I}_2 \tag{3-30}$$

$$\dot{I}'_2 = \frac{m_2 N_2 k_{w2}}{m_1 N_1 k_{w1}} \dot{I}_2 = \frac{\dot{I}_2}{k_i}$$

$$k_i = \frac{m_1 N_1 k_{w1}}{m_2 N_2 k_{w2}}$$

式中：k_i 为电流变比。

2）电动势的折算。根据折算前后主磁通不变，所以电动势与有效匝数成正比，即

$$\frac{E'_2}{E_2} = \frac{N_1 k_{w1}}{N_2 k_{w2}} = k_e$$

$$E'_2 = k_e E_2 = E_1 \tag{3-31}$$

$$k_e = \frac{N_1 k_{w1}}{N_2 k_{w2}}$$

式中：k_e 为电动势变比。

3）阻抗的折算。根据折算前后转子铜耗不变的原则，可得

$$m_1 I'^2_2 r'_2 = m_2 I^2_2 r_2$$

$$r'_2 = \frac{m_2 I^2_2}{m_1 I'^2_2} r_2 = k_e k_i r_2 \tag{3-32}$$

同理，根据折算前后转子电路的无功功率不变的原则，可得

$$X'_2 = k_e k_i X_2 \tag{3-33}$$

$$Z'_2 = k_e k_i Z_2 \tag{3-34}$$

经过频率折算和绕组折算后的三相异步电动机的定子、转子电路如图 3-26 所示。

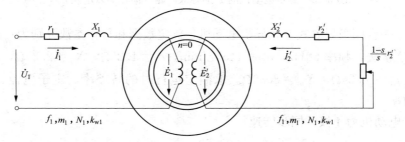

图 3-26 转子频率和绕组折算后的异步电动机的定子、转子电路

（3）负载运行时的等效电路。经过频率折算和绕组折算后，三相异步电动机的基本方程式变为

$$\begin{cases} \dot{U}_1 = -\dot{E} + \dot{I}_1(r_1 + jX_1) \\ \dot{E}_1 = -\dot{I}_0(r_m + jX_m) \\ \dot{E}_1 = \dot{E}'_2 \\ \dot{E}'_2 = \dot{I}'_2\left(\frac{r'_2}{s} + jX'_2\right) \\ \dot{I}_1 + \dot{I}'_2 = \dot{I}_0 \end{cases} \tag{3-35}$$

根据基本方程式，再仿照变压器的分析方法，可以画出异步电动机的 T 形等效路，如图 3-27 所示。

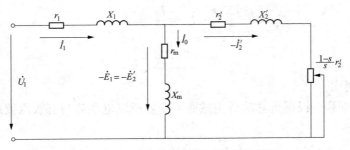

图 3-27　异步电动机的 T 形等效电路

为了简化计算，与变压器一样，可将 T 形等效电路中的励磁支路从中间移到电源端，将混联电路简化为并联电路，该并联电路称为简化等效电路，也叫 Γ 形等效电路，如图 3-28 所示。

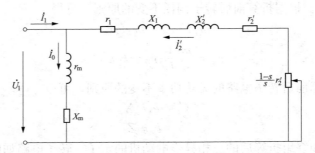

图 3-28　异步电动机的 Γ 形等效电路（简化等效电路）

【例 3-3】　一台四极鼠笼式三相异步电动机，额定数据和每相参数分别为：$P_N = 10$kW，$U_N = 380$V，△接法，频率 50Hz，$n_N = 1455$r/min，$r_1 = 1.26\Omega$，$X_1 = 2.25\Omega$，$r_2' = 1.12\Omega$，$X_2' = 3.07\Omega$，$r_m = 8.24\Omega$，$X_m = 80.3\Omega$。求额定运行时的转差率、定子电流、功率因数、输入功率和效率。

解　异步电动机为 4 极，同步转速

$$n_1 = \frac{60f_1}{p} = \frac{60 \times 50}{2} = 1500 \ (\text{r/min})$$

额定转差率

$$s_N = \frac{n_1 - n_N}{n_1} = \frac{1500 - 1455}{1500} = 0.03$$

励磁阻抗

$$Z_m = r_m + jX_m = 8.24 + j80.3 = 80.7\angle 84.14° \ (\Omega)$$

转子阻抗

$$Z_2' = \frac{r_2'}{s_N} + jX_2' = \frac{1.12}{0.03} + j3.07 = 37.33 + j3.07 = 37.46\angle 4.7° \ (\Omega)$$

Z_2' 与 Z_m 并联阻抗

$$\frac{Z_2'Z_m}{Z_2'+Z_m}=\frac{37.46\angle 4.7°\times 80.7\angle 84.14°}{37.46\angle 4.7°+80.7\angle 84.14°}=31.07\angle 27.86°$$

$$=27.65+\mathrm{j}14.35\ (\Omega)$$

总阻抗

$$Z=Z_1+\frac{Z_2'Z_m}{Z_2'+Z_m}=1.26+\mathrm{j}2.25+27.65+\mathrm{j}14.35=32.14\angle 30.2\ (\Omega)$$

设 $\dot{U}_1=380\angle 0°\mathrm{V}$，则额定运行时定子相电流为

$$\dot{I}_{1\phi}=\frac{\dot{U}_1}{Z}=\frac{380\angle 0°}{32.14\angle 30.2}=11.82\angle -30.2°\ (\mathrm{A})$$

定子线电流有效值为

$$I_{1N}=\sqrt{3}\,I_{1\phi}=\sqrt{3}\times 11.82=20.45\ (\mathrm{A})$$

定子功率因数为

$$\cos\varphi_N=\cos\ (-30.2°)\ =0.864\ (\text{滞后})$$

输入功率为

$$P_1=\sqrt{3}U_{1N}I_{1N}\cos\varphi_N=\sqrt{3}\times 380\times 20.45\times 0.864=11\ 615\ (\mathrm{W})$$

效率为

$$\eta_N=\frac{P_N}{P_1}=\frac{10\times 10^3}{11\ 615}=0.86=86\%$$

三、三相异步电动机的功率和电磁转矩

异步电动机将电能转换为机械能，在能量转换的过程中，不可避免地要产生一些损耗，根据能量守恒定律可得到异步电动机相应的功率平衡表达式和转矩平衡方程式。

1. 功率平衡方程式

异步电动机运行时，由电源供给的、从定子绕组输入电动机的功率为 P_1，其中有一部分消耗在定子绕组的电阻 r_1 和励磁电阻 r_m 上，称为定子铜耗和定子铁耗。由于异步电动机正常运行时，转子额定频率很低，f_2 仅为 $1\sim 3\mathrm{Hz}$，所以定子铁耗实际上也就是整个电动机的铁损耗，$p_{Fe1}=p_{Fe}$。输入的电功率扣除了这部分损耗后，余下的功率便由气隙旋转磁场通过电磁感应传递到转子，这部分功率称为电磁功率 P_{em}。图 3-29 所示为异步电动机功率流程图。

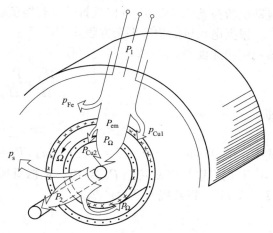

图 3-29　异步电动机功率流程图

（1）电动机输入的电功率为

$$P_1=m_1U_1I_1\cos\varphi_1 \tag{3-36}$$

式中：U_1、I_1 分别为定子的相电压、相电流；$\cos\varphi_1$ 为异步电动机的功率因数。

（2）定子铜损耗为

$$p_{Cu1}=m_1I_1^2r_1 \tag{3-37}$$

（3）定子铁耗为

$$p_{Fe} = m_1 I_0^2 r_m \qquad (3\text{-}38)$$

（4）电磁功率为

$$P_{em} = P_1 - p_{Cu1} - p_{Fe} \qquad (3\text{-}39)$$

由等效电路的转子侧可知，P_{em} 还可以写成

$$P_{em} = m_1 E_2' I_2' \cos\varphi_2 = m_1 I_2'^2 \frac{r_2'}{s} = m_1 I_2'^2 r_2' + m_1 I_2'^2 r_2' \frac{1-s}{s} \qquad (3\text{-}40)$$

（5）转子铜耗为

$$p_{Cu2} = m_1 I_2'^2 r_2' = s P_{em} \qquad (3\text{-}41)$$

（6）总机械功率 P_Ω 是电磁功率扣除转子铜耗后的电功率，是供给等效负载的，这在实际中就是转子轴上的总机械功率，即

$$P_\Omega = P_{em} - p_{Cu2} = m_1 I_2'^2 r_2' \frac{1-s}{s} = (1-s) P_{em} \qquad (3\text{-}42)$$

（7）输出功率 P_2 是异步电动机转轴上输出的机械功率。当电动机运行时还有轴承摩擦和空气的阻力等产生的机械损耗 p_Ω，以及因高次谐波和转子铁芯中的横向电流等引起的附加损耗 p_s，故轴上的输出功率为

$$P_2 = P_\Omega - p_\Omega - p_s \qquad (3\text{-}43)$$

综上可见

$$P_2 = P_1 - p_{Cu1} - p_{Fe} - p_{Cu2} - p_\Omega - p_s = P_1 - \sum p$$

$$\eta = \frac{P_2}{P_1}$$

2. 转矩平衡方程式

当电动机稳定运行时，作用在电动机转子上的转矩有 3 个：使电动机旋转的电磁转矩 T；由电动机的机械损耗和附加损耗所引起的空载制动转矩 T_0；电动机的输出转矩 T_2，与电动机所拖动的负载 T_L（以反抗性恒转矩负载为例）的大小相等，方向相反。

根据电动机的功率平衡方程式 $P_2 = P_\Omega - p_\Omega - p_s$ 求得，只要在等式的两边各除以转子的机械角速度 Ω（$\Omega = 2\pi n/60$），有

$$\frac{P_\Omega}{\Omega} = \frac{P_2}{\Omega} + \frac{p_\Omega + p_s}{\Omega}$$

即

$$T = T_2 + T_0 \qquad (3\text{-}44)$$

式中：电磁转矩 $T = P_\Omega/\Omega = 9.55 P_\Omega/n$；$T_2 = P_2/\Omega = 9.55 P_2/n$。

T 也可以从电磁转矩 P_{em} 导出，根据机械角速度 $\Omega = 2\pi n/60$ 及 $n = (1-s)n_1$，则 $\Omega = (1-s)\Omega_1$，将其代入 $T = P_\Omega/\Omega$，得

$$T = \frac{P_\Omega}{\Omega} = \frac{P_\Omega}{(1-s)\Omega_1} = \frac{P_{em}}{\Omega_1} \qquad (3\text{-}45)$$

可见，电磁转矩等于机械功率除以机械角速度，也等于电磁功率除以同步角速度。

【例 3-4】 一台三相异步电动机的数据分别为：$P_N = 10\text{kW}$，$U_N = 380\text{V}$，定子 △ 接法，4 极，$I_N = 20.5\text{A}$，$f_1 = 50\text{Hz}$。额定运行时，定子铜耗 $p_{Cu1} = 570\text{W}$，转子铜损耗 $p_{Cu2} = 302\text{W}$，铁损耗 $p_{Fe} = 285\text{W}$，机械损耗 $p_\Omega = 70\text{W}$，附加损耗 $p_s = 190\text{W}$。计算满载运行时，电动机的额定转速、额定输出转矩、电磁转矩和空载转矩。

解　同步转速

$$n_1=\frac{60f_1}{p}=\frac{60\times50}{2}=1500\text{（r/min）}$$

电磁功率

$$P_{em}=P_N+p_\Omega+p_s+p_{Cu2}=10\,000+70+190+302=10\,562\text{（W）}$$

额定转差率

$$s_N=\frac{p_{Cu2}}{P_{em}}=\frac{302}{10\,562}=0.028\,6$$

额定转速

$$n_N=(1-s_N)n_1=(1-0.028\,6)\times1500=1457\text{（r/min）}$$

额定输出转矩

$$T_N=\frac{P_N}{\Omega}=\frac{P_N}{\dfrac{2\pi n_N}{60}}=\frac{60P_N}{2\pi n_N}=9.55\times\frac{10\,000}{1457}=65.57\text{（N·m）}$$

电磁转矩

$$T=9.55\frac{P_{em}}{n_1}=9.55\times\frac{10\,562}{1500}=67.27\text{（N·m）}$$

空载转矩

$$T_0=T-T_N=67.27-65.57=1.7\text{（N·m）}$$

四、三相异步电动机的工作特性

三相异步电动机的工作特性是指电源电压、频率均为额定值的情况下，电动机的转速 n、定子电流 I_1、功率因数 $\cos\varphi_1$、电磁转矩 T、效率 η 与输出功率 P_2 的关系，即 n、I_1、$\cos\varphi_1$、T、$\eta=f\,(P_2)$。图 3-30 所示是三相异步电动机的典型工作特性曲线。

1. 转速特性

电动机的转速特性是指转速 n 与输出功率 P_2 的关系 $n=f(P_2)$。

因为 $p_{Cu2}=sP_{em}$，所以

$$s=\frac{p_{Cu2}}{P_{em}}=\frac{m_1r_2'I_2'^2}{m_1E_2'I_2'\cos\varphi_2}=\frac{r_2'I_2'}{E_2'\cos\varphi_2}\qquad(3\text{-}46)$$

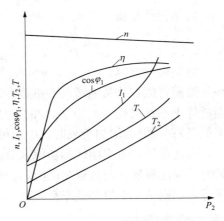

图 3-30　三相异步电动机的
典型工作特性曲线

理想空载时，$P_2=0$、$I_2'\approx0$、$s\approx0$，故 $n=n_1$。随着负载的增加，转子电流 I_2' 增大，p_{Cu2} 和 P_{em} 也随之增大，因为 p_{Cu2} 与 I_2' 的二次方成正比，而 P_{em} 则近似与 I_2' 的一次方成正比，因此，随着负载的增大，s 也增大，转速 n 就降低。为了保证电动机有较高的效率，一般额定负载时的转差率 s_N 为 $0.02\sim0.06$，相应的额定负载时的转速 $n_N=(1-s_N)n_1=(0.98\sim0.94)n_1$，与同步转速十分接近，故转速特性 $n=f(P_2)$ 是一条稍向下倾斜的曲线。

2. 定子电流特性

定子电流特性是指定子电流 I_1 与输出功率 P_2 之间的关系 $I_1=f(P_2)$。

三相异步电动机空载时，$P_2=0$，转子转速接近同步转速，即 $n=n_1$，此时定子电流就

是空载电流，因为转子电流 $I_2' \approx 0$，所以定子电流 $\dot{I}_1 = \dot{I}_0 + (-\dot{I}_2') \approx \dot{I}_0$，几乎全部为励磁电流。随着负载的增大，转子转速略有降低，转子电流增大，为了保持磁动势平衡，定子电流的负载分量也相应地增大，所以 I_1 随着 P_2 增大而增大。

3. 功率因数特性

功率因数特性是指定子功率因数 $\cos\varphi_1$ 与输出功率 P_2 之间的关系 $\cos\varphi_1 = f(P_2)$。

异步电动机空载运行时，定子电流基本上是产生主磁通的励磁电流，功率因数很低，约为 $0.1 \sim 0.2$；随着负载的增大，定子电流中的有功分量逐渐增大，功率因数也逐渐上升，在额定负载附近，功率因数 $\cos\varphi_1$ 达到最大值。如果负载继续增加，电动机转速下降较快（s 较大），转子电流与电动势之间的相位角 $\varphi_2 = \arctan(sx_2/r_2)$ 增大，转子功率因数 $\cos\varphi_2$ 下降较多，使定子电流中与之平衡的无功分量也增大，功率因数反而有所下降。对小型异步电动机，额定功率因数 $\cos\varphi_N$ 在 $0.76 \sim 0.90$ 之间。

4. 转矩特性

转矩特性是指电磁转矩 T 与输出功率 P_2 之间的关系 $T = f(P_2)$。

异步电动机的输出转矩 $T_2 = T_L = 9.55P_2/n$，若 n 不变，则 T_2 与 P_2 成正比，所以 $T_2 = f(P_2)$ 是一条过原点的直线。考虑到 P_2 增加时，转速 n 略有下降，故 $T_2 = f(P_2)$ 随着 P_2 的增加略向上偏离直线。在 $T = T_2 + T_0$ 式中，T_0 值很小，而且认为它是与 P_2 无关的常数，所以 $T = f(P_2)$ 将比 $T_2 = f(P_2)$ 向上移 T_0 数值。

5. 效率特性

效率特性是指电动机的效率 η 与输出功率 P_2 之间的关系 $\eta = f(P_2)$，有

$$\eta = \frac{P_2}{P_1} = \frac{P_2}{P_2 + \sum p} = \frac{P_2}{P_2 + p_{Cu1} + p_{Fe} + p_{Cu2} + p_\Omega + p_s}$$

电动机空载时，$P_2 = 0$，$\eta = 0$；当负载增加但数值很小时，可变损耗 $p_{Cu1} + p_{Cu2} + p_s$ 很小，效率将随着负载的增加而迅速上升；当负载继续增大时，可变损耗随之增大，直至可变损耗等于不变损耗（$p_{Fe} + p_\Omega$）时，效率达到最高（一般异步电动机约在 $0.7P_N \sim P_N$ 处效率最高）；再继续增加负载时，由于可变损耗增加的较快，效率开始下降。

由此可见，效率曲线和功率因数曲线都是在额定负载附近达到最高，因此选用电动机容量时，应注意使其与负载相匹配。如果选得过小，电动机长期过负荷运行影响寿命；如果选得过大，则功率因数和效率都很低，浪费能源。

技能训练

异步电动机的参数测定

与变压器一样，异步电动机也有两类参数：一类是表示空载状态的励磁参数，即 r_m、X_m；另一类是表示短路状态的短路参数，即 r_1、r_2'、X_1、X_2'。空载状态的励磁参数决定于电动机主磁路的饱和程度，所以是一种非线性参数；短路状态的短路参数基本上与电动机的饱和程度无关，是一种线性参数。与变压器等值电路中的参数一样，励磁参数、短路参数可分别通过简便的空载实验和短路实验测定。

【实验目的】

（1）空载实验的目的是确定电动机的励磁参数以及铁损耗和机械损耗。

（2）短路实验的目的是确定三相异步电动机的短路参数。

【实验器材】

三相笼型异步电动机 1 台，三相调压器 1 台，低功率因数功率表 2 块，交流电压表、交流电流表各 3 块，转速表 1 块。

1. 空载实验

（1）实验过程。三相异步电动机空载实验接线如图 3-31 所示。

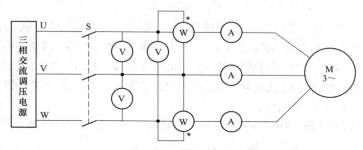

图 3-31　三相异步电动机空载和短路实验接线

实验时，电动机轴上不带任何负载，定子接到额定频率的对称三相电源上，将电动机运转一段时间（30min）使其机械损耗达到稳定值，然后改变电源电压的大小，使定子端电压从 $(1.1\sim1.3)U_{1N}$ 开始，逐渐降低实验电压，使电压降到使电动机转速发生明显变化时，停止实验。此间共记录 7～9 组数据，并填入表 3-3 中。

表 3-3　　　　　　　　　　三相异步电动机空载特性数据

序号	U_1 (V)				I_0 (A)				p_0 (W)			$\cos\varphi_0$
	U_{UV}	U_{VW}	U_{WU}	U_1	I_U	I_V	I_W	I_0	p_{I}	p_{II}	p_0	

表（3-3）中，U_1 为空载三相线电压的平均值，$U_1=(U_{UV}+U_{VW}+U_{WU})/3$；$I_0$ 为空载三相线电流的平均值，$I_0=(I_U+I_V+I_W)/3$；p_0 为三相空载总功率，$p_0=p_{\mathrm{I}}\pm p_{\mathrm{II}}$；$\cos\varphi_0=p_0/(\sqrt{3}U_{0L}I_{0L})$。

根据记录数据，画出电动机的空载特性曲线 $I_0=f(U_1)$ 和 $p_0=f(U_1)$，如图 3-32（a）所示。

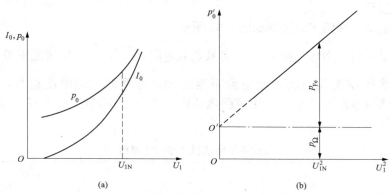

图 3-32　异步电动机空载实验特性及损耗分离图
（a）异步电动机的空载特性；（b）铁损耗和机械损耗分离图

（2）铁损耗和机械损耗的分离图。异步电动机空载时 s 很小，转子电流很小，转子铜损耗和附加损耗很小，可忽略不计，此时电动机输入的功率全部消耗在定子铜损耗、铁损耗和转子的机械损耗上，即

$$p_0 = m_1 I_0^2 r_1 + p_{Fe} + p_\Omega$$

所以从空载功率减去定子铜损耗，就可得到铁损耗和机械功率损耗两项之和

$$p_0 - m_1 I_0^2 r_1 = p_{Fe} + p_\Omega = p_0'$$

由于铁损耗 p_{Fe} 与磁通密度的二次方成正比，因此可认为它与 U_1^2 成正比，而机械损耗的大小仅与转速有关，与端电压高低无关，可认为 p_Ω 是个常数，因此，在图 3-32（b）中的 $p_{Fe} + p_\Omega = f(U_1^2)$ 曲线中可将铁损耗 p_{Fe} 和机械损耗 p_Ω 分开。只要将曲线延长使其与纵轴相交，交点的纵坐标就是机械损耗，过这一点做与横坐标平行的直线，该线上面的部分就是铁损耗，如图 3-32（b）所示。

（3）励磁参数的确定。电动机空载时，转差率 $s \approx 0$，则 T 形等效电路中附加电阻 $\left(\dfrac{1-s}{s}\right) r_2' \approx \infty$，等效电路中转子电路呈断路状态，根据测得的数据，可以计算空载总阻抗 Z_0 为

$$Z_0 = \frac{U_1}{I_0} = Z_1 + Z_m$$

空载总电阻 r_0 为

$$r_0 = \frac{p_0 - p_\Omega}{m_1 I_0^2} = r_m + r_1$$

空载等效总电抗 X_0 为

$$X_0 = \sqrt{Z_0^2 - r_0^2}$$

利用已经求得的铁损耗求出励磁电阻 $r_m = \dfrac{p_{Fe}}{m_1 I_0^2}$，若从后面的短路实验求出定子漏电抗 X_1，则励磁电抗为

$$X_m = X_0 - X_1$$

励磁阻抗为

$$Z_m = \sqrt{r_m^2 + X_m^2}$$

2. 短路实验

（1）实验过程。

三相异步电动机短路实验接线如图 3-31 所示。

短路实验是在转子堵转，即 $s = 1$ 和等效负载电阻 $\dfrac{1-s}{s} r_2' = 0$ 的情况下进行的，所以也叫堵转实验。为了使实验时的短路电流不至过大，可降低电源电压进行，一般从 $U_k = 0.4 U_N$ 开始，然后逐渐降低电压，使短路电流由 $1.2 I_N$ 逐渐减小到 $0.3 I_N$。测量 5～7 点，并填入表 3-4 中。

表 3-4　　　　　　　　　　　　　三相异步电动机短路特性数据

序号	U_k (V)				I_k (A)				P_k (A)			$\cos\varphi_k$
	U_{UV}	U_{VW}	U_{WU}	U_k	I_U	I_V	I_W	I_k	P_I	P_{II}	P_k	

表中，U_k 为短路三相线电压的平均值，$U_k = (U_{UV} + U_{VW} + U_{WU})/3$；$I_k$ 为短路三相线电流的平均值，$I_k = (I_U + I_V + I_W)/3$；$P_k$ 为短路三相总功率，$P_k = P_I \pm P_{II}$；$\cos\varphi_k$ 为短路功率因数，$\cos\varphi_k = P_k/(\sqrt{3}U_k I_k)$。

根据记录数据，绘制电动机的短路特性 $I_k = f(U_k)$ 和 $P_k = f(U_k)$，如图 3-33 所示。（为了避免定子绕组过热，实验应尽快进行）

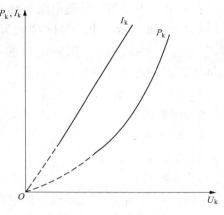

图 3-33　异步电动机的短路特性

（2）短路参数的确定。因短路实验时，$s = 1$，代表总机械功率的附加电阻 $\left(\dfrac{1-s}{s}\right)r_2' = 0$。由于电源电压 U_k 较低（E_1、Φ_1 很小），故励磁电流 I_0 很小，等效电路的励磁支路可以忽略，则 $I_m \approx 0$，铁损耗可忽略不计。此时输出功率和机械损耗为零，全部输入功率都变成定子铜耗与转子铜耗。因为 $I_m \approx 0$，则可认为 $I_2' \approx I_1 = I_k$，所以

$$P_k = m_1 I_1^2 r_1 + m_1 I_2'^2 r_2' = m_1 I_k^2 (r_1 + r_2') = m_1 I_k^2 r_k$$

根据短路实验，可求出短路阻抗 Z_k、短路电阻 r_k 和短路电抗 X_k，即

$$Z_k = \frac{U_k}{I_k}$$

$$r_k = r_1 + r_2' = \frac{P_k}{m_1 I_k^2}$$

$$X_k = X_1 + X_2' = \sqrt{Z_k^2 - r_k^2}$$

式中的定子电阻 r_k 可直接测得，将 r_k 减去 r_1 即得 r_2'。对于 X_1 和 X_2' 无法用实验的办法分开，对大中型异步电动机，可认为

$$X_1 = X_2' = \frac{1}{2}X_k$$

思考题与习题

（1）异步电动机在启动及空载运行时，为什么功率因数较低？当满载运行时，功率因数为什么会较高？

（2）说明异步电动机的能量传递过程，为什么负载增加时，定子电流和输入功率会自动增加？从空载到额定负载，电动机的主磁通有无变化？为什么？

（3）三相四极异步电动机 $P_N = 10kW$，$S_N = 0.025$，$\cos\varphi_N = 0.84$，$\eta_N = 0.835$，定子额定电压 380/220V，定子绕组接法 Y/△，试求电动机在额定情况运转时的：

1）转速。

2）输入功率。

3）定子绕组接成星形和三角形时的电流。

4）额定输出转矩。

（4）异步电动机的等值电路有哪几种？试说明 T 形等值电路中各个参数的物理意义。

（5）已知一台三相 50Hz 绕线异步电动机，额定数据分别为：$P_N = 100kW$，$U_N = 380V$，$n_N = 950r/min$。在额定转速下运行时，机械损耗 $p_\Omega = 0.7kW$，附加损耗 $p_s = 0.3kW$。求额定运行时的：

1）额定转差率。

2）电磁转矩。

3）转子铜耗。

4）输出转矩。

5）空载转矩。

（6）一台三相异步电动机，额定参数分别如下：$P_N = 7.5kW$，$U_N = 380V$，$n_N = 960r/min$，$f_N = 50Hz$，三角形接法，已知 $\cos\varphi_N = 0.872$，$p_{Cu1} = 470W$，$p_{Fe} = 234W$，$p_\Omega = 45kW$，$p_s = 80W$，求：

1）电动机的极数。

2）额定负载时的转差率和转子频率。

3）转子铜耗。

4）效率。

（7）一台 $P_N = 5.5kW$，$U_N = 380V$，$f = 50Hz$ 的三相四极异步电动机，在某运行情况下，自定子方面输入的功率为 6.32kW、$p_{Cu1} = 341W$，$p_{Cu2} = 237.5W$，$p_{Fe} = 167.5W$，$p_\Omega = 45W$，$p_s = 29W$。求：

1）电动机的效率。

2）转差率和转速。

3）空载转矩、输出转矩和电磁转矩。

任务三　三相异步电动机的机械特性分析

学习目标

（1）理解三相异步电动机的机械特性的表达式。

（2）掌握三相异步电动机的固有机械特性和人为机械特性。

任务分析

与直流电动机相同，三相异步电动机的机械特性是分析交流电动机的启动、调速和制动的理论基础，本任务主要分析了机械特性的 3 种表达式、固有机械特性和人为机械特性的特点。

相关知识

三相异步电动机的机械特性是指转速 n 与电磁转矩 T 之间的关系，即 $n = f(T)$，由于异步电动机的转速对应一定的转差率，因此也可讨论 $T = f(s)$ 的关系。通常将后者称为 T-s

曲线。机械特性视分析问题的需要，其表达式有 3 种形式，即物理表达式、参数表达式和实用表达式，现分别介绍如下。

一、机械特性表达式

1. 物理表达式

异步电动机的电磁转矩 T 是由转子电流 I_2 在旋转磁场中受到电磁力的作用而产生的。利用下列 3 式

同步角速度 $\qquad \Omega_1 = \dfrac{2\pi n_1}{60} = \dfrac{2\pi f_1}{p}$

电磁功率 $\qquad P_{em} = m_1 E_2' I_2' \cos\varphi_2$

电动势 $\qquad E_2' = 4.44 f_1 N_1 k_{w1} \Phi_1$

代入式 $T = \dfrac{P_\Omega}{\Omega} = \dfrac{P_\Omega}{(1-s)\Omega_1} = \dfrac{P_{em}}{\Omega_1}$，可知异步电动机的电磁转矩为

$$T = C_T \Phi_1 I_2' \cos\varphi_2 \tag{3-47}$$

$$C_T = m_1 p N_1 k_{w1}/\sqrt{2}$$

式中：C_T 为转矩常数，仅与电动机的结构有关。

式（3-47）表明，异步电动机的转矩与主磁通成正比，与转子电流的有功分量成正比，物理意义非常明确，所以称为电磁转矩的物理表达式。它常用来定性分析三相异步电动机的运行问题。

2. 参数表达式

由于电磁转矩的物理表达式不能直接反映转矩与转速或转差率的关系，而电力拖动系统却常常需要用转速或转差率与转矩的关系进行系统的运行分析，为便于计算，需推导出电磁转矩的另一表达式，即参数表达式。

根据一般电动机的简化等效电路，可得转子电流为

$$I_2' = \frac{U_1}{\sqrt{\left(r_1 + \dfrac{r_2'}{s}\right)^2 + (X_1 + X_2')^2}} \tag{3-48}$$

将式（3-48）代入式 $T = \dfrac{P_{em}}{\Omega_1} = \dfrac{m_1 I_2'^2 \dfrac{r_2'}{s}}{2\pi f_1/p}$，可得电磁转矩的参数表达式为

$$T = \frac{P_{em}}{\Omega_1} = \frac{m_1 I_2'^2 \dfrac{r_2'}{s}}{\dfrac{2\pi f_1}{p}} = \frac{m_1 p U_1^2 \dfrac{r_2'}{s}}{2\pi f_1 \left[\left(r_1 + \dfrac{r_2'}{s}\right)^2 + (X_1 + X_2')^2\right]} \tag{3-49}$$

式（3-49）反映了三相异步电动机的电磁转矩 T 与电源 U_1、频率 f_1、电动机参数（r_1、r_2'、X_1、X_2'、p 及 m_1）以及转差率 s 之间的关系，称为参数表达式。显然，当 U_1、f_1 及电动机的参数不变时，电磁转矩仅与转差率 s 有关，对应于不同的 s 值，有不同的 T 值，将这些数据绘成机械特性曲线，如图 3-34 所示。

当 s 为某一个值时，电磁转矩有一个最大值 T_m。

从数学角度看，最大转矩点是函数 $s = f(T)$ 的极值点。因此，为了求出 T_m，令 $dT/$

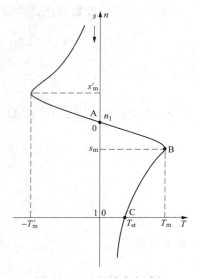

图 3-34　三相异步电动机
机械特性曲线

$\mathrm{d}s = 0$，可求得临界转差率 s_{m}，即

$$s_{\mathrm{m}} = \frac{r_2'}{\sqrt{r_1^2 + (X_1 + X_2')^2}} \qquad (3\text{-}50)$$

把 s_{m} 代入式（3-49）得最大转矩

$$T_{\mathrm{m}} = \frac{m_1 p U_1^2}{4\pi f_1 [r_1 + \sqrt{r_1^2 + (X_1 + X_2')^2}]} \qquad (3\text{-}51)$$

通常，$r_1 \ll (X_1 + X_2')$，忽略 r_1 则有

$$s_{\mathrm{m}} \approx \frac{r_2'}{X_1 + X_2'} \qquad (3\text{-}52)$$

$$T_{\mathrm{m}} \approx \frac{m_1 p U_1^2}{4\pi f_1 (X_1 + X_2')} \qquad (3\text{-}53)$$

从式（3-52）和式（3-53）可得出以下结论：

（1）当电源频率及电动机的参数一定时，T_{m} 与 U_1^2 成正比，而 s_{m} 与 U_1 无关。

（2）当电源频率、电压与电动机其他参数不变时，T_{m} 与 r_2' 无关，s_{m} 与 r_2' 成正比。

（3）当电源频率及电压不变时，T_{m} 和 s_{m} 都近似与 $(X_1 + X_2')$ 成反比。

T_{m} 是异步电动机可能产生的最大转矩。电动机运行时，若负载转矩短时突然增大，且大于最大电磁转矩，则电动机将因为承载不了而停转。为了保证电动机不会因短时过载而停转，一般电动机都具有一定的过载能力。显然，最大电磁转矩越大，电动机短时过载能力越强，因此把最大电磁转矩与额定转矩之比称为电动机的过载能力，用 λ_{m} 表示，即

$$\lambda_{\mathrm{m}} = \frac{T_{\mathrm{m}}}{T_{\mathrm{N}}} \qquad (3\text{-}54)$$

λ_{m} 是表征电动机运行性能的指标，它可以衡量电动机的短时过载能力和运行的稳定性。一般电动机的过载能力 $\lambda_{\mathrm{m}} = 1.6 \sim 2.2$，起重、冶金用的异步电动机，其 λ_{m} 值可达 3.5。

除了最大转矩 T_{m} 以外，机械特性曲线上（图 3-34）还反映了异步电动机的另一个重要参数，即启动转矩 T_{st}，它是异步电动机接至电源开始启动瞬间的电磁转矩。把 $s = 1$（$n = 0$ 时）代入参数表达式中可得

$$T_{\mathrm{st}} = \frac{m_1 p U_1^2 r_2'}{2\pi f_1 [(r_1 + r_2')^2 + (X_1 + X_2')^2]} \qquad (3\text{-}55)$$

由式（3-55）可知，启动转矩具有以下特点：

（1）在给定的电源频率及电动机参数的条件下，T_{st} 与 U_1^2 成正比。

（2）当电源频率、电压与电动机参数不变时，在一定范围内，增加转子回路电阻 r_2'，可以增大启动转矩 T_{st}。

（3）当电源频率及电压不变时，电抗参数 $(X_1 + X_2')$ 越大，T_{st} 就越小。

由于 s_{m} 随 r_2' 正比增大，而 T_{m} 与 r_2' 无关，所以绕线转子异步电动机可以在转子回路中串入适当的电阻来增大启动转矩，从而改善电动机的启动性能。如果在转子回路中串入一适当电阻使启动转矩增大到最大转矩，则此时临界转差率 s_{m} 为 1。

对于笼型异步电动机，无法在转子回路中串电阻，启动转矩大小只能在设计时考虑，在

额定电压下，其 T_{st} 是一个恒值。启动转矩 T_{st} 与额定转矩 T_N 之比称为启动转矩倍数，用 k_{st} 表示，即

$$k_{st} = \frac{T_{st}}{T_N} \tag{3-56}$$

启动转矩倍数 k_{st} 也是笼型异步电动机的重要性能指标之一，它反映了电动机启动能力的大小。电动机启动的条件是启动转矩不小于 1.1 倍的负载转矩，即 $T_{st} \geqslant 1.1 T_L$。

3. 实用表达式

机械特性的参数表达式清楚地表达了转矩与转差率和电动机参数之间的关系，用它分析各种参数对机械特性的影响是很方便的，但由于异步电动机的参数必须通过实验求得，因此在应用现场难以做到。而且在电力拖动系统运行时，往往只需要了解稳定运行范围内的机械特性。此时，为便于计算，可利用产品样本中给出的技术数据：过载能力 λ_m，额定转速 n_N 和额定功率 P_N 等，导出一个较为实用的表达式（推导从略），即

$$\frac{T}{T_m} = \frac{2}{\frac{s}{s_m} + \frac{s_m}{s}} \tag{3-57}$$

式（3-57）中 T_m 及 s_m 可以用下述方法求出

$$T_N = 9.55 \frac{P_N}{n_N}$$

$$T_m = \lambda_m T_N = 9.55 \frac{\lambda_m P_N}{n_N} \tag{3-58}$$

忽略 T_0，则 $T \approx T_N$ 时，$s = s_N$，代入式（3-57），可得

$$s_m = s_N (\lambda_m + \sqrt{\lambda_m^2 - 1}) \tag{3-59}$$

当三相异步电动机在额定负载范围内运行时，转差率很小，仅为 $0.02 \sim 0.06$。这时，$\frac{s}{s_m} \ll \frac{s_m}{s}$，为进一步简化，可忽略式（3-57）分母中的 $\frac{s}{s_m}$，于是实用表达式可以变为

$$T = \frac{2T_m}{s_m} s \tag{3-60}$$

这说明在 $0 < s < s_N$ 的范围内三相异步电动机的机械特性呈线性关系。

二、固有机械特性

三相异步电动机的固有机械特性是指当定子电压和频率均为额定值，定子绕组按规定方式接线，定子和转子电路不外接电阻或电抗时的机械特性。当电机处于电动运行状态时，其固有机械特性如图 3-35 所示。

为了描述机械特性的特点，下面对固有机械特性上的几个特殊点进行说明。

（1）启动点 A。电动机接通电源开始启动瞬间，其工作点位于 A 点，此时 $n = 0$，$s = 1$，$T = T_{st}$，定

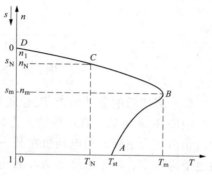

图 3-35　三相异步电动机的
固有机械特性

子电流 $I_1 = I_{st} = (4 \sim 7)I_N$（$I_N$ 为额定电流）。

（2）最大转矩点 B。B 点是机械特性曲线中线性段（$D—B$）与非线性段（$B—A$）的分界点，此时 $s = s_m$，$T = T_m$。通常情况下，电动机在线性段上工作是稳定的，而在非线性段上工作是不稳定的，所以 B 点也是电动机稳定运行的临界点，临界转差率 s_m 也是由此而得名的。

（3）额定运行点 C。电动机额定运行时，工作点位于 C 点，此时 $n = n_N$，$s = s_N$，$T = T_N$，$I_1 = I_N$。额定运行时转差率很小，一般 s_N 为 0.02～0.06，所以电动机的额定转速 n_N 略小于同步转速 n_1，这也说明了固有机械特性的线性段为硬特性。

（4）同步转速点 D。D 点是电动机的理想空载点，即转子转速达到了同步转速。此时 $n = n_1$，$s = 0$，$T = 0$，转子电流 $I_2 = 0$，显然，如果没有外界转矩的作用，异步电动机本身不可能达到同步转速点。

三、人为机械特性

三相异步电动机的人为机械特性是指人为改变电源参数或电动机参数的机械特性。下面简要介绍三相异步电动机两种常用的人为机械特性。

1. 降低定子电压的人为机械特性

电动机的其他参数都与固有特性相同，仅降低定子电压，这样所得到的人为特性，称为降低定子电压的人为特性，其特点如下：

（1）降压后同步转速 n_1 不变，即不同 U_1 的人为特性都通过固有特性上的同步转速点。

（2）降压后，最大转矩 T_m 随 U_1^2 成比例下降，但是临界转差率 s_m 不变，为此，不同 U_1 时的人为机械特性的最大转矩点的变化规律如图 3-36 所示。

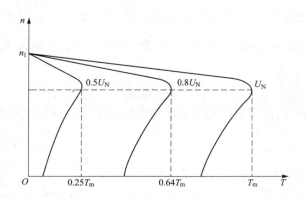

图 3-36　异步电动机降压时的人为机械特性

（3）降压后的启动转矩 T_{st} 也随 U_1^2 成比例下降。

由图 3-36 可见，降压后的人为机械特性，线性段斜率变大，特性变软，启动转矩倍数和过负荷能力下降。当电动机在某一负载下运行时，若降低电压，电磁转矩减小导致电动机转速下降，定、转子电流增大。若电动机电流超过额定值，则电动机最终温升将超过允许值，导致电动机寿命缩短，甚至烧毁电动机。如果电压降低过多，致使最大转矩 T_m 小于总的负载转矩，则会发生电动机停转事故。

2. 转子回路串对称三相电阻的人为机械特性

对于绕线转子三相异步电动机，如果其他参数都与固有特性时一样，仅在转子回路中串入对称三相电阻 R_s，所得的人为特性称为转子回路串电阻的人为机械特性，其特点如下：

（1）同步转速 n_1 不变，所以不同 R_s 的人为特性都通过固有机械特性的同步转速点。

（2）最大转矩 T_m 不变，但临转差率 s_m 会随转子电阻的增大而增大，为此，不同 R_s 时的人为特性如图 3-37 所示。

（3）在一定的范围内增加转子电阻，可以增大电动机的启动转矩。当所串的电阻使 s_m 为 1 时，对应的启动转矩将达到最大，如果再增大转子电阻，启动转矩反而会减小。

由图 3-37 可知，绕线转子异步电动机转子回路串电阻，可以改变转速而用于调速，也可以改变启动转矩，从而改善异步电动机的启动性能。

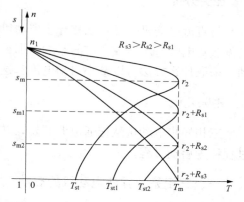

图 3-37 转子回路串电阻的人为机械特性

✏️ **任 务** --

三相异步电动机机械特性的绘制

一台三相异步电动机的额定数据分别为：$P_N = 75\text{kW}$，$f = 50\text{Hz}$，$n_N = 1440\text{r/min}$，$\lambda_m = 2.2$。求：

（1）临界转差率 s_m。

（2）机械特性实用表达式。

（3）电磁转矩为多大时电动机的转速为 1300r/min。

（4）绘制出电动机的固有机械特性。

思考题与习题

（1）什么是异步电动机的固有机械特性？什么是异步电动机的人为机械特性？

（2）电网电压太高或太低，都易使三相异步电动机的定子绕组过热而损坏，为什么？

（3）三相异步电动机最大转矩的大小与定子电压有什么关系？与转子电阻有关吗？异步电动机可否在最大转矩下长期运行？为什么？

（4）如果电源电压下降 20%，三相异步电动机的最大转矩和启动转矩将变为多大？若电动机拖动额定负载转矩不变，问电压下降后电动机的主磁通、转速、转子电流、定子电流各有什么变化？

任务四　三相异步电动机的启动

📖 **学习目标**

（1）理解三相异步电动机的启动性能。

（2）掌握直接启动和降压启动的条件、原理和方法。

（3）会正确选择三相异步电动机的启动方法。

任务分析

　　与直流电动机一样，三相异步电动机直接启动也会遇到启动电流大的问题，过大的启动电流会对电网电压造成一定的影响，那么什么情况下电动机可以直接启动？如果不能直接启动，采取什么方法可以减小启动电流？这是本任务要解决的问题。

相关知识

　　三相异步电动机从接通电源开始，转速从零增加到额定转速或对应负载下的稳定转速的过程称为启动过程。

一、三相笼型异步电动机的启动

　　对笼型异步电动机启动的要求主要有以下几点：

　　（1）启动电流不能太大。普通笼型异步电动机启动电流约为额定电流的 4～7 倍。对于容量较大的电动机，这样大的启动电流会使电网电压短时降落很多，并造成电动机启动转矩减小很多，启动困难，同时影响电网上的其他用电设备的正常运行。此外电动机本身也将受到过大的电磁转矩的冲击。

　　（2）要有足够的启动转矩。启动转矩是指在启动过程中，电动机产生的电磁转矩；当 $U = U_N$、$f = f_N$、$n = 0$ 时的启动转矩称为堵转转矩；启动转矩与负载转矩的差值称为加速转矩。当拖动系统的飞轮矩一定时，启动时间取决于加速转矩，若负载转矩或飞轮矩很大而启动转矩不足，则启动时间被拖长。由于启动电流很大，启动时间长，电动机绕组将严重发热，降低了使用寿命，甚至被烧毁。

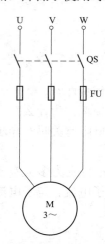

图 3-38　异步电动机
直接启动电路

　　（3）启动设备要简单，价格低廉，便于操作及维护。

　　因此，必须根据电网容量和负载对启动转矩的要求，选择三相异步电动机的启动方法。一般地，笼型电动机有直接启动和降压启动两种方法。

　　1. 直接启动

　　直接启动（又称全压启动）就是用刀开关、电磁启动器或接触器将电动机定子绕组直接接到额定电压电源上，其接线图如图 3-38 所示。直接启动设备简单，操作方便，启动过程短，所以对于一般小容量的三相笼型异步电动机，如果电网容量足够大时，应尽量采用此方法。一般情况下，只要直接启动时的启动电流在电网中引起的电压降落不超过额定电压的 10%～15%（对于经常启动的电动机取 10%，不经常启动的电动机取 15%），就允许直接启动。一般规定，功率在 7.5kW 以下的三相异步电动机均可采用直接启动。对于某一电网，多大容量的电动机才允许直接启动，可按下列经验公式确定

$$K_I = \frac{I_{st}}{I_N} \leqslant \frac{3}{4} + \frac{\text{电源总容量(kVA)}}{4 \times \text{电动机容量(kW)}} \tag{3-61}$$

【**例 3-5**】　有两台笼型异步电动机，启动电流与额定电流之比都为 6.5，电动机容量 $P_{N1}=20kW$，$P_{N2}=75kW$，其电源变压器容量为 560kVA，问能否直接启动？

解　根据经验公式

第一台电动机　　$K_{I1}=\dfrac{3}{4}+\dfrac{560}{4\times20}=7.75>6.5$　　　允许直接启动

第二台电动机　　$K_{I2}=\dfrac{3}{4}+\dfrac{560}{4\times75}=2.62<6.5$　　　不允许直接启动

2. 降压启动

降压启动（又称减压启动）是利用启动设备将加在电动机定子绕组上的电源电压降低，启动结束后恢复其额定电压运行的启动方式。降压启动以降低启动电流为目的，但由于电动机的转矩 T 与电压 U_1 的二次方成正比，因此降压启动时，虽然启动电流减小，启动转矩也大大减小，故此法只适用于对启动转矩要求不高的设备。降压启动的方法有以下几种：

（1）定子串电阻或电抗器的降压启动。

如图 3-39 所示，启动时，接触器触点 KM1 闭合，KM2 断开，此时启动电阻（或电抗器）便串入定子电路中，启动电流在电阻 R_{st}（或电抗器 X_{st}）上产生电压降，对电源电压起分压作用，使定子绕组上所加电压低于电源电压，待电动机接近额定转速时，KM2 闭合，切除电阻 R_{st}（或电抗器 X_{st}），电动机在全压下正常运行。

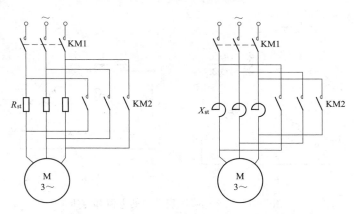

图 3-39　定子串电阻或电抗器降压启动原理图

定子回路串电阻（或电抗器）降压启动时，启动电流与启动电压成比例减小，若加在电动机上的电压减小到原来的 $1/k$，则启动电流也减小到原来的 $1/k$，而启动转矩因与电源电压二次方成正比，因而减小到原来的 $1/k^2$。

这种启动方法的优点是启动平稳、运行可靠、设备简单。缺点是定子串联电阻启动时电能损耗较大；启动转矩随电压的二次方降低，只适用于空载或轻载启动。

（2）星形—三角形（Y-△）降压启动。这种启动方法只适用于正常运行时定子绕组作三角形接法运行的电动机。启动时将绕组改接成星形，待电机转速上升到接近额定转速时再改成三角形。其原理接线如图 3-40 所示。启动时 KM1、KM3 闭合，定子绕组连接成星形，此时定子每相电压为 $U_N/\sqrt{3}$，其中 U_N 为电网的额定电压，电动机降压启动。当电动机转速接近稳定转速时，KM3 断开，KM2 闭合，定子绕组连接成三角形，定子每相承受的电压

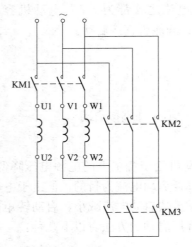

图 3-40 丫—△降压启动时的接线图

便为 U_N，启动过程结束。

图 3-41 示出了丫-△降压启动时的电压和电流，启动时，电网供给电动机的启动电流为

$$I_{stY} = \frac{U_N}{\sqrt{3}\,Z}$$

式中：Z 为定子每相漏阻抗。

三角形接法直接启动时电网供给的电流（线电流）为

$$I_{st\triangle} = \sqrt{3}\,\frac{U_N}{Z}$$

因此有

$$I_{stY} = \frac{1}{3}I_{st\triangle} \tag{3-62}$$

丫—△降压启动时的降压倍数

$$\alpha = \frac{\frac{1}{\sqrt{3}}U_N}{U_N} = \frac{1}{\sqrt{3}}$$

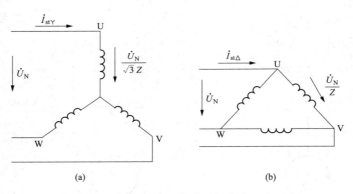

图 3-41 丫—△降压启动时的电流和电压

（a）丫连接启动；（b）△连接运行

根据 $T_{st} \propto \alpha^2$，可得启动转矩的倍数为

$$T_{stY} = \frac{1}{3}T_{st\triangle} \tag{3-63}$$

可见，采用丫-△ 降压启动时，启动电流和启动转矩都降为直接启动的 1/3。

丫-△降压启动的优点是启动电流小、启动设备简单、价格便宜、操作方便，缺点是启动转矩小，因此仅适合于轻载或空载启动。

（3）自耦变压器降压启动。

笼型异步电动机用自耦变压器降压启动时的原理如图 3-42（a）所示，图中 T 为自耦变压器。启动时接触器 KM2、KM3 闭合，KM1 断开，电动机定子绕组经自耦变压器接至电网，降低了定子电压。当转速升高接近稳定转速时，KM2、KM3 断开，KM1 闭合，自耦变压器被切除，电动机定子绕组经 KM1 接入电网，启动结束。

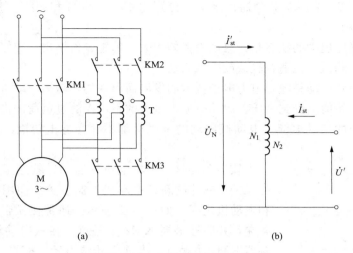

图 3-42 自耦变压器降压启动

(a) 原理图；(b) 一相电路

图 3-42（b）为自耦变压器一相电路。设 U_N 和 I'_{st} 分别为自耦变压器的一次侧电压和电流，即电网电压和电流；U' 和 I_{st} 分别为自耦变压器的二次侧的副边电压和电流，即电动机的定子电压和电流；N_1 和 N_2 分别表示自耦变压器的一、二次绕组匝数，k 为自耦变压器一、二次侧电压比。由变压器原理，得

$$k = \frac{U_N}{U'} = \frac{N_1}{N_2} \tag{3-64}$$

设 I_{KN} 为电动机全压启动时的启动电流，则

$$\frac{I_{st}}{I_{KN}} = \frac{U'}{U_N} = \frac{1}{k} \tag{3-65}$$

再利用变压器原理，得

$$\frac{I'_{st}}{I_{st}} = \frac{N_2}{N_1} = \frac{1}{k} \tag{3-66}$$

将式（3-65）与式（3-66）相乘，得

$$\frac{I'_{st}}{I_{KN}} = \left(\frac{N_2}{N_1}\right)^2 = \frac{1}{k^2}$$

由式（3-64）～式（3-66）可见：利用自耦变压器，将加到电动机定子绕组上的电压降低到 U_N/k，定子启动电流也降低到 I_{KN}/k，电网供给自耦变压器一次侧的启动电流为

$$I'_{st} = \left(\frac{N_2}{N_1}\right) I_{st} = \left(\frac{N_2}{N_1}\right)^2 I_{KN} = \frac{I_{KN}}{k^2} \tag{3-67}$$

另外，由于 $U' = U_N/k$，$T \propto U^2$，如果设 T_{KN} 为全压启动时的启动转矩，则自耦变压器降压启动时启动转矩为

$$T'_{st} = \frac{T_{KN}}{k^2} \tag{3-68}$$

自耦变压器降压启动的优点是：在限制启动电流的同时，用自耦变压器降压启动将比用其他降压启动方法获得的降压比更多，可以更灵活地选择合适的降压比；启动用自耦变压器

的二次绕组一般有 3 个抽头，3 个抽头比 $1/k$ 分别为 40%、60% 和 80%（或 55%、64% 和 73%），供选择使用。

自耦变压器降压启动的缺点是：启动设备体积大、笨重、价格贵、维修不方便；启动转矩随电压成二次方降低，只适合轻载或空载启动。

（4）软启动。软启动是随着电力电子技术的发展而出现的，是指电动机在启动过程中电压无级平滑地从初始值上升到全压，启动电流由过去的不可控的过负荷冲击变为可控的、可根据需要调节大小的启动电流。电动机启动的全过程都不存在冲击转矩，而是平滑地启动运行。

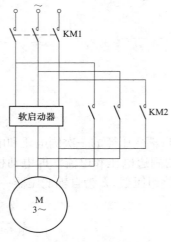

图 3-43　软启动器控制原理图

软启动器是一种集电机软启动、软停车、轻载节能和多种保护于一体的新型电动机控制装置。使用时，串接在电源和电动机之间，如图 3-43 所示。通常在软启动器输入和输出两端，并联接触器 KM2 主触点，在软启动器输入端串联接触器 KM1 主触点。当软启动结束后，KM2 主触点闭合，将软启动器切除，电动机直接接到三相电源上运行。

软启动与传统的降压启动方式的不同之处：

1）恒流启动。软启动器可引入电流闭环控制，使电动机在启动过程中保持恒流，确保电动机平稳启动。

2）无冲击电流。软启动器在启动电动机时，通过逐渐增大晶闸管的导通角，电压无级上升，使电动机启动电流从零开始线性上升到所设定的值，从而使电动机平滑地加速，同时通过减小转矩波动来减轻对齿轮、联轴器及皮带的损害。

3）软启动器能根据负载的具体情况及电网继电保护特性选择的要求，可自由地无级调整到最理想的启动电流。

一般情况下，在三相笼型异步电动机不需要调速的场合都可以采用软启动方法，软启动器特别适合各种泵类或风机负载需要的场合。

【例 3-6】　有一台笼型异步电动机，额定功率 $P_N = 28\text{kW}$，△联结，额定电压 $U_N = 380\text{V}$，$\cos\varphi_N = 0.88$，$\eta = 0.83$，$n_N = 1455\text{r/min}$，$I_{st}/I_N = 6$，$T_{st}/T_N = 1.1$，$\lambda_m = 2.3$。要求启动电流 I_{st} 小于 150A，负载转矩为 $T_L = 73.5\text{N} \cdot \text{m}$，试求：

（1）额定电流 I_N 及额定转矩 T_N。

（2）能否采用Y-△降压启动？

（3）若采用自耦变压器降压启动，抽头有 55%、64%、75% 三种，应选用哪个抽头？

解　（1）电动机额定电流为

$$I_N = \frac{P_N}{\sqrt{3}\,U_N\eta_N\cos\varphi_N} = \frac{28 \times 10^3}{\sqrt{3} \times 380 \times 0.83 \times 0.88} = 58.25(\text{A})$$

电动机额定转矩为

$$T_N = 9.55\frac{P_N}{n_N} = 9.55 \times \frac{28 \times 10^3}{1455} = 183.78(\text{N} \cdot \text{m})$$

（2）用Y-△降压启动，启动电流为

$$I_{stY} = \frac{1}{3}I_{st\triangle} = \frac{1}{3} \times 6 \times 58.25 = 116.5(A)$$

启动转矩为

$$T_{stY} = \frac{1}{3}T_{st\triangle} = \frac{1}{3} \times 1.1 \times 183.78 = 67.39(N \cdot m)$$

正常启动通常要求启动转矩应不小于负载转矩的 1.1 倍。由上面计算可知启动电流满足要求，但启动转矩小于负载转矩，故不能采用 Y-△ 降压启动。

（3）用自耦变压器降压启动。当抽头为 55% 时的启动电流和启动转矩为

$$I_{stA} = k^2 I_{st} = 0.55^2 \times 6 \times 58.25 = 105.72(A)$$

$$T_{stA} = k^2 T_{st} = 0.55^2 \times 1.1 \times 183.78 = 67.15(N \cdot m)$$

$I_{stA} < I_{st}$，但 $T_{stA} < T_L$，故不能采用 55% 的抽头。

当抽头为 64% 时，其启动电流和启动转矩为

$$I_{stA} = k^2 I_{st} = 0.64^2 \times 6 \times 58.25 = 143.16(A)$$

$$T_{stA} = k^2 T_{st} = 0.64^2 \times 1.1 \times 183.78 = 82.8(N \cdot m)$$

$I_{stA} < I_{st}$，$T_{stA} > T_L$，故可以采用 64% 的抽头。

当抽头为 75% 时，其启动电流为

$$I_{stA} = k^2 I_{st} = 0.75^2 \times 6 \times 58.25 = 196.6(A)$$

$I_{stA} > I_{st}$，故不能采用 75% 的抽头。

二、绕线转子异步电动机的启动

对于绕线型异步电动机，若转子回路串入适当的电阻，既能减小启动电流，又能增大启动转矩。绕线型异步电动机正是利用这一特性，启动时在转子回路串入电阻或串频敏变阻器来改善启动性能。

1. 转子回路串电阻启动

启动时，在转子电路串接启动电阻，以提高启动转矩，同时因转子电阻增大也限制了启动电流；启动结束，切除转子所串电阻。为了改善启动性能，需分几级切除启动电阻。启动接线图和特性曲线如图 3-44 所示。

启动开始时，3 个接触器触点 KM1、KM2、KM3 都断开，电动机转子回路总电阻 $R_3 = r_2 + R_{st1} + R_{st2} + R_{st3}$，电动机转速处于人为机械特性曲线的 a 点。启动瞬间，转速 $n = 0$，转矩 $T_1 > T_L$，于是电动机从 a 点沿曲线 3 开始加速。随着 n 的上升，电磁转矩逐渐减小。当减小到 T_2 时（对应于 b 点），KM3 触点闭合，切除 R_{st3}，切换电阻时的转矩值 T_2 称为切换转矩，T_2 应大于 T_L。切换后，转子每相电阻变为 $R_2 = r_2 + R_{st1} + R_{st2}$，对应的机械特性变为曲线 2。

切除电阻瞬间，转速 n 不突变，电流和转矩突然增大，转矩由 T_2 升到 T_1，电动机的运行点由 b 点跃变到 c 点。由于 $T_1 > T_L$，电动机从 c 点沿曲线 2 加速，同时电磁转矩减小，待转矩减小到 T_2 时（对应于 d 点），KM2 触点闭合，切除 R_{st2}，转子每相电阻变为 $R_1 = r_2 + R_{st1}$，电动机的运行点由 d 点跃变到 e 点，电动机从 e 点沿曲线 1 变化，最后在 f 点，KM3 触点闭合，切除 R_{st1}，转子绕组短接，电动机运行点由 f 点变到 g 点后，沿固有特性加速到负载点 h，此时电磁转矩与负载转矩平衡而稳定运行，启动结束。启动过程中一般取

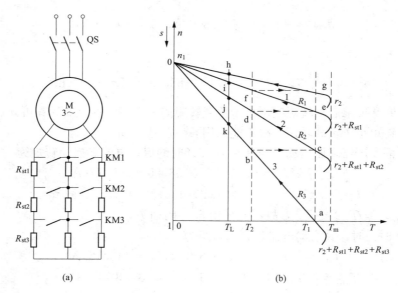

图 3-44　转子回路串电阻启动

(a) 接线图；(b) 机械特性

最大加速转矩 $T_1 \leqslant 0.85 T_{\max}$，最小切换转矩 $T_2 = (1.1 \sim 1.2) T_N$。

2. 转子回路串频敏变阻器启动

绕线转子三相异步电动机转子串电阻分级启动，虽然可以减小启动电流、增大启动转矩，但在启动过程中需要逐级切除启动电阻。如果启动级数较少，在切除启动电阻时就会产生较大的电流和转矩冲击，使启动不平稳。增加启动级数固然可以减小电流和转矩冲击，使启动平稳，但这又会使开关设备和启动电阻段数增加，增加了设备投资和维修工作量，很不经济。如果串入转子回路中的启动电阻在电动机启动过程中能随转速的升高而自动平滑地减小，就可以不用逐级切除电阻而实现无级启动了。频敏变阻器就是具有这种特性的启动设备。

频敏变阻器的结构特点：它是一个三相铁芯线圈，其铁芯用厚钢板叠成。它的铁芯损耗（涡流和磁滞损耗，主要是涡流损耗）相当一个等效电阻 r_m，其线圈又是一个电抗 X_m，电阻和电抗都随频率变化而变化，故称频敏变阻器，绕线转子异步电动机转子串频敏变阻器的启动如图 3-45 所示。

由于频敏变阻器铁芯涡流损耗与转子电流频率的二次方成正比，电动机在启动开始时，转子频率较高（$f_2 = f_1 = 50\text{Hz}$），相当于转子回路串联了一个较大的启动电阻，可限制启动电流，提高启动转矩；启动后，随着异步电动机转速 n 的上升，转差率 s 减小，转子电流的频率（$f_2 = sf_1$）逐渐减小，频敏变阻器的铁损逐渐减小，反映铁芯损耗的等效电阻 r_m 也随之减小，相当于在逐步切除电阻。启动时的机械特性如图 3-45 (c) 中的曲线 2 所示，曲线 1 是电动机的固有机械特性。

转子回路串频敏变阻器启动的优点：它是一种无触点的变阻器，其结构简单、运行可靠、使用维护方便，能实现无级平滑启动，无机械冲击。缺点：体积大、设备重、功率因数低、与转子串电阻启动相比启动转矩小。

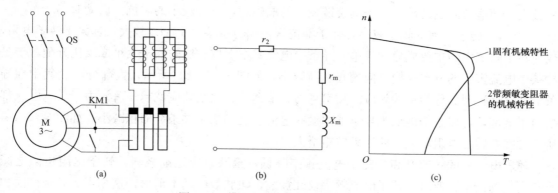

图 3-45 转子回路串频敏变阻器的启动

（a）接线图；（b）频敏变阻器一相等效电路；（c）机械特性

三、改善启动性能的三相笼型异步电动机

为使异步电动机启动性能好，希望电动机转子回路电阻较大，以提高启动转矩，减小启动电流。为使异步电动机运行性能好，希望运行时转子回路电阻较小，以降低转子铜损耗，提高效率。绕线型异步电动机可以方便地增大或减小转子回路电阻，兼顾了启动和运行性能的要求，但其结构比较复杂、维护不便、成本较高。笼型异步电动机结构简单、维护方便、价格便宜，但无法改变转子回路电阻。而深槽型和双笼型异步电动机可克服上述两者的缺点。

深槽型和双笼型异步电动机通过改变转子槽形结构，利用集肤效应原理，来改善异步电动机的启动性能。

1. 深槽型异步电动机

深槽型异步电动机仍属笼型电动机的一种，其结构特点是转子槽特别深而且较窄，其深度与宽度之比为 8~12，槽中放有转子导条。当导条中有电流流过时，槽中漏磁通分布情况如图 3-46（a）所示。可以看出，导条下部所链的漏磁通要比上部多。如果把转子导条看成沿槽高方向由许多根单元导条并联组成。那么槽底部分单元导条交链较多的漏磁通，因此漏

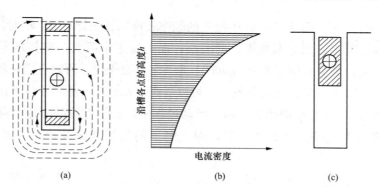

图 3-46 深槽型异步电动机转子电流的分布

（a）转子槽形及漏磁通的分布；（b）导条内电流密度的分布；（c）导条的有效截面

抗较大；而槽口附近的单元导条则交链较少的漏磁通，具有较小的漏抗。启动时，$n=0$，$s=1$，$f_2=f_1$，转子电流的频率较高，转子漏抗 $X_2=2\pi f_2 L_2=2\pi f_1 L_2$ 较大，远大于转子电阻，成为转子阻抗中的主要成分。各单元导条中电流基本上按它们的漏抗大小成反比分配，于是导条中电流密度的分布自槽口向槽底逐渐减小，如图 3-46（b）所示，大部分电流集中在导条上部，这种现象称为集肤效应。频率越高、槽越深、集肤效应就越显著。由于导条电流都挤向了上部，可以近似地认为导条下部没有电流，这相当于导条截面积减小，如图 3-46（c）所示。因此转子电阻增大，使启动转矩增大。

随着电动机的转速升高，转子电流频率降低，集肤效应逐渐减弱，转子电阻也随之减小。当达到额定转速时，转子电流频率仅几赫兹，集肤效应基本消失，这相当于导条截面积增大，转子电阻自动减小到最小值。

2. 双笼型异步电动机

双笼型转子三相异步电动机的转子上有两层笼型绕组，两笼间由狭长的缝隙隔开，其横截面结构如图 3-47（a）所示。上笼条用电阻系数较高的黄铜或铝青铜制成，且截面积较小，因此电阻较大；下笼条则用电阻系数较小的紫青铜制成，截面积较大，因此电阻较小。

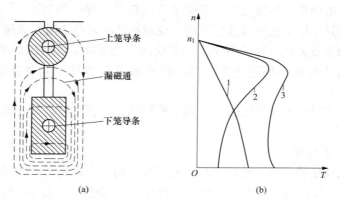

图 3-47　双笼型异步电动机转子结构及机械特性

（a）转子结构；（b）机械特性

启动时 $n=0$，$s=1$，$f_2=f_1$，转子电流的频率较高，转子漏抗 X_2 较大，由于下笼条电阻小，交链的漏磁通多，因此漏抗大，电流小；而上笼条电阻大，交链的漏磁通少，漏抗小，流过的电流大，集肤效应显著。启动时上笼条起主要作用，所以也把它称为启动笼，由于上笼条电阻大，既可以限制启动电流，又可以提高启动转矩，相当于串电阻启动，其机械特性很软，如图 3-47（b）中曲线 1 所示。启动过程中，转子电流频率逐渐降低，漏抗逐渐减小，启动电流从上笼条向下笼条转移，即上笼条的电流逐渐减小，下笼条的电流逐渐增多。

启动结束后，转子频率很低，转子漏抗远小于转子电阻，转子电流大部分从电阻较小的下笼条流过，所以在正常运行时下笼条起主要作用，称为运行笼。又由于下笼条电阻小，其机械特性如图 3-47（b）中曲线 2 所示。这两条机械特性合成所得到的机械特性就是双笼型异步电动机的机械特性，如图 3-47（b）中曲线 3 所示。改变上、下笼的参数就可以得到不同的机械特性曲线，以满足不同的负载要求，这是双笼型异步电动机的一个突出优点。

双笼型异步电动机的启动性能比深槽异步电动机好，但深槽异步电动机结构简单，制造成本低。它们的共同缺点是转子漏电抗较普通笼型电动机大，因此功率因数和过载能力都比普通笼型异步电动机低。

技能训练

三相异步电动机的启动

【实验目的】

掌握三相异步电动机启动的几种方法。

【实验仪器】

三相笼型异步电动机 1 台，三相可调电抗器 1 台，交流电流表 1 块，交流电压表 2 块，电阻箱 1 套，开关板 1 块，测功支架、测功盘及弹簧秤（50N）1 套。

【实验步骤】

1. 三相笼型异步电动机的直接启动

（1）三相笼型异步电动机的直接启动的接线图如图 3-48 所示。电动机绕组为△接法。异步电动机直接与测速发电机同轴连接，不接负载。

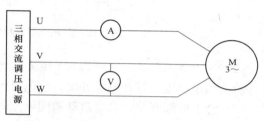

图 3-48 三相笼型异步电动机直接启动的接线图

（2）把交流调压器退到零位，合上电源开关，按下"启动"按钮，接通三相交流电源。

（3）调节调压器，使输出电压达到电动机额定电压，启动电动机（如果电动机旋转方向不符合要求需要调整相序时，必须按下"停止"按钮，切断三相交流电源）。

（4）再按下"停止"按钮，断开三相交流电源，待电动机停止旋转后，按下"启动"按钮，接通三相交流电源，使电动机全压启动，观察电动机全压启动瞬间的电流值（按指针式电流表偏转的最大位置所对应的读数值定性计量）。

（5）断开电源开关，将调压器调至零位，在电动机的轴伸端装上圆盘（直径 10cm）和弹簧秤。

（6）合上开关，调节调压器，使电动机电流为 2～3 倍额定电流，读取电压值 U_k、电流值 I_k、转矩值 T_k（圆盘半径乘以弹簧秤力），并填入表 3-5 中，实验时通电时间不应超过 10s，以免绕组过热。对应于额定电压的启动电流 I_{st} 和启动转矩 T_{st} 按下式计算，即

$$T_k = F \times \frac{D}{2}$$

$$I_{st} = \left(\frac{U_N}{U_k}\right) I_k$$

$$T_{st} = \left(\frac{I_{st}^2}{I_k^2}\right) T_k$$

式中：I_k 为启动实验时的电流值，A；T_k 为启动实验时的转矩值，N·m。

表 3-5   异步电动机直接启动数据表

测 量 值			计 算 值		
U_k (V)	I_k (A)	F (N)	T_k (N·m)	I_{st} (A)	T_{st} (N·m)

2. 星形—三角形（Y-△）启动

（1）三相笼型异步电动机Y-△启动的接线图如图 3-49 所示。线接好后把调压器退到零位。

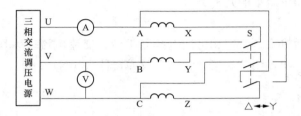

图 3-49　三相笼型异步电动机Y-△启动的接线图

（2）三刀双掷开关合向右边（Y接法）。合上电源开关，逐渐调节调压器使电机电压升至电动机额定电压，打开电源开关，待电机停转。

（3）合上电源开关，观察启动瞬间电流，然后把 S 合向左边，使电动机（△接法）正常运行，整个启动过程结束。观察启动瞬间电流表的显示值与其他启动方法做定性比较。

3. 自耦变压器启动

（1）三相笼型异步电动机自耦变压器启动的接线图如图 3-50 所示。电动机绕组为△接法。

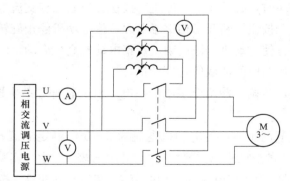

图 3-50　三相笼型异步电动机自耦变压器启动的接线图

（2）三相调压器退到零位，开关 S 合向左边。

（3）合上开关电源，调节调压器使输出电压达电动机额定电压，断开电源开关，待电动机停转。

（4）开关 S 合向右边，合上电源开关，使电动机由自耦变压器降压启动（自耦变压器抽头输出电压分别为电源电压的 40%、60% 和 80%），并经一定时间再把 S 合向左边，使电动机按额定电压正常运行，整个启动过程结束。观察每次启动瞬间电流做定性的比较。

【思考题】

（1）比较异步电动机不同启动方法的优缺点。

（2）由启动实验数据求下述 3 种情况下的启动电流和启动转矩。

1）外施额定电压 U_N，（直接启动法）。

2）外施电压为 $U_N/\sqrt{3}$ ，（Y-△启动）。

3）外施电压 U_N/k_A ，式中 k_A 为启动用自耦变压器的变比（自耦变压器启动）。

（3）启动时的实际情况与理论是否相符，不相符的主要因素是什么？

（1）三相笼型异步电动机能否直接启动主要考虑哪些条件？不能直接启动时应采用什么方法启动？

（2）三相笼型异步电动机的额定电压为 380/220V，电网电压为 380V 时能否采用星—三角降压启动？

（3）深槽式和双笼型电动机为什么能改善启动性能？

（4）三相笼型异步电动机的几种降压启动方法各适用于什么情况？

（5）三相绕线转子异步电动机转子串频敏变阻器启动时，其机械特性有什么特点？为什么？频敏变阻器的铁芯为什么用厚钢板而不用硅钢片？

（6）一台三相六极笼型异步电动机的数据分别为：$U_N=380V$，$n_N=957\text{r/min}$，$f_N=50Hz$，定子绕组Y联结，$r_1=2.08\Omega$，$r_2'=1.53\Omega$，$X_1=3.12\Omega$，$X_2'=4.25\Omega$，试求：

1）额定转差率。

2）最大转矩。

3）过载能力。

4）最大转矩对应的转差率。

（7）一台三相笼型异步电动机的数据分别为：$U_N=380V$，△联结，$I_N=20A$，启动电流倍数 $K_1=7$，启动转矩倍数 $K_T=1.4$，试求：

1）如果用Y-△启动，启动电流为多少？能否半载启动？

2）如用自耦变压器在半载下启动，启动电流为多少？试选择抽头比。

任务五　三相异步电动机的调速

学习目标

（1）理解三相异步电动机的调速原理。

（2）掌握各种电气调速的实现方法。

（3）会根据要求选择电动机的调速方法。

任务分析

机械设备常有多种速度输出的要求，如立轴圆台磨床工作台的旋转需要高低速进行磨削加工，桥式起重机行走机构的速度变化等。随着电力电子技术的发展，变频器的出现提高了交流电动机调速的性能，无论是在生产中，还是在生活中，变频调速的应用越来越广泛。

📖 **相关知识**

根据三相异步电动机的转速公式

$$n = n_1(1-s) = \frac{60f_1}{p}(1-s)$$

可知三相异步电动机的调速方法如下：

（1）改变异步电动机定子绕组的磁极对数 p 调速，称为变极调速。

（2）改变异步电动机供电电源的频率 f_1 调速，称为变频调速。

（3）改变电动机的转差率 s 调速，称为变转差率调速，其方法有降低电源电压、绕线转子异步电动机转子串电阻和串级调速。

一、变极调速

改变定子绕组的极对数，通常用改变定子绕组的接线方式来实现。由于只有定子和转子具有相同的极对数时，电动机才具有恒定的电磁转矩，才能实现机电能量的转换。因此，在改变定子极对数的同时，转子极对数也必须同时改变，因笼型转子极对数能自动地与定子极对数相对应，所以变极调速只适用于笼型电动机。

下面以四极变两极，即 4/2 极双速电机的 U 相绕组为例，来说明变极原理。

在制造时，即将每相绕组分成两部分：U11U21 和 U12U22，每一部分为一相绕组的一半，通常称为半相绕组。每半相绕组用一个绕组元件来表示。两个半相绕组正向串联，电流从 U11 流入，U22 流出。应用右手螺旋定则可以确定，此时绕组电流所产生的磁场为四极，即极对数 $p=2$，如图 3-51（a）所示。

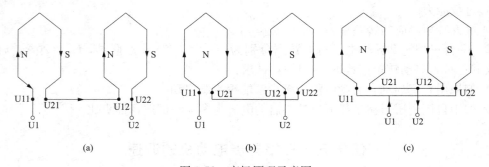

（a）　　　　　　　　　　（b）　　　　　　　　　　（c）

图 3-51　变极原理示意图

（a）正向串联 $2p=2$；（b）反向串联 $2p=2$；（b）反向并联 $2p=2$

把两个半相绕组反向串联，如图 3-51（b）所示；或者反向并联，如图 3-51（c）所示。用右手螺旋定则可以确定，此时绕组电流所产生的磁场为两极，即极对数 $p=1$。图 3-51（b）和图 3-51（c）的半相绕组连接方法虽然不同，但是和图 3-51（a）相比，都是将 U12U22 中的电流方向改变了。由此可见，只要使一相绕组中的一个半相绕组内的电流改变方向，就可以使极对数 p 成倍地改变。

需要说明的是，当改接定子绕组的接线方式时，必须将三相绕组中任意两相的出线端交换一下，再接到三相电源上，否则电动机将反向转动。

三相变极多速异步电动机有双速、三速、四速等多种，定子绕组常用的接线方法有：从星形改成双星形，记作丫/丫丫，如图 3-52 所示；另一种是从三角形改成双星形，记作△/丫丫，如图 3-53 所示。

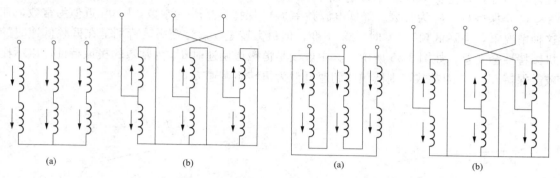

图 3-52　异步电动机丫- 丫丫变极调速接线图
（a）丫连接；（b）丫丫联结

图 3-53　异步电动机△-丫丫变极调速接线图
（a）△连接；（b）丫丫联结

其中丫/丫丫连接的双速电动机，变极调速前后的输出转矩基本不变，故适用于负载转矩基本恒定的恒转矩负载，如桥式起重机、运输带等。△/丫丫连接的双速电动机，变极调速前后电动机的输出功率基本不变，故适用于近恒功率情况下的调速，较多地用于金属切削机床上。

变极调速方法的优点是设备简单、运行可靠；缺点是转速只能成倍增长，为有级调速。

二、变频调速

由 $n_1 = 60 f_1/p$ 可知，当极对数 p 不变时，同步转速 n_1 和电源频率 f_1 成正比。因此连续地改变供电电源的频率，就可以平滑地调节电动机的转速，这样的调速方法叫变频调速。

由前面的分析可知，忽略定子漏阻抗压降，则 $U_1 \approx E_1 = 4.44 f_1 N_1 k_{w1} \Phi_1$，当变频调速的 f_1 下降时，如果 U_1 的大小不变，则主磁通 Φ_1 将增加，使磁路过分饱和，励磁电流增大，铁芯损耗增大，效率降低，功率因数降低，使电动机不能正常工作；而当电源频率 f_1 增大时，Φ_1 将减少，电磁转矩及最大转矩下降，过载能力降低，电动机的容量也得不到充分利用。

电动机的额定频率 f_1 为基准频率，简称基频，在生产实践中，变频调速时电压随频率的调节规律是以基频为分界线的，于是分为基频以下的变频调速和基频以上的变频调速两种情况。

1. 从基频向下变频调速

为使变频时的主磁通 Φ_1 保持不变，应有

$$\frac{U_1}{f_1} \approx \frac{E_1}{f_1} = 4.44 N_1 k_{w1} \Phi_1 = 常数$$

降低电源频率时，必须同时降低电源电压。降低电源电压 U_1 有以下两种方法。

（1）保持 E_1/f_1 为常数。降低电源频率 f_1 时，保持 E_1/f_1 为常数，则 Φ_1 为常数，是恒磁通控制方式，也称恒转矩调速方式。降低电源频率 f_1 调速的人为机械特性如图 3-54 所

示。特点：同步速度 n_1 与频率 f_1 成正比；最大转矩 T_m 不变；转速降落 Δn 为常数，特性斜率不变（与固有机械特性平行）。这种变频调速方法机械特性较硬，在一定静差率的要求下，调速范围宽，而且稳定性好。由于频率可以连续调节，因此变频调速为无级调速，平滑性好，另外，转差功率 sP_{em} 较小，效率较高。

（2）保持 U_1/f_1 为常数。降低电源频率 f_1，保持 U_1/f_1 为常数，则 Φ_1 近似为常数，在这种情况下，当降低频率 f_1 时，Δn 不变，但最大转矩 T_m 会变小，特别是在低频低速时的机械特性会变差，如图 3-55 所示。其中虚线是恒磁通调速时 T_m 为常数的机械特性，以示比较。保持 U_1/f_1 为常数，则低频率调速近似为恒转矩调速方式。

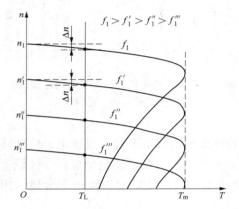

图 3-54　保持 E_1/f_1 为常数时变频调速机械特性

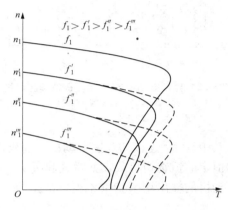

图 3-55　保持 U_1/f_1 为常数时变频调速机械特性

2. 从基频向上变频调速

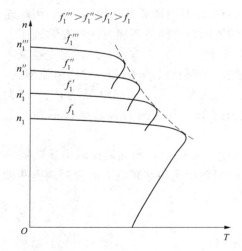

图 3-56　保持 $U_1 = U_N$ 恒定基频以上变频调速时的机械特性

从基频向上变频调速时，升高电源电压（$U_1 > U_N$）是不允许的。因此，升高频率向上调速时，只能保持电压 U_N 不变，调速过程中随着 f_1 的升高，主磁通 Φ_1 减小，导致电磁转矩减小。电磁功率 P_{em} 近似不变，机械特性如图 3-56 所示。由此可见，基频以上的变频调速为近似恒功率调速方式，适宜带恒功率负载。

随着电力电子技术的发展，变频调速广泛应用于高速传动、车辆传动、风机、泵类负载和各种恒转矩传动系统中。变频电源是异步电动机实现变频调速的变频调压装置，经济、可靠的变频电源，是实现异步电动机变频调速的关键，也是目前电力拖动系统的一个重要发展方向。目前，多采用由晶闸管或自关断功率晶体管器件组成的变频器。

变频器的作用是将直流电源（可由交流经整流获得）变成频率可调的交流电（称交-直-交变频器），或是将交流电源直接转换成频率可调的交流电（称交-交变频器），以供给交流负载使用。交-交变频器将工频交流电直接变换成所需频率的交流电能，不经中间环节，也称为直接变频器。

三、改变转差率 S 调速

改变转差率调速的方法很多，定子调压调速、绕线式异步电动机转子串电阻调速、串级调速等。

1. 改变电源电压调速

三相异步电动机降低定子电压时的人为机械特性如图 3-57 所示。若拖动恒转矩负载，图中 A 点为固有机械特性上的运行点，B 点为降压后的运行点，$n_B < n_A$。降压调速方法比较简单，但是一般的笼型三相异步电动机降压调速时的调速范围很窄，没有实用价值。若拖动风机、泵类负载，降压调速有较好的调速效果，如图中的 C、D、E 3 个运行点的转速相差较大。但是，应注意电动机在低速运行时存在的过电流及功率因数低的问题。

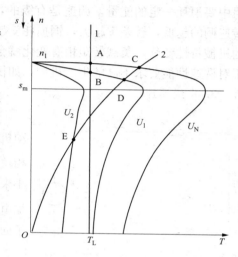

图 3-57 三相异步电动机降压调速的人为机械特性

高转差率笼型三相异步电动机，额定转差率较大，特性软，比较适合于降压调速，其降低定子电压的人为机械特性如图 3-58 所示。当拖动恒转矩负载时，调速范围虽可以扩大，但是如果转速太低（如图中的 C 点），其转差率常不能满足生产机械的要求，而且低压时的过载能力较低，一旦负载转矩或电源电压稍有波动，都会引起电动机转速的较大变化，甚至停转。

2. 绕线转子三相异步电动机转子串电阻调速

绕线转子异步电动机转子串电阻调速时的机械特性如图 3-59 所示。当电动机拖动恒转矩负载，且 $T_L = T_N$ 时，转子回路不串附加电阻时，电动机稳定运行在 A 点。当转子串入

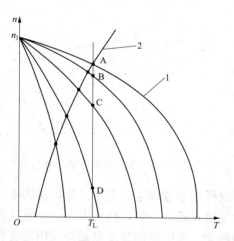

图 3-58 高转差率笼型三相异步电动机降压调速时的人为机械特性

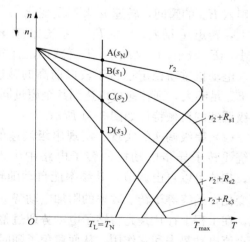

图 3-59 绕线转子异步电动机转子串电阻调速时的机械特性

R_{s1}，转子电流 I_2 减小，电磁转矩 T 减小，电动机减速，转差率 s 增大，转子电动势、转子电流和电磁转矩均增大（最大转矩 T_m 不变），直到 B 点，$T_B = T_L$ 为止，电动机将运行在 B 点，显然 $n_B < n_A$。当串入转子回路电阻为 R_{s2}、R_{s3} 时，电动机最后将分别稳定运行于 C 点与 D 点。所串附加电阻越大，转速越小，机械特性越软。

绕线转子异步电动机转子串电阻调速方法的优点是设备简单，易于实现；缺点是调速电阻中要消耗一定的能量，调速是有级的，不平滑。由于转子回路的铜损耗 $p_{Cu2} = sP_{em}$，故转速调的越低，转差率越大，铜损耗就越大，效率就越低。同时，转子串入电阻后，电动机的机械特性变软，负载转矩稍有变化就会引起很大的转速波动，稳定性不好。这种方法适合于对调速性能要求不高的生产机械，如桥式起重机、通风机、轧钢辅助机械。

3．串级调速

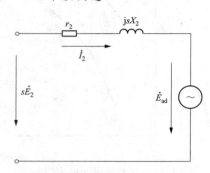

图 3-60　转子回路串附加电动势
E_{ad} 时的一相等效电路

（1）串级调速原理。所谓串级调速，就是在异步电动机转子回路中串入一个与转子电动势 $s\dot{E}_2$ 频率相同、相位相同或相反的附加电动势 $\dot{E}_{ad}$，利用改变 $\dot{E}_{ad}$ 的大小来调节转速的一种调速方法。图 3-60 是转子回路串附加电动势 $\dot{E}_{ad}$ 的单相等值电路。此时 $\dot{I}_2$ 的大小取决于转子回路中电动势的代数和，其表达式为

$$I_2 = \frac{sE_2 \pm E_{ad}}{\sqrt{r_2^2 + (sX_2)^2}}$$

若 E_{ad} 与 E_2 反相，上式中 E_{ad} 前取"—"号，则串入 E_{ad} 的瞬间，转速 n 来不及变化，s 不变，I_2 减小，转矩 T 减小，$T < T_L$，系统减速。n 减小，s 增加，sE_2 增加，I_2 又增大，T 又增大，直至 $T = T_L$ 时，电动机重新稳定运行于较以前低的转速下。串入的电动势 E_{ad} 值越大，电动机稳定运行的转速越低。

若 E_{ad} 与 E_2 同相，上式中 E_{ad} 前取"＋"号，则串入 E_{ad} 的瞬间，转速 n 来不及变化，s 不变，I_2 增大，转矩 T 增大，$T > T_L$，系统加速。n 上升，s 减小，sE_2 减小，I_2 又减小，T 又减小，直至 $T = T_L$ 时，电动机重新稳定运行于较以前高的转速下。如果 E_{ad} 足够大，则转速可以达到甚至超过同步转速。串级调速的机械特性如图 3-61 所示。

（2）串级调速的实现。实现串级调速的关键是在绕线转子异步电动机的转子电路中串入一个大小、相位可以自由调节，其频率能自动随转速变化而变化，始终等于转子频率的附加电动势。

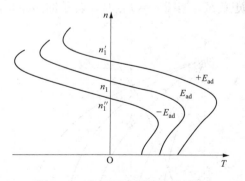

图 3-61　串级调速时的机械特性

要获得这样一个变频电源不是一件容易的事，因此，在工程上往往是先将转子电动势通过整流装置变成直流电动势，然后串入一个可控的附加直流电动势去和它作用，从而避免了随时变频的麻烦。根据附加直流电动势作用而吸收转子转差功率后的回馈方式不同，可将串级调速方法分为电机回馈式串级调速和电气串级调速。下面只简单介绍最常用的晶闸管串级调速。

　　图 3-62 是晶闸管串级调速系统的原理示意图，系统工作时将异步电动机 M 的转子电动势 E_{2s} 经整流后变为直流电压 U_d，再由晶闸管逆变器将 U_β 逆变为工频交流，经变压器变压与电网电压相匹配而使转差功率 sP_{em} 反馈回交流电网。这里的逆变电压可视为加在异步电动机转子回路中的附加电动势 E_{ad}，改变逆变角可以改变 U_β 的值，从而达到调节电动机 M 转速的目的。

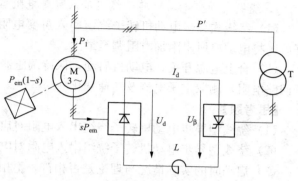

图 3-62　晶闸管串级调速原理示意图

　　串级调速时的机械特性硬，调节范围大，平滑性好，效率高，是绕线转子异步电动机很有发展前途的调速方法。随着可控硅技术的发展，串级调速技术已广泛应用于水泵和风机的节能调速，应用于不可逆轧钢机、压缩机等诸多生产机械。

技能训练

三相绕线异步电动机的启动和调速

【实验目的】

掌握三相绕线式异步电动机串电阻启动和调速的方法。

【实验仪器】

三相绕线型异步电动机 1 台，启动与调速电阻箱 1 套，交流电流表、交流电压表各 1 块，开关板 1 块，测速发电机及转速表 1 套。

【实验步骤】

1. 绕线式异步电动机转子绕组串入可变电阻器启动

（1）绕线式异步电动机转子绕组串电阻启动的接线图如图 3-63 所示。

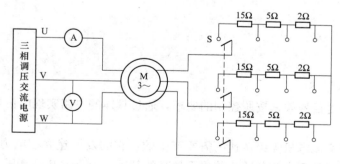

图 3-63　绕线式异步电动机转子绕组串电阻启动的接线图

（2）把交流调压器退到零位。

（3）接通交流电源，调节输出电压（观察电机转向应符合要求），在定子电压为额定电压，转子绕组分别串入不同电阻值时，测取定子电流及转速变化。

2. 绕线式异步电动机转子绕组串入可变电阻器调速

(1) 绕线式异步电动机转子绕组串入可变电阻器调速的接线图如图 3-63 所示。电路接好后，将电动机所串附加电阻调至最大。

(2) 合上电源开关，电动机启动，保持调压器的输出电压为电动机的额定电压，调节转子回路电阻，测取定子电流及转速变化。

【思考题】

(1) 绕线型异步电动机转子绕组串入电阻对启动电流和启动转矩的影响。

(2) 绕线型异步电动机转子绕组串入电阻对电机转速的影响。

(3) 启动时的实际情况与理论是否相符，不相符的主要因素是什么？

思考题与习题

(1) 为什么变极调速适合于笼型异步电动机而不适合于绕线转子异步电动机？

(2) 三相异步电动机改变极对数后，若电源的相序不变，电动机的旋转方向会怎样？

(3) 三相异步电动机变频调速时，其机械特性有何变化？

(4) 三相异步电动机在基频以下和基频以上变频调速时，应按什么规律来控制定子电压？为什么？

(5) 为什么三相异步电动机串级调速时效率较高？

(6) 某笼型异步电动机技术数据分别为：$P_N = 11kW$，$U_N = 380V$，$I_N = 21.8A$，$n_N = 2930r/min$，$\lambda_m = 2.2$，拖动 $T_L = 0.8T_N$ 的恒转矩负载运行。求：

1) 电动机的转速。

2) 若降低电源电压到 $0.8U_N$ 时电动机的转速。

3) 若频率降低到 $0.8f_N = 40Hz$，保持 E_1/f_1 不变时电动机的转速。

(7) 一台三相笼型异步电动机的数据分别为：$P_N = 11kW$，$U_N = 380V$，$f_N = 50Hz$，$n_N = 1460r/min$，$\lambda_m = 2$，如采用变频调速，负载转矩为 $0.8T_N$ 时，要使 $n = 1000r/min$，则 f_1 及 U_1 应为多少？

🔔 拓展知识

变频器简介

1. 变频器基本概述

变频技术是将电信号频率按照控制的要求，通过具体的电路实现电信号频率变换的应用型技术。

变频技术是应交流电机无级调速的需要产生的，它的发展建立在电力电子技术的创新、电力电子器件及材料的开发和制造工艺水平提高的基础之上，尤其是高压大容量绝缘栅双极晶体管、集成门极换流晶闸管的成功开发，使大功率变频技术得以迅速发展，且能日益完善。

变频器是变频技术应用的装置，是运动控制系统中的功率变换器。变频器作为重要的功率变换器件，可为系统提供可控的高性能变压变频交流电源。

(1) 变频技术的发展历程。

随着生产技术的不断发展，直流拖动的薄弱环节逐步显现出来。换向器的存在，使直流电动机的维护工作量加大，单机容量、最高转速及使用环境都受到限制。使用者转向结构简单、运行可靠、便于维护、价格低廉的异步电动机，但异步电动机的调速性能难以满足生产要求。于是，从 20 世纪 30 年代开始，人们就致力于交流调速技术的研究，然而进展缓慢。在相当长的时期内，变速传动领域，直流调速一直以其优良的性能领先于交流调速。60 年代以后特别是 70 年代以来，电力电子技术和控制技术的飞速发展，使得交流调速可以与直流调速相媲美、相竞争。目前，交流调速逐步代替直流调速。

电力电子器件的发展为交流调速奠定了物质基础。20 世纪 50 年代末出现了晶闸管，由晶闸管构成的静止变频电源输出方波或阶梯波的交变电压，取代旋转变压器机组实现了变频调速，然而晶闸管属于半控型器件，可以控制导通，但不能由门极控制关断。因此，由普通晶闸管组成的逆变器用于交流调速必须附加强迫换向电路。70 年代后期，以功率晶体管（GTR）、门极可关断晶闸管（GTO）、功率 MOS 场效应管（Power MOSFET）为代表的全控型器件先后问世，并迅速发展，通过对这些器件门极（基极、栅极）的控制，既能控制导通又能控制关断，又称自关断器件。它不再需要强迫换向电路，使得逆变器结构简单、紧凑。此外，这些器件的开关速度普遍高于晶闸管，可用于开关速度较高的电路。在 80 年代后期，以绝缘栅双极型晶体管（IGBT）为代表的复合型器件异军突起。它把 MOSFET 的驱动功率小、开关速度快的优点和 GTR 通态压降小、载流能力大的优点集于一身，性能十分优越，与 IGBT 相对应，MOS 控制晶体管（MCT）综合了晶闸管的高电压、大电流特性和 MOSFET 的快速开关特性，是极有发展前景的大功率、高频功率开关器件。电力电子器件正在向大功率、高频化、智能化发展。20 世纪 80 年代以后出现的功率集成电路（PIC），集功率开关器件、驱动电路、保护电路、接口电路于一体，目前已用于交流调速的智能功率模块（IPM）采用 IGBT 作为功率开关，含有驱动电路及过载、短路、超温、欠电压保护电路，实现了信号处理、故障诊断、自我保护等多种智能功能，既减少了体积、减轻了质量，又提高了可靠性，使用维护都更加方便，是功率器件的发展方向。

目前，作为交-直-交变频技术的矢量控制变频和直接转矩控制，由于它们输入功率因数低，谐波电流大，直流回路需要大的储能电容，再生能量又不能反馈回电网，人们又研制了矩阵式交-交变频技术。该技术虽尚未成熟，但是，矩阵式交-交变频技术具有功率因数为 1、输入电流为正弦且能四象限运行、系统的功率密度大的特点。

20 世纪 90 年代后半期，变频技术的发展使家用电器具有高速度、高出力、控制性能好、小型轻量、大容量、长寿命、工作安全可靠、静音和省电等优点，广泛应用于家用电器的控制技术领域，使家用电器的品质和性能产生了历史性的变化。变频太阳能发电技术将进入人们的日常生活，家用太阳能发电系统给家电提供新的能源。

现在利用变频技术不但可实现图像清晰度的提高，还可应用在保护视力、提高场频性能等方面。另外，改变清晰度不同等级的图像格式时也用到了变频技术，如变频彩电的出现可以使人们观看到更高质量的图像，同时又保护了观看者的视力。

（2）变频调速的方法和特点。

变频调速是通过改变异步电动机定子绕组供电频率 f_1，从而改变其同步转速的调速方法。当转差率 s 一定时，电动机的转速 n 基本上正比于 f_1。很明显，只要有输出频率可平滑调节的变频电源，就能平滑、无级地调节异步电动机的转速。

变频调速系统的主要设备是提供变频电源的变频器。目前国内使用较多的是交-直-交变频技术。

变频器的特点如下：

1）变频器结构复杂、价格昂贵、容量有限。随着电力电子技术的发展，其发展趋势将会是简单可靠、性能优异、操作方便。

2）变频器具有机械特性较硬、静差率小、转速稳定性好、调速范围广、平滑性高等特点，可实现无级调速。

3）变频调速时，转差率 s 较小，则转差功率损耗较小，效率较高。

4）变频调速时，基频以下调速为横转矩调速方式，基频以上调速近似为恒功率调速方式。

2. 变频技术的常见类型

从工作原理上讲，变频技术就是把工频交流电变成不同频率的交流电，或是把直流电逆变成不同频率的交流电，也可以把交流电变成直流电再逆变成不同频率的交流电等。在这些变化过程中，往往看重的是电源频率的变化，而不重视电源其他参数的变化。

下面介绍变频技术的几种常见类型。

（1）交-直变频技术，即整流技术。这种变频技术是通过二极管整流和续流或晶闸管、功率晶闸管可控整流，实现交-直变换。这种变换技术多用于工频整流。

（2）直-直变频技术，即斩波技术。这种变频技术是通过改变功率半导体器件的通断时间，即改变功率半导体器件驱动电路触发脉冲的频率，或通过改变功率半导体器件驱动电路触发脉冲的宽度，从而实现调节直流平均电压的目的。

（3）直-交变频技术，即逆变技术。这种变频技术是振荡器利用电子放大器件将直流电变成不同频率的交流电，它的关键技术是逆变器，而逆变器就是利用功率开关进行直流变交流，并改变频率的变换装置。

（4）交-直-交变频技术。这种技术采用了多种拓扑结构，由于其存在着中间低压环节，所以具有结构复杂、效率低、可靠性差等缺点。但由于其发展较早，技术也比较成熟，所以目前仍得到广泛应用。随着中压变频技术的发展，特别是新型大功率可关断器件的研制成功，中压变频技术由于没有中间低压环节，因而在结构上有着广阔的发展前景。

（5）交-交变频技术，即移相技术。这种变频技术是通过调整功率半导体器件的导通与关断时间，即改变功率半导体器件驱动电路触发脉冲的延迟角，来达到交流无触点开关、调压、调光、调速等目的。交-交变频是早期变频的主要形式，适用于低转速大容量的电动机负载。由于交-交变频技术的主电路开关器件处于自然关断状态，不存在强迫换流问题，所以第一代电力电子器——晶闸管就能满足要求。

3. 变频技术的典型应用

（1）变频技术在自动生产线上的应用。

变频器的最初用途是速度控制，应用变频调速时，可以大大提高电动机转速的控制精度，使电动机在最节能的转速下运行，因此，在工业生产中广泛应用。

自动生产线大多具有 Profibus 网络和 BICO 控制功能，通过工业控制计算机和 PLC，利用 Profibus 网络控制及变频器外部端子两种控制方法，对变频器进行自动和手动控制。正常时采用第一命令数据组 CDS 进行 Profibus 网络控制（自动控制）；网络有故障时采用第二命令数据组，即变频器外部端子控制（手动控制）。在实际应用中所有变频器都安装了 Profibus 模板、BOP 操作面板。在硬件设置上，开关量输入 1 作为第一命令数据组 CDS 的输入信号；开关量输入 2 作为第二命令数据组的变频器启动、停止信号；开关量输入 3 作为第二数据组的变频器电动电位计升高信号；开关量输入 4 作为第二命令数据的变频器电动电位计降低信号。变频器运行的各种状态及现行值均通过网络传送到 PLC，再经过工业控制计算机显示及控制。

（2）变频技术在民用产品中的应用。

随着人们生活水平的不断提高，像变频空调、微波炉、冰箱、洗衣机、节能灯等家电已走入普通家庭。例如，中央空调在宾馆、饭店、工矿、企业、办公楼等处被广泛应用。中央空调的主要设备是风机、水泵。对风机、水泵类负载可采用变频器进行控制，常用的变频器是变转矩变频器，可省电 30%～60%，同时还可延长空调的使用寿命。在控制过程中，使用温湿度传感器和微机闭环控制，使工作场合的温度更稳定。空调电动机一般为 380V、15～55kW。变频器可采用三相输入、三相输出或单相输入、三相输出交-交变频电路。变频器除了在工业控制领域得到应用外，在普通家庭中，节约电费、提高家电性能和保护环境等方面也受到人们的关注，变频家电成为变频器的另一个广阔市场和应用趋势。家用空调一般是在轻负载情况下运行的。采用变频器的容量控制，在负载下降时，变频器的频率降低，使压缩机压缩能力下降，以此来保持压缩机压缩能力与负载的平衡。在利用变频器的变频控制使压缩机转速下降时，由于热交换器容量相对于压缩机容量的比率增加，因此，压缩机是高效率运行，特别是轻负载时更为显著。

例如，变频洗衣机利用调速控制技术对电动机、动力传动系统以及控制系统进行变频控制。它在开始工作的短时间内，选用低水位洗涤，衣服在底部浮不起来，在底部单位面积的质量较大，洗涤剂浓度比较高，此时采用低速较好；若此时使用较高转速洗，会对衣服造成损坏。变频洗衣机可实现无级调速，使用理想的程序洗涤衣服。

（3）变频技术在高层供水中的应用。

随着城市高层建筑供水问题的日益突出，保持供水压力恒定、提高供水质量、保证供水可靠性和安全性是相当重要的。恒压供水自动控制系统工作时，设备通过安装在供水管网上的高灵敏度压力传感器来检测供水管网在用水量变化时的压力变化，自动调节峰谷用水量，保障供水管网压力恒定，以满足用户用水的需求。同时可以实现在线调整，无水自动停泵，低水压全速运行，变频泵转速、管网压力数码显示，过电流保护及工作电流显示，变频器故障显示，蜂鸣器、电铃报警，供水管网过水压自动停泵并报警，一次水不足自动停泵等。变频器的使用，使泵转速下降，出口压力降低，减少了机械磨损，降低了维修的工作量，延长了设备的使用寿命，提高了功率因数，避免了电动机直接工频使用时大电流对电动机线圈和电网的冲击。另外，电动机和泵共同组合为一体，它既是动力源，又是供水调节机构，降低了工人的劳动强度。

（4）变频技术在电梯中的应用。

变频器在电梯控制系统中的作用可以分为以下几点：

1）通过调节变频器的调制频率，可以使电梯静音运行。

2）S 曲线的设定保证了电梯平滑运行，提高了乘坐舒适感。

3）采用了高性能的矢量控制，轿厢可以快速平稳地运行。

4）变频器的高力矩输出和过载能力保证电梯可靠、无跳闸运行。

5）电梯采用变频器控制，减少了电梯的机械维护量。

（5）变频技术在照明中的应用。

在全球经济发展过程中，能源的紧张不仅制约了经济的增长，也给许多发达国家的发展带来了相当大的问题。变频电源的应用使得照明技术、高频逆变技术的应用领域不断扩大。以节能为目的，变频器广泛应用于各行业。在我国实施的"绿色照明工程"中，变频电子节能灯是主要推广项目。

普通的白炽灯光效为 10lm/W，寿命约为 2000h。白炽灯工作时的灯丝温度很高，使大部分的能量都以红外辐射的形式浪费掉。而节能灯工作时灯丝的温度在 1160K 左右，比白炽灯工作的温度（2200～2700K）低很多，所以它的寿命提高到 5000h 以上。由于节能灯不存在白炽灯那样的电流热效应，所以荧光粉的能量转换效率也很高，达到 60lm/W 以上，仅镇流器一项即可省电 20％，再配上稀土三基色高效节能灯，比普通的白炽灯省电 60％～80％，比普通的节能灯省电 25％～50％。

（6）变频技术在风力发电中的应用。

电力电子技术在风力发电技术中起到了重要作用，尤其是对于恒定速度、可变速度风力涡轮机和电网的接口技术至关重要。由于风速是不断变化的，因此基于风力电力系统的电能质量和可靠性只能依据当时的风速来预测，最佳的控制方案需要功率调节才能制定。

变速风力发电机组根据风速变化使机组保持最佳叶尖速比，从而获得最大风能。另外，由于变速风力发电机组与电网实现了柔性连接，大大减少了机械冲击和对电网的冲击。因此，采用变速风力发电机组已成为利用风力发电机组的主流。

到目前为止，变频器已经在工业制造、钢铁、有色冶金、油田、炼油、石化、化工、纺织印染、医药、造纸、卷烟、高层建筑、建材、家用电器、数控技术及机械行业等领域得到广泛的应用，而且随着智能型、环保型变频器的出现，变频器的应用领域正在不断扩大。其主要发展方向有以下几项：

1）实现高水平的自动控制。

2）开发节能变频器。

3）能够使得控制装置小型化。

4）实现高速度的数字控制。

5）能够利用模拟器与计算机辅助设计进行网络现场控制。

任务六　三相异步电动机的制动

🖊 学习目标

（1）理解三相异步电动机的电气制动原理。

（2）掌握各种电气制动的实现方法。

（3）会根据要求选择电动机的制动方法。

🐾 任务分析

电动机自由停车的时间较长，随惯性大小而不同，而某些生产机械要求迅速、准确地停车，如起重机为使重物停位准确及现场安全要求，需要采用快速、可靠的制动方式。本任务分析的是三相异步电动机的电气制动方法。

📑 **相关知识**

三相异步电动机运行于电动状态的特点是：电动机的电磁转矩 T 与其转速 n 同方向，机械特性位于第一、三象限，电能转换成机械能。电动机运行于制动状态时，电磁转矩 T 与其转速 n 方向相反，机械特性位于第二、四象限，机械能变为电能。异步电动机的电气制动运行状态分为能耗制动、反接制动和回馈制动。

一、能耗制动

实现能耗制动的方法是：将定子绕组从三相交流电源上断开，然后立即加上直流励磁电源，如图 3-64（a）所示。流过定子绕组的直流电流在空间产生一个恒定的磁场，而转子因机械惯性继续旋转，转子导体切割恒定磁场，在转子绕组中产生感应电动势和电流，其方向由右手定则判定，转子电流和恒定磁场作用产生电磁转矩，根据左手定则可以判定电磁转矩的方向与转子转动的方向相反，为制动转矩，如图 3-64（b）所示。在制动转矩作用下，转子转速迅速下降，当 $n=0$ 时，$T=0$，制动过程结束。因为这种方法是将转子动能转化为电能，并消耗在转子回路的电阻上，所以称为能耗制动。

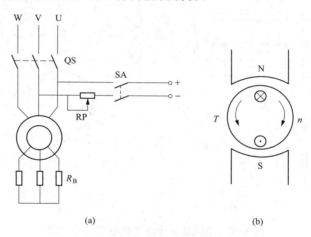

图 3-64　异步电动机的能耗制动
（a）原理接线图；（b）制动原理图

能耗制动的机械特性如图 3-65 所示。由于定子绕组接入直流电，磁场旋转速度为零，所以机械特性由电动状态时的过同步点变成能耗制动时的过原点。

电动机正常工作时，工作在固有机械特性曲线 1 的 A 点，当电动机刚刚制动时，由于惯性，转速来不及变化，但电磁转矩反向，因而能耗制动时的机械特性曲线位于第二象限，曲线 2 为转子未串电阻时的机械特性，而曲线 3 为转子串入适当电阻时的机械特性曲线。由图可见，若转子不串电阻，则制动刚开始时，工作点由 A 移到 B 点，再沿曲线 2 转速下降到零。如果是绕线转子异步电动机，则在转子中串入适当电阻，制动时工作点由 A 移到 B′，再沿曲线 3 转速下降到零，可见此时加大了制动转矩，降低了制动电流，提高了制动效果。

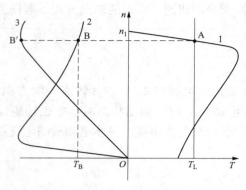

图 3-65　能耗制动机械特性

三相异步电动机的能耗制动，制动较平稳，能准确快速地停车。另外由于定子绕组和电网脱开，电机不从电网吸取交流电能（只吸取少量的直流励磁电能），从能量的角度看，能耗制动比较经济。但从能耗制动的机械特性可见，拖动系统制动至转速较低时，制动转矩也较小，此时制动效果不理想。所以若生产机械要求更快速停车的，则对电动机进行电源反接制动。

二、反接制动

反接制动分为电源反接制动和倒拉反接制动。

1. 电源反接制动

方法：改变电动机定子绕组与电源的连接相序，如图 3-66（a）所示，断开 KM1，接通 KM2 即可。电源的相序改变，旋转磁场立即反转，而使转子绕组中感应电动势、电流和电磁转矩都改变方向，因机械惯性，转子转向未变，电磁转矩 T 与转子的转向 n 相反，如图 3-66（b）所示，电动机进行制动，因此称电源反接制动。

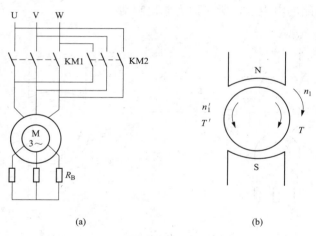

图 3-66　绕线式异步电动机电源反接制动

（a）原理接线图；（b）制动原理图

制动过程分析：如图 3-67 所示，制动前，电动机工作在曲线 1 的 A 点，电源反接制动时，$n'_1 = -n_1 < 0$，$n > 0$，且电磁转矩 T 小于 0，机械特性如曲线 2 所示。因机械惯性，制动开始瞬间转速不变，工作点由 A 点移至 B 点，并逐渐减速，到达 C 点时 n 为 0，此时切断电源并停车，如果是位能性负载需使用抱闸，否则电动机会反向启动旋转。一般为了限制制动电流和增大制动转矩，绕线转子异步电动机可在转子回路串入制动电阻，特性如曲线 3 所示，制动过程同上。

电源反接制动时，n'_1 为 $-n_1$，n 为正，电动机的转差率为

$$s = \frac{-n_1 - n}{-n_1} = \frac{n_1 + n}{n_1} > 1$$

转子应串联的电阻的大小为

$$\frac{r_2}{s} = \frac{r_2 + R_B}{s'}$$

由上式可推得求制动电阻的公式，即

$$R_B = \left(\frac{s'}{s} - 1\right) r_2 \qquad (3\text{-}69)$$

式中：s' 为固有机械特性线性段上对应任意给定的电磁转矩 T 的转差率 $s' = \dfrac{s_N}{T_N} T$；s 为转子串联电阻 R_B 时的人为机械特性线性段上与 s' 对应相同电磁转矩 T 的转差率。

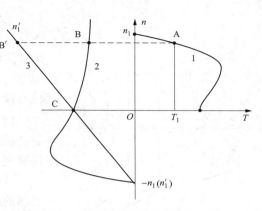

图 3-67　电源反接制动的机械特性

电源反接制动的特点：制动方法简单、制动迅速、效果较好，但制动过程中冲击强烈。

电源反接制动广泛应用于要求迅速停车和需要反转的生产机械上，多用于三相绕线转子异步电动机中。对于三相笼型异步电动机，由于转子回路无法串电阻，反接制动只能用于不频繁制动的场合。

2. 倒拉反接制动

方法：当绕线转子异步电动机拖动位能性负载时，在其转子回路串入很大的电阻。其机械特性如图 3-68 所示。

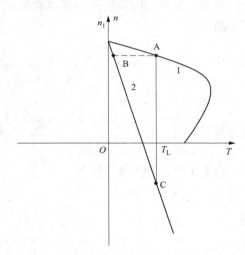

图 3-68　倒拉反接制动的机械特性

制动过程分析：当异步电动机提升重物时，其工作点为曲线 1 上的 A 点。如果在转子回路串入很大的电阻，机械特性变为斜率很大的曲线 2，因转速不能突变，工作点由 A 点移到 B 点，因此时电磁转矩 T 小于负载转矩 T_L，转速 n 下降。当电动机减速至 n 为 0 时，电磁转矩仍小于负载转矩，在位能负载的作用下，使电动机反转，处于制动状态，直至电磁转矩等于负载转矩，电动机才稳定运行于 C 点。因这是由于重物倒拉引起的，所以称为倒拉反接制动（或称倒拉反接运行），其转差率 $s = \dfrac{n_1 - (-n)}{n_1} = \dfrac{n_1 + n}{n_1} > 1$，与电源反接制动一样，$s$ 都大于 1。绕线转子异步电动机倒拉反接制动状态，常用于起重机低速下放重物。

倒拉反接制动的特点：能够低速下放重物，安全性好。

三、回馈制动

若三相异步电动机在电动状态运行时，由于某种原因，使电动机的转速 n 大于同步转速 n_1，此时电动机犹如一个感应发电机，由于旋转磁场方向未变，而 $n > n_1$（转向未变），所以 $s = \dfrac{n_1 - n}{n_1} < 0$，转子切割磁场的方向改变了，转子感应电动势 $E_{2s} = sE_2 < 0$、感应电流

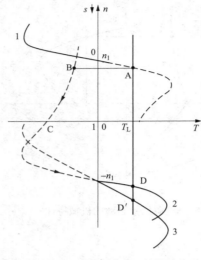

图 3-69　回馈制动机械特性

I_2、电磁转矩 T 的方向都发生了变化，即 T 与 n 方向相反，T 称为制动转矩，这时电磁转矩由原来的驱动作用转为制动作用，电动机转速便慢下来。同时，由于电流方向反向，电磁功率回送至电网，故称回馈制动。机械特性如图 3-69 所示。

设 A 点是电动状态提升重物工作点，D 点是回馈制动状态下放重物工作点。电动机从提升重物工作点 A 过渡到下放重物工作点 D 的过程如下。

首先，将电动机定子绕组两相反接，这时定子旋转磁场的同步转速为 $-n_1$，机械特性如图 3-69 中的曲线 2。反接瞬间，转速不能突变，工作点由 A 点平移到 B，然后电动机经过反接制动过程（工作点沿曲线 2 由点 B 变到点 C）、反向电动加速过程（工作点由 C 点向同步转速点 $-n_1$ 变化），最后在位能性负载作用下反向加速

并超过同步转速，直到 D 点保持稳定运行，即匀速下放重物。如果在转子电路中串联制动电阻，对应的机械特性如图 3-69 中曲线 3 所示，这时的回馈制动工作点为 D′，其转速增加，重物下放的速度增大。为了限制电动机的转速，回馈制动时在转子电路中串联的电阻不能太大。

回馈制动是一种比较经济的制动方法，且制动节能效果好，但使用范围较窄，只有当电动机的转速大于同步转速时才有制动转矩出现。起重机快速下放重物时及变速多极电动机从高速挡调到低速挡时会出现上述情况，这时会发生回馈制动。

技能训练 -

三相异步电动机的能耗制动

【实验目的】

掌握三相异步电动机能耗制动的方法，观察其制动效果。

【实验仪器】

三相笼型异步电动机 1 台、直流电流表 1 块、可变电阻 1 个、开关板 1 块。

【实验步骤】

（1）三相异步电动机能耗制动接线图如图 3-70 所示。

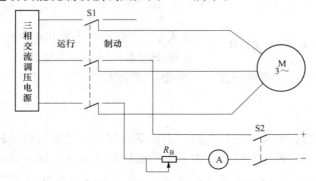

图 3-70　三相异步电动机能耗制动接线图

（2）断开 S1，合上 S2，调节输入直流电压 U 及电阻 R_B，使制动电流（在电流表中读出）为电动机额定线电流的 $50\%\sim60\%$，调节好后保持该电流值不动，断开 S2。

（3）合上 S1，合上电源开关，启动三相异步电动机，电动机处于运行状态。

（4）制动时，断开 S1，合上 S2，直流电流加到电动机的 V、W 两相绕组上，电动机即处于能耗制动状态而制动。

（5）记录：电动机制动电流为_____ A，电动机所需制动时间（从断开 S1，合上 S2，加上直流电流起，到电动机停转所需时间）约为_____ s，电动机自由停车所需的时间约为_____ s。

减小直流制动电流，电动机制动所需时间将_____；增大制动电流，电动机制动所需时间将_____。

思考题与习题

（1）三相异步电动机有哪几种电气制动方法？分别有什么优缺点？分别应用在什么场合？

（2）三相绕线转子异步电动机反接制动时，为什么要在转子电路中串入比启动电阻还要大的电阻？

（3）笼型异步电动机采用反接制动时为什么每小时的制动次数不能太多？

（4）某三相绕线转子异步电动机的数据分别为：$P_N=5kW$，$n_N=960r/min$，$U_N=380V$，$E_{2N}=164V$，$I_{2N}=20.6A$，$\lambda_m=2.3$。拖动 $T_L=0.75T_N$ 恒转矩负载运行，现采用电源反接制动进行停车，要求最大制动转矩为 $1.8T_N$，求转子每相应串接多大的制动电阻。

任务七　三相异步电动机的维护及故障处理

学习目标

（1）掌握三相异步电动机的常规维护和定期维修的内容。

（2）熟悉三相异步电动机绕组故障的种类及分析方法。

（3）熟悉三相异步电动机运行中常见故障的种类及分析、处理方法。

（4）能根据三相异步电动机的故障现象分析故障原因，提出排除故障的方法。

任务分析

由于三相异步电动机在生产中的大量使用，因此电动机能否正常运行对企业的生产有很大的影响。作为电气技术人员，要掌握电动机的日常维护和常见故障的排除的知识。本任务分析了电动机的日常维护、常见故障的可能原因及排除和排除故障后的试验。

相关知识

一、电动机的常规维护

1. 启动前的准备

对新安装或长时间未运行的电动机，在通电使用前必须做认真检查，以确定电动机是否可以通电。

（1）安装检查。电动机应装配灵活、螺钉拧紧、轴承运行无阻、联轴器中心无偏移等。

（2）绝缘电阻检查。用绝缘电阻表（俗称摇表）检查电动机的绝缘电阻，包括三相绕组相间绝缘电阻和三相绕组对地绝缘电阻。

对于 500V 以下的三相异步电动机，可用 500～1000V 绝缘电阻表测量，其绝缘电阻不应小于 0.5MΩ。对于 1000V 以上的电动机，可用 1000～2500V 绝缘电阻表测量，定子每千伏不小于 1MΩ，绕线转子电动机转子电阻的绝缘电阻不应小于 0.5MΩ。

（3）测量各相直流电阻。对于 40kW 以上的电动机，各相绕组的电阻值互差不应超过 2%。如果超过上述值，绕组可能出现问题（绕组断线、匝间短路、接线错误、线头接触不良），应查明原因并排除。

（4）电源检查。一般当电源电压波动超出 +10% 或 -5% 时，应改善电源条件后再投入运行。

（5）启动、保护措施检查。启动设备接线正确（直接启动的中小型异步电动机除外）；电动机所配熔丝的型号适合；外壳接地良好。

（6）清理电动机周围异物，准备好后方可合闸启动。

2. 启动的注意事项

（1）通电后若电动机不转或转速很低或有嗡嗡声，必须迅速拉闸断电，否则会导致电动机烧毁，甚至危及线路及其他设备。断电后，查明电动机不能启动的原因，排除故障后再重新合闸启动。

（2）电动机启动后，留心观察电动机、传动机构、生产机械等的动作状态是否正常，电流表、电压表是否符合要求。若有异常，应立即停机，检查并排除故障后重新启动。

（3）笼型电动机采用全压启动时，次数不宜过于频繁，一般不超过 3～5 次。对功率较大的电动机要随时注意温升。

（4）绕线转子电动机启动前，应注意检查启动电阻是否接入。接通电源后，随着电动机转速的提高而逐渐切除启动电阻。

（5）通过同一电网供电的几台电动机，尽可能避免同时启动，最好按容量不同，从大到小逐一启动。因同时启动的大电流将使电网电压严重下降，不仅不利于电动机的启动，还会影响电网对其他设备的正常供电。

3. 运行监视

对运行中的电动机应经常检查它的外壳有无裂纹、螺钉是否有脱落或松动、电动机有无异响或振动等。监视时，要特别注意电动机有无冒烟或异味出现，若嗅到焦糊味或看到冒烟，必须立即停机检查处理。

对轴承部位，要注意它的温度和响度。温度升高，响声异常则可能是轴承缺油或磨损。

用联轴器传动的电动机，若中心校正不好，会在运行中发出响声，并伴随着发生电动机振动和联轴节螺栓胶垫的迅速磨损。这时应重新校正中心线。用带传动的电动机，应注意传动带不应过松而打滑，但也不能过紧而使电动机轴承过热。

在发生以下严重故障情况时，应立即断电停机处理。

（1）人身触电事故。

（2）电动机冒烟。

（3）电动机剧烈振动。

（4）电动机轴承剧烈发热。

（5）电动机转速急速下降，温度升高迅速。

4. 电动机的定期维修

异步电动机定期维修是消除隐患、减少和防止故障发生的重要措施。电动机维修分月维修和年维修，俗称小修和大修。小修不拆开电动机，大修必须把电动机全部拆开。

（1）定期小修内容。定期小修是对电动机的一般清理和检查，应经常进行。

1）清擦电动机外壳，除掉运行中积累的污垢。

2）测量电动机绝缘电阻。

3）检查电动机端盖、地脚螺钉是否紧固。

4）检查电动机接线是否可靠。

5）检查电动机与负载机械间的传动装置是否良好。

6）拆下轴承盖，检查润滑介质是否变脏、及时加油或换油。

7）检查登记附属启动和保护设备是否完好。

（2）定期大修的内容。异步电动机的定期大修应结合负载机械的大修进行。大修时，拆开电动机进行以下项目的检查修理。

1）检查电动机各部件有无机械损伤，若有则应进行相应修复。

2）对拆开的电动机和启动设备进行清理，清除所有油泥、污垢。清理中注意观察绕组绝缘状况。若绝缘为暗褐色，说明绝缘已经老化，对这种绝缘要特别注意不要碰撞使它脱落。若发现有脱落就进行局部绝缘修复和刷漆。

3）拆下轴承，浸在柴油或汽油中彻底清洗。把轴承架与钢珠间残留的油脂及赃物洗掉后，用干净柴（汽）油清洗一遍。清洗后的轴承应转动灵活，不松动。若轴承表面粗糙，说明油脂不合格；若轴承表面变色（发蓝），则它已经退火。根据检查结果，对油脂或轴承进行更换，并消除故障原因（如清除油中砂、铁屑等杂物；正确安装电动机等）；轴承新安装时，加油应从一侧加入。油脂占轴承内容积 $1/3 \sim 2/3$ 即可。油加的太满会发热流出。润滑油可采用钙基润滑脂或钠基润滑脂。

4）检查定子绕组是否存在故障。使用绝缘电阻表测绕组电阻可判断绕组绝缘性能是否因受潮而下降，是否有短路，若有应进行处理。

5）检查定、转子铁芯有无磨损和变形，若观察到有磨损处或发亮点，说明可能存在定、转子铁芯相擦，应使用锉刀或刮刀把亮点刮低，若有变形应做相应修复。

6）在进行以上各项修理、检查后，对电动机进行装配、安装。

7）安装完毕的电动机，应进行修理后检查，符合要求后，方可带负载运行。

二、三相异步电动机常见故障及排除方法

1. 电动机接通电源后不能启动的可能原因

（1）定子绕组接线错误，造成无旋转磁场。检查内部连接线是否正确，再检查接线盒里的三相绕组的首末端是否正确，按正确的接线图接线。

（2）定子绕组断路、短路或接地，绕线式异步电动机转子绕组断路。找出故障点，加以排除。

（3）负载过大或传动机构被卡住。检查传动机构或负载，确定故障的具体位置，以便排除故障。

（4）电源电压过低，造成启动转矩不足。检查原因并排除。

（5）缺相。电动机有"嗡嗡"声，找出故障点，加以排除。

（6）过负荷保护设备动作。调整过负荷保护设备动作值。

2. 电动机温升过高或冒烟的可能原因

（1）电源电压过高或过低。用万用表检查电动机的电源电压，并予以调整。

（2）负载过重或启动过于频繁。减轻负载，减少启动次数。

（3）电动机缺相运行，定子绕组有一相断路。找出原因，排除故障。

（4）定子绕组有短路或接地故障。查找短路或接地部位，加以修复。

（5）定子、转子相摩擦，运转时扫膛，造成定子局部摩擦生热。检查轴承、转子是否变形，进行修理或更换。

（6）笼型异步电动机转子断条。铸铝转子更换，铜条转子可修理或更换。

（7）绕线转子电动机转子绕组断相运行。找出故障点，加以修复。

（8）通风不良。检查通风道是否通畅，对不可反转的电动机检查其转向。

3. 电动机运行时有异常振动的可能原因

（1）转子动态不平衡，主要是转轴弯曲造成转子偏心。对转子做动平衡试验，矫正转轴。

（2）电动机安装不良。检查安装情况及地脚螺栓。

（3）电动机与联轴器配合有误，造成系统共振。调整电动机转轴中心线与联轴器中心线一致。

（4）轴承磨损严重，造成定、转子之间气隙不均匀。更换轴承。

（5）电动机缺相，绕组短路、断路等引起电磁共振。针对不同的故障予以排除。

4. 电动机运转时有异常声音的可能原因

（1）转子与定子铁芯相摩擦。检查轴承、转子是否变形，进行修理或更换。

（2）电动机缺相运行。检查熔断器、接触器、开关的触点是否熔断或烧坏，再检查定子绕组是否断路，若有故障予以排除。

（3）轴承损坏或润滑不良。更换轴承，清洗轴承。

（4）风扇叶碰机壳等。矫正风叶，旋紧螺钉，把变形的风扇罩整形。

5. 电动机带负载运行时转速过低的可能原因

（1）电源电压过低。检查电源电压。

（2）负载过大。减轻负载或更换容量较大的电动机。

（3）笼型异步电动机转子断条。修补断条处或更换转子。

（4）绕线转子异步电动机转子绕组一相接触不良或断开。检查电刷压力、电刷与滑环接触情况及转子绕组。

（5）运行时一相断路，造成缺相。检测并找出断路相，予以排除。

6. 电动机外壳带电的可能原因

（1）接地不良或接地电阻太大。按规定接好地线，消除接地不良。

（2）电动机受潮或绝缘老化。对电动机进行烘干处理，若绝缘老化则更换绕组。

（3）电动机引出线破损，造成碰壳。找出引出线破损处，进行绝缘处理。

7. 轴承过热的可能原因

（1）轴承损坏。更换轴承。

（2）轴承与轴配合过松或过紧。根据具体情况修复。

（3）润滑油过多、过少或油质不好有异物。调整油量或换油，润滑油的容量不宜超过轴承室容积的 2/3。

（4）传动皮带过紧或联轴器装配不协调。调整皮带张力，校正联轴器传动装置。

（5）电动机两侧端盖或轴承盖未装平。将端盖或轴承盖止口装平，旋紧螺钉。

三、异步电动机修复后的试验

对大修理后的电动机需进行一些必要的试验，以检验电动机的修理质量。其主要试验项目有绕组直流电阻的测量、绝缘性能试验及空载试验等。

1. 试验前的准备。

对修复后的电机试验以前，应先进行一般性检查，其内容为：

（1）外形是否完整无损。

（2）引出线标记是否正确。

（3）各紧固件是否已旋紧。

（4）转子是否灵活转动，有无机械碰擦。

（5）绕线型电动机电刷和集电环的装配质量及两者的接触是否良好。

2. 绕组直流电阻的测量

测量绕组直流电阻的目的是确定三相电阻是否平衡，线径的选择是否正确，各相的匝数是否相等，有无短路、断路现象等。

电机绕组的直流电阻一般用电桥测量。测量 1Ω 以下的电阻时，应选用双臂电桥；测量 $1\sim10\Omega$ 的电阻时，应选用单臂电桥；测量 10Ω 以上的电阻时，可选用万用表。

根据测量的结果判断故障如下：

（1）如果绕组为丫接法，测两相之间的电阻时，若出现某两相间的电阻值为正常值，而其他为无穷大，则是一相断线。

（2）若两相之间的电阻值是正常值的 3 倍，则是把△接法的绕组误接为丫形。

（3）如果绕组为△接法，若两相间的电阻分别为正常值的 1.5、3.0 倍，则第三相绕组断线。

（4）三相电阻的不平衡度应在 $\pm3\%$ 以内。

$$\Delta R(\%)=(R_{\max}\{R_{\min}\}-R_{\mathrm{av}})/R_{\mathrm{av}}\times100\%$$

式中：$\Delta R(\%)$ 为三相电阻不平衡度；$R_{\max}$ 为实测三相中最大电阻值，Ω；$R_{\min}$ 为实测三相中最小电阻值，Ω；R_{av} 为三相电阻平均值，Ω。

3. 绝缘性能的测试

绝缘性能的测试包括绝缘电阻的测量和绝缘耐压试验。

（1）绝缘电阻的测量。通过测量绝缘电阻，可以检查绕组绝缘材料的受潮情况，绕组与机壳之间、三相绕组内部之间是否有短路，保证电动机的安全运行。

分别测量电动机相间及绕组对地的绝缘电阻，新嵌线的绕组耐压试验之前，低压电动机不小于 $5M\Omega$，$3\sim6kV$ 高压电动机不小于 $20M\Omega$。大型电动机测定绝缘电阻时应判断是否受潮，吸收系数 $k=\dfrac{R''_{60}}{R''_{15}}$ 应大于 1.3 倍。

（2）绝缘耐压试验。通过耐压试验确切发现绝缘局部或整体所存在的缺陷（耐压试验又称为绝缘预防性试验）。耐压试验应用专用的耐压试验仪进行。

对于一般低压电机，当全部为新更换的绕组时，所加电压值计算式为

$$U_G = 2U_N + 1000$$

对部分更换绕组的定子或第二次试验时，应取上述计算值的 80%。

三相电机需要改变接线 3 次试验，才能将每相之间和各相对地的耐压试验打完。每次操作时，电压均从 0V 开始，在 10s 左右的时间内将电压升至要求的数值并保持 1min 后，再逐渐下调到 0V。

一般情况下，试验中保持 1min 不发生击穿即为合格。若有必要，可规定高压侧泄漏电流的最大允许值，当超过规定值时则认为绝缘不符合要求。

4. 空载试验

空载试验的目的为：

（1）测量电动机的空载电流及空载损耗。

（2）观察电动机的运行是否平稳、有无异常声音及振动。

（3）检查铁芯及轴承是否过热。

（4）检查绕线型电动机的集电环是否有火花和过热现象。

空载试验的要求是：

（1）空载电流三相不平衡不应超过 10%。

（2）空载电流不应偏离设计值的 $\pm5\%$。

（3）空载电流不应超出额定电流的 $20\%\sim50\%$。

（4）空载试验中，空载电流无明显变化。

空载试验的方法：用 3 块电流表分别测量三相空载电流，也可用一只钳形电流表分别测量三相空载电流，用两功率表测量三相空载损耗。空载时电动机的功率因数较低，应采用低功率因数表进行测量。空载试验时，应仔细观察电动机的启动情况，监视有无异常响声，铁芯是否过热。

技能训练

三相异步电动机定子绕组故障的局部修理

【实训目的】

（1）了解三相异步电动机保养与维修常识。

（2）了解三相异步电动机定子绕组故障的检测方法。

（3）掌握定子绕组故障局部修理的主要方法。

【实训仪器】

三相笼型异步电动机、万用表、绝缘电阻表、常用电工工具、电烙铁、烙铁架（带焊锡、松香）、划线板、垫打板、钳子、电工刀、绝缘套管、适量绝缘纸与电磁线等。

【实训方法和步骤】

（1）根据所学的有关绕组故障的检修方法，按照定子绕组故障的局部修理的内容操作。

（2）根据故障内容首先确定检测方法，列出要实施修复的方法。

（3）记录检测方法和实施过程。

（4）进行总结、分析。

【实训内容】

（1）记录三相异步电动机的铭牌数据。

（2）根据实际测量结果，记录定子绕组的直流电阻：$R_U = $ _____ Ω，$R_V = $ _____ Ω，$R_W = $ _____ Ω。

（3）绕组接地故障的检查与维修：绕组对地绝缘电阻 _____ $M\Omega$，记录检查过程和排除故障方法。

（4）绕组短路故障的检查与维修：

1）匝间短路。记录检查方法。故障点和修理过程。

2）相间短路。记录检查方法。故障点和修理过程。

（5）绕组短路故障的检查与维修：

1）电阻法检查。

（a）星形接法（中性点在机外）：$R_U = $ _____ Ω，$R_V = $ _____ Ω，$R_W = $ _____ Ω，故障点 _____ 。

（b）星形接法（中性点未引出）：$R_{UV} = $ _____ Ω，$R_{UW} = $ _____ Ω，$R_{VW} = $ _____ Ω，故障点 _____ 。

（c）三角形接法：$R_{UV} = $ _____ Ω，$R_{UW} = $ _____ Ω，$R_{VW} = $ _____ Ω，故障点 _____ 。

2）三相电流平衡法。

电源电压 _____ V。

（a）星形接法：$I_U = $ _____ A，$I_V = $ _____ A，$I_W = $ _____ A，故障点 _____ 。

（b）三角形接法（拆开节点）：$I_U = $ _____ A，$I_V = $ _____ A，$I_W = $ _____ A，故障点 _____ 。

（6）绕组接错的检查与维修：

1）灯泡法。记录检查过程和检查结果，提出维修方案。

2）万用表法。记录检查过程和检查结果，提出维修方案。

【实训注意事项】

（1）在检修中要正确选择测试仪表和测试工具。

（2）若遇到所测电动机存在对地短路，则表针摆到"0"，应迅速停止摇动手柄，以免烧坏仪表。

（3）检修中要严格遵守操作规程，严格按照设备、仪器操作规程进行操作，严禁进行不熟悉的操作。

（4）实训结束后，检修场地需打扫干净。

思考题与习题

（1）三相异步电动机的常规检查项目有哪些？

（2）三相异步电动机的定期检修项目有哪些？

（3）三相异步电动机的绕组故障有哪些？

（4）三相异步电动机运行中有哪些故障？

模块四 其 他 电 机

在电力拖动系统中除了使用一般的交直流电动机外，还有一些特殊场合使用或特殊用途的电机。如在家用电器中使用的单相异步电动机，适合于只有单相交流电的场合。另外，随着科学技术的发展，用作检测、放大、执行和计算等的各种小功率电机在自动控制系统中的应用越来越广泛，这种电机叫作控制电机。本模块主要介绍了单相异步电动机、同步电动机、伺服电动机、步进电动机和测速发电机，以满足生产机械和工艺的要求。

任务一 单相异步电动机的应用

学习目标

（1）了解单相异步电动机的特点和用途。

（2）理解单相异步电动机的工作原理和机械特性。

（3）熟悉单相异步电动机的类型、启动方法和调速方法。

任务分析

单相异步电动机广泛应用于洗衣机、电冰箱、电风扇、空调等家用电器中，同时在医疗器械及轻工业设备等方面也有较多应用，因此保障单相异步电动机运行良好也是工程技术人员的任务。

相关知识

单相异步电动机是指用单相交流电源供电的异步电动机，具有结构简单、成本低廉、使用方便、运行可靠等优点。

一、单相异步电动机的基本结构

单相异步电动机的结构示意图如图 4-1 所示。从结构上看，单相异步电动机与三相异步电动机的区别在于，单相异步电动机定子绕组是单相的，转子绕组做成笼型。另外为了起动的需要，在定子绕组上还设有起动绕组，其作用是产生起动转矩，一般只在起动时接入，当转速达到额定值的 70%～85% 时，由离心开关将其从电源上自动切除，所以正常工作时只有单相工作绕组在电源上运行。也有一些电容电动机或电阻电动机，在运行时起动绕组仍然工作，这时单相电动机相当于一台两相电动机，但由于接在单相电源上，故仍称为单相异步电动机。

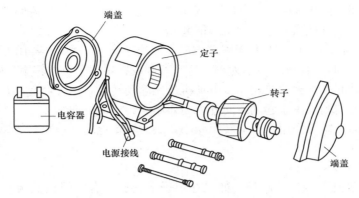

图 4-1　单相异步电动机结构示意图

二、单相异步电动机的工作原理

1. 单相绕组的定子磁场

单相定子绕组通电的异步电动机就是指单相异步电动机定子上的主绕组（工作绕组）是一个单相绕组。当主绕组外加单相交流电后，在定子气隙中就产生一个脉振磁场（脉动磁场），该磁场振幅位置在空间固定不变，大小随时间做正弦规律变化，如图 4-2 所示。

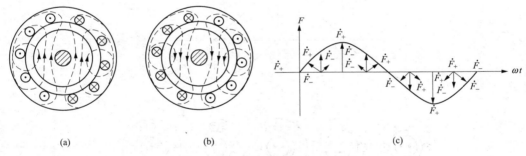

图 4-2　单相绕组通电时的脉振磁场
（a）正半周；（b）负半周；（c）脉振磁动势变化曲线

单相绕组通入单相交流电流产生脉振磁动势，这个磁动势可以分解成两个幅值相同、转速大小相等、方向相反的旋转磁动势 $\dot{F}_+$ 和 $\dot{F}_-$，从而在气隙中建立正转和反转磁场，它们分别在转子绕组上产生两个大小相等、方向相反的感应电动势和电流，这两个电流与定子磁场相互作用，产生两个大小相等、方向相反的电磁转矩。其转矩特性如图 4-3 所示。图中曲线 1 表示 $T_+ = f(s)$ 的关系，曲线 2 表示 $T_- = f(s)$ 的关系，曲线 3 是 $T_+ = f(s)$ 和 $T_- = f(s)$ 两条特性曲线叠加而成。从图 4-3 中，可以看出单相异步电动机的几个主要特点：

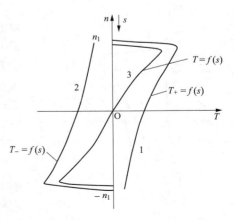

图 4-3　单相绕组通电时的转矩特性

（1）起动瞬间，由于 $n=0$，$s=1$，合成转矩 $T=T_+ +T_- =0$，说明单相异步电动机无起动转矩，若不采取其他措施，电动机不能起动。

（2）当 $s\neq 1$ 时，$T\neq 0$，且 T 无固定方向（取决于 s 的正负）。若用外力使电动机转起来，s_+ 或 s_- 不为 1 时，合成转矩不为零，这时若合成转矩大于负载转矩，则即使去掉外力，电动机也可以旋转起来。因此单相异步电动机虽无起动转矩，但一经起动，便可达到某一稳定转速，而旋转方向则取决于起动瞬间外力矩作用于转子的方向。

（3）由于反向转矩的作用，合成转矩减小，最大转矩也随之减小，故单相异步电动机的过载能力较低。

2. 两相绕组的旋转磁场

单相异步电动机不能自行起动，如果在定子上安放具有空间相位相差 90° 的两套绕组，然后通入相位相差 90° 的正弦交流电，那么就能产生一个像三相异步电动机那样的旋转磁场，实现自行起动。

单相分相式异步电动机结构特点是定子上有两套绕组，一相称主绕组（工作绕组），另一相为副绕组（辅助绕组），它们的参数基本相同，在空间相位相差 90° 的电角度，如果通入两相对称相位相差 90° 的电流，即 $i_u = I_m \sin\omega t$，$i_v = I_m \sin(\omega t - 90°)$，就能实现单相异步电动机的起动，如图 4-4 所示。图中反映了两相对称电流波形和合成磁场的形成过程。由图可

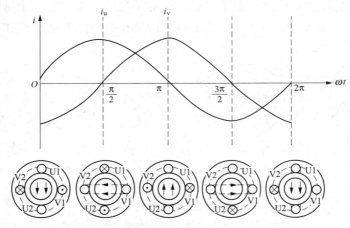

图 4-4　两相绕组通电时的旋转磁场

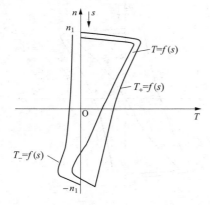

图 4-5　圆磁动势时的机械特性

以看出，当 ωt 经过 360° 后，合成磁场在空间也转过了 360°，即合成旋转磁场旋转一周。其磁场旋转速度 $n_1 = 60f_1$，此速度与三相异步电动机旋转磁场速度相同，其机械特性如图 4-5 所示。从图中可以看出，当 $n=0$ 时，$T\neq 0$，说明该电动机有起动转矩。

三、单相异步电动机的起动

为了使单相异步电动机能够产生起动转矩，关键是起动时如何在电动机内部产生一个旋转磁场。根据产生旋转磁场的方式，单相异步电动机可分为分相起动电动机和罩极电动机两大类。

1. 分相起动电动机

（1）电容起动电动机。为了使单相异步电动机能自行起动，电容分相单相异步电动机在定子铁芯上安装两个绕组，一个是工作绕组（或称主绕组），如图 4-6（a）中绕组 1，一个是起动绕组（或称辅助绕组），如图 4-6（a）中绕组 2，这两个绕组在空间位置上相差 90°。在起动绕组串接起动电容 C，作电流分相用，并通过离心开关 S 与工作绕组并联接在同一单相交流电源上。因工作绕组呈感性，$\dot{I}_1$ 滞后于 $\dot{U}$。若适当选择电容 C，使流过起动绕组的电流 $\dot{I}_{st}$ 超前 $\dot{I}_1$ 90°，如图 4-6（b）所示。这相当于在空间相差 90° 的两相绕组中通入在时间上互差 90° 的两相电流，因此将在气隙中产生旋转磁场，并在该磁场的作用下产生电磁转矩使电动机转动。

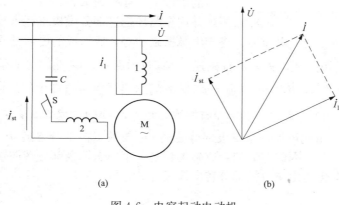

图 4-6　电容起动电动机

(a) 电路图；(b) 相量图

这种电动机的起动绕组是按短时工作设计的，当电动机转速达到额定值的 70%～85% 时，起动绕组和电容 C 就在离心开关 S 的作用下自动退出工作，这时电动机就在工作绕组单独作用下运行。

（2）电容运转电动机。如前所述，在起动绕组中串入电容后，不仅能产生较大的起动转矩，而且运行时还能改善电动机的功率因数和提高过载能力。为了改善单相异步电动机的运行性能，电动机起动后，可不切除串有电容器的起动绕组，这种电动机称为电容运转电动机，如图 4-7 所示。

电容运转电动机实质上是一台两相异步电动机，因此起动绕组应按长期工作方式设计。

（3）电容起动运转电动机。电容运转电动机虽然能改善单相异步电动机的运行性能，但电动机工作时比起动时所需的电容量小。为了进一步提高电动机的功率因数、效率、过载能力，常采用如图

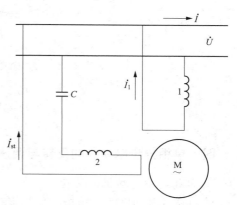

图 4-7　电容运转电动机

4-8 所示的电容起动运转电动机接线方式，在电动机起动结束后，必须利用离心开关把起动电容切除，而工作电容仍串联在起动绕组中。

（4）电阻起动电动机。如果将电容起动单相异步电动机中的电容换成电阻，就构成了电

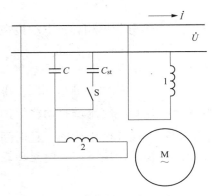

图 4-8　电容起动运转电动机

阻起动单相异步电动机。但此时由于 $\dot{I}_1$ 与 $\dot{I}_{st}$ 之间的相位差较小，因此其起动转矩较小，只适用于空载或轻载起动。

2. 罩极电动机

单相罩极电动机的转子仍为笼型，按照磁极形式的不同分为凸极式和隐极式两种，其中凸极式应用较多。如图 4-9（a）所示为一种常见的凸极式单相罩极电动机的结构示意图。

由图可见定子上置有凸出的磁极，工作绕组就绕在凸出的磁极上，在极靴表面的 $1/4\sim1/3$ 处开有一个小槽，并用短路环把这部分磁极罩起来故称罩极电动机。

当绕组中通过单相交流电流后，将产生脉振磁动势，所形成的磁通分成两部分。其中一部分磁通 $\dot{\Phi}_1$ 不穿过短路环，另一部分磁通 $\dot{\Phi}_2$ 穿过短路环。$\dot{\Phi}_1$ 和 $\dot{\Phi}_2$ 都是由工作绕组中的电流产生的，相位相同且 $\dot{\Phi}_1 > \dot{\Phi}_2$。由于 $\dot{\Phi}_2$ 脉振的结果，在短路环中感应电动势 $\dot{E}_2$ 和感应电流 $\dot{I}_2$，并产生磁通 $\dot{\Phi}_2'$。$\dot{\Phi}_2$ 与 $\dot{\Phi}_2'$ 叠加后形成通过短路环的合成磁通 $\dot{\Phi}_3$，即 $\dot{\Phi}_3 = \dot{\Phi}_2 + \dot{\Phi}_2'$，如图 4-9（b）所示。由此可见，未罩极部分磁通 $\dot{\Phi}_1$ 与被罩极部分磁通 $\dot{\Phi}_3$ 不仅在空间，而且在时间上均有相位差，因此它们的合成磁场将是一个由未罩极部分转向罩极部分，所产生的电磁转矩，其方向也为由未罩极部分转向罩极部分。

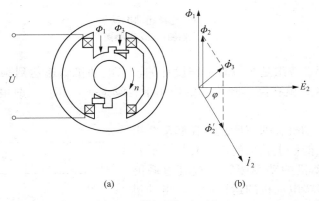

(a)　　　　　　　(b)

图 4-9　单相罩极电动机

（a）结构示意图；（b）相量图

四、单相异步电动机的反转与调速

1. 单相异步电动机的反转

单相异步电动机的反转指改变其旋转磁场的方向。因为异步电动机的转向是从电流相位超前的绕组向电流相位落后的绕组旋转的，如果把其中一个绕组反接，等于把这个绕组的电流相应改变了 $180°$，假若原来这个绕组是超前 $90°$，则改接后就变成了滞后 $90°$，旋转磁场的方向随之改变。

对于分相异步电动机，把工作绕组和起动绕组中任意一个绕组的首端和末端对调，单相电动机即反转。对于罩极单相异步电动机不能通过改变绕组接线来改变转向，只能将转子反向安装，达到使负载反转的目的。

部分电容运行单相电动机是通过改变电容器的接法来改变电动机转向的，如洗衣机需正常正、反转，如图 4-10 所示。当开关 S 掷于 1 或 2 的位置时，电容运转电动机的工作绕组和起动绕组互换使用，电容器从一个绕组改接到另一个绕组中，工作绕组和起动绕组中电流的时间相位差在超前滞后关系上发生改变。当把起动绕组当成工作绕组使用时，原起动绕组中的电流由原来的超前 90°近似变成滞后 90°，其旋转磁场的方向改变，故可改变电动机的转向。

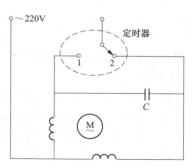

图 4-10 洗衣机电动机的
正、反向控制

另外，对于罩极电动机其外部接线无法改变，因为它的转向是由内部结构决定的，所以它一般用于不需要改变转向的场合。

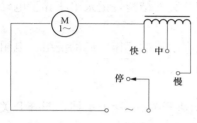

图 4-11 单相异步电动机
串电抗器调速电路

2. 单相异步电动机的调速

单相异步电动机和三相异步电动机一样，平滑调速都比较困难，一般只进行有级调速，常用的调速方法有以下几种：

（1）串电抗器调速。将电抗器与电动机定子绕组串联，通电时，利用在电抗器上产生的电压降使加到电动机定子绕组上的电压低于电源电压，从而达到降低电动机转速的目的。因此用串联电抗器调速时，电动机的转速只能由额定转速往低调。图 4-11 为单相异步电动机串电抗器调速电路图。这种调速方法线路简单，操作方便。缺点是电压降低后，电动机的输出转矩和功率明显降低，因此只适用于转矩及功率都允许随转速降低而降低的场合，目前主要用于吊扇及台扇上。

（2）电动机绕组内部抽头调速。电动机定子铁芯槽中嵌放有工作绕组 U1U2、启动绕组 Z1Z2 和中间绕组 D1D2，通过调速开关改变中间绕组与起动绕组及工作绕组的接线方法，从而达到改变电动机内部气隙磁场的大小，使电动机输出转矩也随之改变，在一定的负载转矩下，电动机的转速发生变化。线路常用有 L 形和 T 形两种接法，如图 4-12 所示。

与串电抗器调速比较，用绕组内部抽头调速不需电抗器，故材料省，耗电少，现在这种线路用的较多。缺点是绕组嵌线和接线比较复杂，电动机与调速开关的接线较多，且是有级调速。

（3）晶闸管调速。利用改变晶闸管导通角，来实现调节加在单相电动机上的交流电压的大小，从而达到调节电动机转速的目的。这种调速方法可以实现无级调速，缺点是有一些电磁干扰。

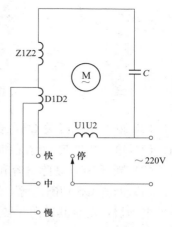

图 4-12 单相异步电动机绕组
抽头调速接线图

（4）变频调速。变频调速适合各种类型的负载，随着交流变频调速技术的发展，单相变频调速已在家用电器上应用，如变频空调等，它是交流调速发展的方向。

技能训练

单相异步电动机的运行控制

【实训目的】

（1）掌握单相异步电动机的启动原理和方法。

（2）掌握单相异步电动机的调速原理和方法。

（3）理解单相异步电动机的反转。

【实训仪器】

单相电容式异步电动机、风扇电动机各 1 台，电容器（1～1.5uF，400V）、调速电抗器、调速开关、刀开关各 1 个，万用表 1 只，实验板、电工工具各 1 套，导线若干。

【实训内容】

1．单相异步电动机的测量

（1）观察单相异步电动机、电容器、调速电抗器、调速开关的结构，记录单相异步电动机、电容器的参数。

（2）用万用表测量单相异步电动机的绕组电阻，以确定电动机的工作、启动绕组，电阻值大的为启动绕组，电阻值小的为工作绕组，并记录测量值。

2．吊扇的电抗器启动、调速电路

（1）电抗器调速吊扇电路的接线图如图 4-13 所示。将调速开关 S1 置于 1 挡，断开开关 S2，然后合上电源开关 QS，观察电动机能否启动并记录。

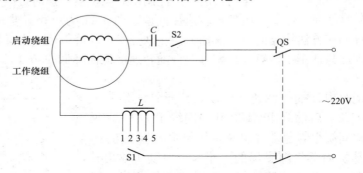

图 4-13　电抗器调速吊扇电路的接线图

（2）断开电源开关 QS，合上开关 S2，然后再合上 QS，启动电动机，观察其转速和转向，记录电动机的启动情况和转向。

（3）断开 S2，切除电容和启动绕组，观察电动机的转向和转速情况并记录。

（4）断开 QS 切断电源，将工作绕组或启动绕组的首末端对调，再合上 S2、QS，重新启动电动机，观察其转向和转速情况并记录。

（5）调节开关 S1 至各挡位，观察电动机的转速变化情况并记录。

3．单相异步电动机的正反转控制电路

（1）单相异步电动机正反转控制电路接线图如图 4-14 所示，当 S 与上面触点 2 接通时，

电容 C 串入工作绕组支路，电动机正转，观察电动机转向。

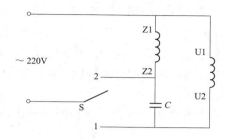

图 4-14　单相异步电动机正反转控制电路接线图

（2）当 S 与下面的触点 1 接通时，C 串入启动绕组支路，电动机反转，观察电动机的转向。

（1）单相异步电动机与三相异步电动机相比有哪些主要的不同之处？
（2）单相异步电动机根据起动方法的不同分为哪几种类型？各有哪些优、缺点？
（3）简述单相异步电动机的主要结构。
（4）如何改变单相电容电动机的转向？
（5）一台单相电容运转式风扇，通电时有振动，但不转动，若用手正拨动或反拨动风扇叶，则都会转动且转速较高，这是什么故障？

任务二　同步电动机的应用

学习目标

（1）熟悉同步电动机的结构。
（2）理解同步电动机的工作原理、电动势平衡方程式和运行特性。
（3）掌握同步电动机的起动与调速方法。

任务分析

前面介绍的三相交流异步电机，因为转子旋转速度与旋转磁场速度之间存在差异才能正常运行，那么，在生产中应用的同步电机，转子与旋转磁场之间保持同步，它是怎么工作的？其结构有什么特点？用什么方法进行启动和调速？针对这些问题，本任务分析了同步电机的结构、工作原理、运行特性，以及启动和调速等。

相关知识

一、同步电动机的基本结构及工作原理

1. 同步电动机的特点及基本结构
同步电机和异步电机同属交流旋转电机，因其转子的转速始终与定子旋转磁场的转速相

同而得名。同步发电机是现代发电厂的主要设备，在现代电力工业中，无论是火力发电、水力发电，还是原子能发电，几乎全部采用同步发电机。同步电动机主要用于拖动功率较大、转速不要求调节的生产机械，如大型的水泵、空气压缩机、矿井通风机等。同步电机还可用作同步调相机，它实际上就是一台空载运行的同步电动机，专门向电网输送感性无功功率，用来改善电网的功率因数，以提高电网的运行经济性及电压的稳定性。此外，微型同步电动机在一些自动装置中也被广泛应用。

同步电动机的转速 n 与定子电源频率 f 之间保持严格的比例关系，即

$$n = n_1 = \frac{60f}{p} \tag{4-1}$$

式（4-1）表明，当定子电源频率 f 不变时，同步电动机的转速为常数，与负载大小无关（在不超过其最大拖动能力时）。

同步电动机由定子和转子两大部分构成。同步电动机的定子（又称电枢）和异步电动机的定子结构基本相同。它包括导磁的铁芯和导电的三相对称分布绕组，以及固定铁芯的机座。同步电动机的转子则和异步电动机的转子有所不同，在它的转子铁芯上有通以直流电流的励磁绕组。转子铁芯有两种结构形式：一种有明显的磁极，称为凸极同步电动机，如图4-15（a）所示；另一种无明显的磁极，转子为圆柱体，称为隐极式同步电动机，如图4-15（b）所示。凸极式同步电动机的气隙是不均匀的，转子铁芯"短而粗"，适用于转速低于1000r/min（即 $2p \geq 6$）的电动机。隐极式同步电动机的气隙是均匀的，转子铁芯"长而细"，适用于转速高于1500r/min 的同步电动机。

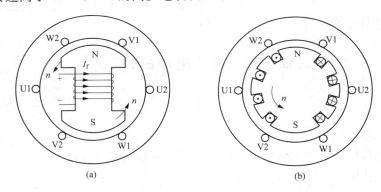

图 4-15　旋转磁极式同步电动机结构示意图
(a) 凸极式；(b) 隐极式

同步电动机转子的直流励磁电流可由一台同轴的发电机供给，也可用可控整流电源供给。不论用何种方法供给直流励磁电流，其直流电流皆用集电环引入转子绕组。

小容量同步电动机也有做成旋转电枢式的，即定子是磁极，而转子是电枢，这种形式目前已很少见。

2. 同步电动机的工作原理

同步电动机在工作中是可逆的，既可作为发电机，又可作为电动机，只是运行条件不同而已。使用时，同步电动机的定子绕组中要通入三相交流电流，而转子励磁绕组中通入直流电流励磁。

图 4-16 所示为同步电动机的工作原理。当定子三相绕组通入三相交流电流时，在定子气隙中将产生旋转磁场。该磁场以同步转速 $n_1 = 60f/p$ 旋转，其转向取决于定子电流的相序。转子励磁绕组通入直流电流后，产生一个大小和极性都不变的恒定磁场，而且转子磁场的极数与定子旋转磁场相同。根据异性磁极相互吸引的原理，转子磁极在定子旋转磁场的电磁吸引力作用下，产生电磁转矩，使转子随着旋转的磁场一起转动，将定子侧输入的交流电能转换为转子轴上输出的机械能。由于转子与旋转磁场的转速和转向相同，故称为同步电动机。

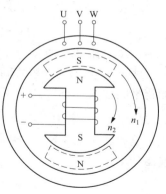

图 4-16　同步电动机的
工作原理

同步电动机实际运行时，由于空载总存在阻力，因此转子的磁极轴线总要滞后旋转磁场轴线一个很小的角度 θ，促使产生一个异性吸力（电磁场转矩）；负载时，θ 角增大，电磁场转矩随之增大，电动机仍保持同步状态。

当然，负载若超过同步异性吸力（电磁转矩）时，转子就无法正常运转。

二、同步电动机的电动势平衡方程式和相量图

同步电动机在三相对称电源下运转时，其每相情况相同，所以只需分析其中一相即可。下面以隐极式同步电动机为例分析其电动势平衡方程式和相量图。

同步电动机稳定运行时，气隙中存在着两个旋转磁场：一个为励磁磁场，另一个为电枢磁场（即定子磁场）。由于两个磁场作用在同一磁路上，因此负载时电枢磁场对励磁磁场有一定的影响，称这种影响为电枢反应。当不考虑磁路饱和的影响时，由两个磁场共同作用（即气隙合成磁场）产生的每相绕组的合成电动势可看成是各个磁场产生的电动势之和，即

励磁磁动势 $F_f \rightarrow \Phi_f \rightarrow \dot{E}_0$ 空载电动势（对电动机而言，$\dot{E}_0$ 为反电动势）

电枢磁动势 F_a $\Big\langle$ $\begin{array}{l} \rightarrow \Phi \rightarrow E_a \quad \text{电枢反应电动势} \\ \rightarrow \Phi_\sigma \rightarrow E_\sigma \quad \text{漏磁电动势} \end{array}$

由于不考虑磁路饱和，故电流 $I \propto F_a \propto \Phi_a \propto E_a$，而 $\dot{E}_a$ 滞后 $\dot{\Phi}_a$ 的度数为 $90°$，即 $\dot{E}_a$ 滞后 $\dot{I}$ 为 $90°$，当用电抗压降形式表示时为

$$\dot{E}_a = -\mathrm{j}\dot{I}X_a \tag{4-2}$$

式中：X_a 为电枢反应电抗。

另外由漏磁通产生的漏磁电动势

$$\dot{E}_\sigma = -\mathrm{j}\dot{I}X_\sigma \tag{4-3}$$

式中：X_σ 为定子绕组漏电抗。

由此可画出隐极式同步电动机的等效电路如图 4-17 所示，按照惯例规定图中的各有关量的正方向，根据基尔霍夫第二定律，同步电动机一相定子回路的电动势平衡方程式为

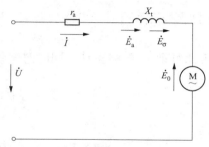

图 4-17　隐极式同步电动机的等效电路

$$\dot{U} = \dot{E}_0 - \dot{E}_a - \dot{E}_\sigma + Ir_a \tag{4-4}$$

将式（4-2）和式（4-3）代入式（4-4）即有

$$\dot{U}=\dot{E}_0+\dot{I}r_a+j\dot{I}(X_a+X_\sigma)=\dot{E}_0+\dot{I}r_a+j\dot{I}X_t \tag{4-5}$$

式中：X_t 为同步电抗

$$X_t=X_a+X_\sigma$$

式（4-5）即为隐极式同步电动机的电动势平衡方程式，由此可画出隐极式同步电动机的相量图如图 4-18（a）所示，如果忽略定子绕组电阻 r_a 的影响，则得简化相量图，如图 4-18（b）所示。图中 $\dot{U}$ 与 $\dot{E}_0$ 之间的夹角称为功率角 θ，当负载变化时，功率角 θ 相应发生变化，电磁转矩也变化，由电网输入的电功率和相应的电磁功率也发生变化，以平衡电动机的输出功率。

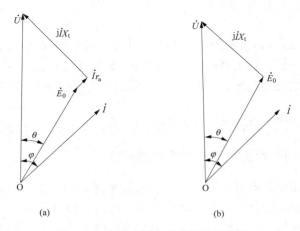

(a)   (b)

图 4-18　隐极式同步电动机的相量图
(a) 考虑 r_a 的影响；(b) 不计 r_a 的影响

三、同步电动机的运行特性

1. 功率平衡及功角特性

（1）功率平衡关系。同步电动机的定子绕组由电网输入电功率 P_1，除去定子绕组铜耗 p_{Cu} 及铁耗 p_{Fe}，余下的全部作为电磁功率 P_{em} 通过气隙传入转子，即

$$P_1=p_{Cu}+p_{Fe}+P_{em} \tag{4-6}$$

P_{em} 除去机械损耗 p_Ω 和附加损耗 p_s 后，剩下的就是电动机轴上的机械输出功率 P_2，即

$$P_{em}=p_\Omega+p_s+P_2 \tag{4-7}$$

（2）功角特性。功角特性指同步电动机接在恒定的电网上稳定运行时，电磁功率 P_{em} 与功率角 θ 之间的关系，即 $P_{em}=f(\theta)$ 特性曲线。

由于现代同步电动机的绕组电阻远小于同步阻抗，因此可把 r_a 忽略不计，同时忽略铁耗 p_{Fe}。则由式（4-6）得

$$P_{em}\approx P_1=mUI\cos\varphi \tag{4-8}$$

由图 4-18（b）可以推导求得

$$\cos\varphi=\frac{E_0}{IX_t}\sin\theta \tag{4-9}$$

将式（4-9）代入式（4-8），则可求得同步电动机的电磁功率为

$$P_{em} = \frac{mUE_0}{X_t}\sin\theta \tag{4-10}$$

式（4-10）表明，在恒定励磁和恒定电网电压（即 E_0 ＝常值，U 常值）下，电磁功率 P_{em} 的大小取决于功率角 θ 的大小，由此可做出隐极式同步电动机的 $P_{em} = f(\theta)$ 的功角特性曲线，如图 4-19 所示。当 $\theta = 90°$ 时，将有最大电磁功率，即

$$P_{emmax} = \frac{mUE_0}{X_t} \tag{4-11}$$

式（4-10）除以同步角速度 Ω_1，便得到同步电动机的电磁转矩 T 为

$$T = \frac{mUE_0}{\Omega_1 X_t}\sin\theta \tag{4-12}$$

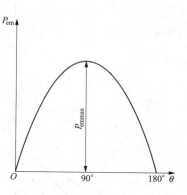

图 4-19 隐极式同步电动机的功角特性

最大转矩 T_{max} 为

$$T_{max} = \frac{mUE_0}{\Omega_1 X_t} \tag{4-13}$$

当同步电动机的负载转矩大于最大电磁转矩时，电动机便无法保持同步旋转状态，即产生"失步"现象。为了衡量同步电动机的过载能力，常以最大电磁转矩与额定电磁转矩之比值来衡量，对隐极式同步电动机，则有

$$\lambda_m = \frac{T_{max}}{T_N} = \frac{1}{\sin\theta_N} \tag{4-14}$$

式中：λ_m 为同步电动机的过载能力；θ_N 为额定运行时的功率角。

同步电动机稳定运行时，一般 θ_N 为 20°～30°，λ_m 为 2～3。

2. V 形曲线

同步电动机的 V 形曲线是指在电网恒定和电动机输出功率恒定的情况下，电枢电流 I 和励磁电流 I_f 之间的关系曲线，即 $I = f(I_f)$。

由于假定电网恒定，故电压 U 和频率 f 均保持不变。如果忽略励磁电流 I_f 改变时附加损耗的微弱变化，则当电动机的输出功率不变时，由式（4-7）可知，电磁功率 P_{em} 也保持不变，所以综合式（4-8）和式（4-10）考虑，则有

$$P_{em} = \frac{mUE_0}{X_t}\sin\theta = mUI\cos\varphi = 常数 \tag{4-15}$$

即

$$E_0\sin\theta = 常数，I\cos\varphi = 常数 \tag{4-16}$$

据此可以做出当输出功率恒定，而改变励磁电流时隐极式同步电动机的电动势相量图，如图 4-20 所示。由图可以看出，无论励磁电流 I_f 如何变化，相量 $\dot{E}_0$

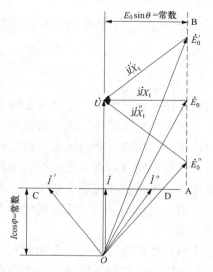

图 4-20 恒功率、变励磁时隐极式同步电动机的相量图

的端点始终落在垂直直线$\overline{AB}$上；相量$\dot{I}$的端点始终落在水平线$\overline{CD}$上。当正常励磁时，电动机的功率因数等于1，电枢电流全部为有功电流，这时电枢直流值最小，为纯阻性的。当励磁电流小于正常励磁（即欠励）时，$\dot{E}_0$将减小，为了保持气隙合成磁通近似不变，电枢电流中除有功电流外，还要出现一个增磁的滞后无功电流分量，因此电枢电流将比正常励磁时

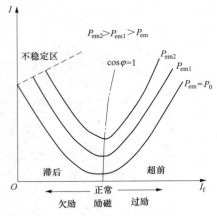

图4-21　同步电动机的 V 形曲线

的大，电动机的功率因数为滞后的。当励磁电流大于正常励磁（即过励）时，$\dot{E}_0$将增大，此时电枢电流则要出现一个去磁的超前无功电流分量，此时电枢电流也比正常励磁时的大，电动机的功率因数则为超前的，据此可以做出当同步电动机的励磁电流I_f改变时，电枢电流I变化的曲线，由于此曲线形似 V 形，故称为同步电动机的 V 形曲线，如图 4-21 所示。由图可见，在$\cos\varphi = 1$点，电枢电流最小为纯阻性的；欠励时，功率因数是滞后的，电枢电流为感性电流；过励时，功率因数是超前的，电枢电流为容性电流。

由于同步电动机的最大电磁功率P_{emmax}与E_0成正比，所以当减小励磁电流时，它的过载能力也要降低，而对应的功率角θ则增大。这样一来，在某一负载下，当励磁电流减小到一定数值时，θ角就将超过 $90°$，对隐极式同步电动机就不能稳定运行而失去同步，图 4-21 中虚线表示出了同步电动机不稳定区的界限。

改变励磁电流可以调节同步电动机的功率因数，这是同步电动机最可贵的特点。由于电网上的负载多为感性负载，因此如果将运行在电网上的同步电动机工作在过励状态下，则可提高电网的功率因数，所以为了改善电网的功率因数和提高电机的过载能力，现代同步电动机的额定功率因数一般均设计为 $1\sim 0.8$（超前）。

如果将同步电动机接在电网上空载运行，即图 4-21 中对应 $P_{em} = P_0$ 的曲线，专门用来调节电网的功率因数，则称之为同步调相机或同步补偿机。

四、同步电动机的起动与调速

同步电动机的起动转矩是由定子旋转磁场与转子磁场相互作用而产生的，它只有在转子以同步转速旋转，定、转子磁场相对静止时，才能产生单一方向的电磁转矩，使电动机转动起来。若直接将静止不动的同步电动机转子进行励磁，而在定子三相电枢绕组通入三相交流电，那么在气隙中将有励磁磁场（恒定不变）和电枢磁场（旋转）同时存在，当电枢磁场超前励磁磁场时，将拖动励磁磁场转动，由于转子存在着惯性，而电枢磁场转速又很快，在半个周期内电枢磁场不能及时将转子拉入同步，而θ超过 $180°$后，电枢磁场与励磁磁场的相互作用力变成斥力，于是在一个周期内，电枢转矩的平均值为零。

在如图 4-22（a）所示的一瞬间，定、转子磁场相互作用所产生的电磁转矩，企图使转子逆时针方向旋转，但由于转子的惯性，电机不能立即在此电磁转矩的作用下旋转。半个周期后，定子磁场已转过 $180°$，如图 4-22（b）所示，此时定、转子磁场相互作用产生的电磁转矩，企图使转子顺时针方向旋转。也就是说，在一个周期内，作用于转子的平均电磁转矩两次改变

方向，在一秒钟内电磁转矩的方向改变 100 次。由于转子的惯性，对于交变电磁转矩不能立即响应，所以同步电动机不能自行起动。

由于同步电动机不能自行起动，因此要起动同步电动机，必须借助于其他方法。常用的起动方法有辅助电动机起动法、变频起动法和异步起动法 3 种。

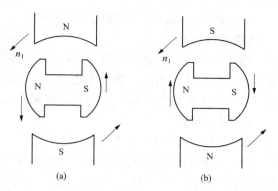

图 4-22 同步电动机起动时的转矩

1. 异步起动法

为了实现同步电动机的异步起动，在转子磁极的极靴上装有类似于异步电动机的鼠笼绕组，也称起动绕组。同步电动机的起动绕组一般用铜条制成，两端用铜环短接。

异步起动控制线路如图 4-23 所示。起动时，先在转子励磁回路中串入一个 5～10 倍的励磁绕组电阻的附加电阻，开关 S2 合至位置 1，使转子励磁绕组构成闭合回路。然后，将定子电源开关 S1 闭合。定子绕组通入三相交流电流产生旋转磁场，利用异步电动机的起动原理将转子起动。当转子上升到接近同步转速时，迅速将开关 S2 由位置 1 合至位置 2，给转子励磁绕组通入直流电励磁，依靠定、转子磁极之间的吸引力，将转子牵入同步转速运行。

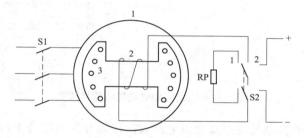

图 4-23 异步起动控制线路

1—同步电动机；2—同步电动机励磁绕组；3—鼠笼起动绕组

2. 辅助电动机起动法

这种起动方法是先用一台电动机（称为辅助电动机）带动同步电动机旋转至同步转速，再通入直流励磁，使之"接力"，将转子牵入同步转速。这种方法投资大，很不经济。

3. 调频调压起动法

用变频起动方法开始起动时，转子先加上励磁电流，定子边通入频率极低的三相交流电，由此产生的旋转磁场转速极低，转子便开始旋转。定子边电源频率逐渐升高，转子转速也随之逐渐升高；定子边频率达额定值后，转子也达额定转速，起动完毕。显然定子边的电源是一个可调频率的变频电源，一般采用可控硅变频装置。大型同步电动机逐渐都开始采用变频起动方法。

技能训练 --

三相同步电动机的异步启动和 V 形曲线测定

【实训目的】

（1）掌握三相同步电动机的异步启动法。

（2）测取三相同步电动机的 V 形曲线。

【实验器材】

测速发电机及转速表 1 套，三相凸极式同步电动机 1 台，交流电流表、交流电压表各 3 块，单三相智能功率表、功率因数表各 2 块，直流电压表、毫安表、安培表 1 套，开关板、同步机可调励磁电源 1 套，三相可调电阻器 1 件。

【实验内容】

1. 三相同步电动机的异步启动

（1）三相同步电动机实验接线图如图 4-24 所示。其中 R 的阻值为同步电动机 M 励磁绕组电阻的 10 倍（约 90Ω）。M 为 Y 接法，额定电压 $U_N = 220V$。

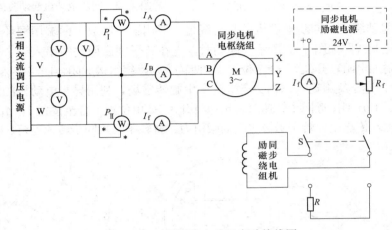

图 4-24　三相同步电动机实验接线图

（2）用导线把功率表电流线圈及交流电流表短接，开关 S 闭合于励磁电源一侧（图 4-24 中的上端）。

（3）将三相调压器退到零位。接通电源开关，按下"启动"按钮，调节同步电机励磁电源调压旋钮及 R_f 阻值，使同步电动机励磁电流 I_f 约为 0.7A。

（4）将开关 S 接通电阻 R 端（图 4-24 中的下端），调节调压器使电压升至同步电动机额定电压 220V。观察电动机旋转方向，若不符合则应调整相序使电动机旋转方向符合要求。

（5）当转速接近同步转速 1500r/min 时，把开关 S 迅速从下端切换到上端，使同步电动机励磁绕组加上直流励磁而强制拉入同步运行，异步启动同步电动机的整个启动过程结束。

（6）把功率表、交流电流表短接线拆掉，使仪表正常工作。

2. 测取三相同步电动机输出功率 $P_2 \approx 0$ 时的 V 形曲线

（1）同步电动机空载，按上述方法启动同步电动机。

（2）调节同步电动机的励磁电流 I_f 使其增加，这时同步电动机的定子三相电流 I 也随之增加直至达额定值。记录定子三相电流 I 和相应的励磁电流 I_f、输入功率 P_1。

（3）调节 I_f 使其逐渐减小，这时 I 也随之减小直至最小值。记录这时 M 的定子三相电流 I、励磁电流 I_f 及输入功率 P_1。

（4）继续减小同步电动机的励磁电流 I_f，直到同步电动机的定子三相电流反而增大达到额定值。

（5）在过励和欠励范围内读取数据 9～11 组，填入到表 4-1 中。

表 4-1 同步电动机 V 形曲线测量数据

$n=$_____ r/min；$U=$_____ V；$P_2 \approx 0$

序号	定子三相电流（A）				励磁电流（A）	输入功率		
	I_A	I_B	I_C	I	I_f	P_I	P_{II}	P_1

注　$I=(I_A+I_B+I_C)/3$；$P_1=P_I+P_{II}$。

（6）做出 $P_2 \approx 0$ 时的 V 形曲线 $I=f(I_f)$。

思考题与习题

（1）同步电动机的凸极转子与隐极转子磁极结构有什么不同？同步电机和异步电机的转子结构有什么差异？

（2）为什么同步电动机无起动转矩？通常采用什么方法起动？

（3）同步电动机的 V 形曲线说明了什么？

（4）简述同步电动机的 3 种励磁状态。其功率因数是如何调节的？

任务三　伺服电动机的应用

学习目标

（1）了解伺服电动机的特点、用途和分类。

（2）熟悉伺服电动机的结构、基本工作原理和主要的运行性能。

（3）理解伺服电动机的控制方式。

（4）能合理使用伺服电动机。

任务分析

在自动控制系统中，有时需要电动机随着输入电压的变化及时反应，普通的电动机因为惯性响应速度慢，而伺服电动机就具有线性度好、响应速度快的特点，因此在自动控制系统中应用较多。

相关知识

　　伺服电动机也称执行电动机，在自动控制系统中作为执行元件，其作用是把输入的电信号转变为转轴的角位移或角速度输出，通过改变控制电信号的大小和极性，可以改变伺服电动机的转速和转向。

　　自动控制系统对伺服电动机的基本要求有如下几点：

　　（1）无"自转"现象，即要求控制电机在有控制信号时迅速转动，而当控制信号消失时必须立即停止转动。控制信号消失后，电机仍然转动的现象称为自转，自动控制系统不允许有"自转"现象。

　　（2）空载始动电压低。电机空载时，转子从静止到连续运转的最小控制电压称为始动电压。始动电压越小，电机的灵敏度越高。

　　（3）具有线性的机械特性和调节特性。线性的机械特性和调节特性有利于提高系统的控制精度，能在宽广的范围内平滑稳定地调速。

　　（4）快速响应性好，即机电时间常数小，因而伺服电动机都要求转动惯量小。

　　伺服电动机可分为交流伺服电动机和直流伺服电动机两大类。直流伺服电动机通常用在功率稍大的自动控制系统中，其输出功率一般为 $1\sim600\mathrm{W}$，也有的可达数千瓦。交流伺服电动机输出功率一般为 $0.1\sim100\mathrm{W}$，其中最常用的在 $30\mathrm{W}$ 以下。

一、直流伺服电动机

1. 直流伺服电动机的分类和控制方式

　　直流伺服电动机的结构和工作原理与普通小型直流电动机相同，由定子和转子两大部分组成。根据励磁方式直流伺服电动机又可分为电磁式和永磁式两种，电磁式直流伺服电动机按励磁方式不同分为他励、并励、串励和复励，采用他励式较多；永磁式直流伺服电动机也可看作是一种他励式直流电动机。

　　一般用电压信号控制直流伺服电动机的转向和转速大小。按照控制方式不同，直流伺服电动机又分为电枢控制和磁场控制两种形式，电枢控制方式中，控制电压 U_c 加到电枢绕组两端；改变电磁式直流伺服电动机励磁绕组电压 U_f 的方向和大小的控制方式，叫作磁场控制。由于电枢控制可以得到线性的机械特性和调节特性，电枢电路电感比较小，电磁惯性小，反应比较灵敏，所以用的比较多。

2. 直流伺服电动机的机械特性

　　电枢控制时，直流伺服电动机的原理图如图 4-25 所示。励磁绕组通常接到电压为电动机的额定值 $U_f = U_N$ 的电源上进行励磁。电枢绕组就是控制绕组，当控制绕组加控制电压以后，电动机就转动；控制绕组电压消失，电动机就立即停转。电枢控制的直流伺服电动机的机械特性和他励直流电动机改变电压时的人为机械特性一样，忽略电枢反应的影响。其转速方程为

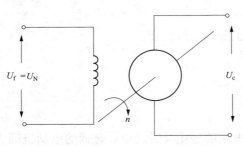

图 4-25　直流伺服电动机原理图

$$n = \frac{U_c}{C_e \Phi} - \frac{R_a}{C_e C_T \Phi^2} T = n_0 - \beta T \tag{4-17}$$

式（4-17）表明，转速 n 与电磁转矩 T 为线性关系，改变控制电压 U_c，机械特性的斜率 β 不变，故其机械特性是一组平行的直线，如图 4-26 所示。从图中可以看出：控制电压 U_c 一定时，电磁转矩越大，直流伺服电动机的转速越低；控制电压升高，机械特性向右平移，堵转转矩也成比例的增大。

3. 直流伺服电动机的调节特性

调节特性是指在负载转矩恒定时，电机的转速与控制电压的关系，即 $n = f(U_c)$。由式（4-17）可知，在电磁转矩为常数时，若磁通为常数，转速 n 与控制电压 U_c 为线性关系，转矩 T 不同时，调节特性是一组平行的直线，如图 4-27 所示。

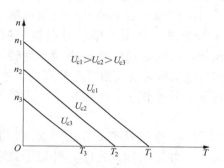

图 4-26 直流伺服电动机的机械特性

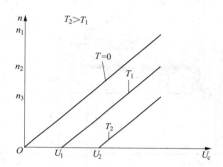

图 4-27 直流伺服电动机的调节特性

特性曲线与横轴的交点，表示在某一电磁转矩时电动机的始动电压。若转矩一定时，电动机的控制电压大于始动电压，电动机便能起动并达到某一转速；反之，小于始动电压则电动机不能起动。所以，一般把调节特性曲线上横坐标从零到始动电压这一范围称为失灵区。在失灵区内，即使电枢有外加电压，电动机也转不起来。显而易见，失灵区的大小与负载转矩成正比，负载转矩越大，失灵区也越大。

从上述分析可知，电枢控制时的直流伺服电动机的机械特性和调节特性都是线性的，而且不存在"自转"现象，在自动控制系统中是一种很好的执行元件。

4. 直流伺服电动机的应用

直流伺服电动机在自动控制系统中作为执行元件，即在输入控制电压后，伺服电动机能按照控制电压信号的要求驱动工作机械。伺服电动机通常作为随动系统、遥控和遥测系统主传动元件。由直流伺服电动机组成的伺服系统，通常采用速度控制和位置控制两种方式。直流伺服电动机速度控制原理图如图 4-28 所示。

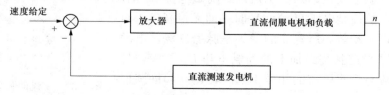

图 4-28 直流伺服电动机速度控制原理图

在此系统中，直流测速发电机将电动机的转速信号转换成电压信号与速度给定量比较，其差值经过放大器放大后向伺服电动机供电，从而控制电动机的转速。

直流伺服电动机在工业上的应用还很多，如发电厂锅炉阀门的控制、变压器有载调压定位等。

二、交流伺服电动机

1. 基本结构

交流伺服电动机实质上就是一个两相感应电动机，定子有空间上互差 $90°$ 电角度的两相分布绕组：一相为励磁绕组，另一相为控制绕组。电动机工作时，励磁绕组接单相交流电压，控制绕组接控制信号电压，两者频率保持相同。

交流伺服电动机转子的结构形式有笼型转子和空心杯形转子两种。

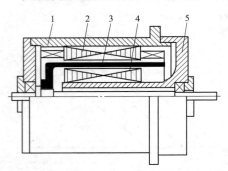

图 4-29　非磁性空心杯转子伺服电动机
1—机壳；2—外定子；3—空心杯形转子；
4—内定子；5—端盖

笼型转子的结构与一般笼型异步电动机的转子类似，但转子导条采用高电阻率的导电材料制造，如青铜、黄铜等，因此起动电流较小而起动转矩较大。为了使伺服电动机对输入信号有较高的灵敏度，应尽量减小转子的转动惯量，所以转子一般做得细而长。

如图 4-29 所示，非磁性空心杯转子交流伺服电动机有两个定子：外定子和内定子，外定子铁芯槽内安放有励磁绕组和控制绕组，而内定子一般不放绕组，仅作磁路的一部分；空心杯转子位于内外定子之间，通常用非磁性材料（如铜、铝或铝合金）制成。由于非磁性空心杯转子的壁厚为 $0.2 \sim$ $0.6mm$，因而其转动惯量小，故电动机快速响应性能好，而且运转平稳平滑，无抖动现象。由于使用内外定子，气隙较大，故励磁电流较大，体积也较大。

2. 工作原理

交流伺服电动机的工作原理如图 4-30 所示，电动机定子上有两相绕组，一相是励磁绕组 L_f，接到交流励磁电源 U_f 上，另一相为控制绕组 L_c，接入控制电压 U_c，两绕组在空间上互差 $90°$ 电角度，励磁电压 U_f 和控制电压 U_c 频率相同。

交流伺服电动机的工作原理与单相异步电动机有相似之处。当交流伺服电动机的励磁绕组接到励磁电源 U_f 上，若控制绕组加上的控制电压 U_c 为 0V 时（即无控制电压），所产生的是脉振磁动势，所建立的磁场是脉振磁场，电动机无起动转矩；当控制绕组加上的控制电压 $U_c \neq 0V$，且产生的控制电流与励磁电流的相位不同时，建立起椭圆形旋转磁场（若 $\dot{I}_c$ 与 $\dot{I}_f$ 相位差为 $90°$ 时，则为圆形旋转磁

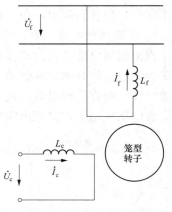

图 4-30　交流伺服电动机原理图

场），于是产生起动力矩，电动机转子转动起来。如果电动机参数与一般的单相异步电动机一样，那么控制信号消失后，电动机的转速虽会下降些，但仍会继续不停地转动。在自控系

统中，不允许伺服电动机出现"自转"现象。

自转的原因是控制电压消失后，电动机仍有与原转速方向一致的电磁转矩。消除"自转"的方法是消除与原转速方向一致的电磁转矩，同时产生一个与原转速方向相反的电磁转矩，使电动机在 U_c 为 0 时停止转动。

从单相异步电动机的理论可知，单相绕组通过电流产生的脉振磁场可以分解为正向旋转磁场和反向旋转磁场，正向旋转磁场产生正转矩 T_+，起拖动作用，反向旋转磁场产生负转矩 T_-，起制动作用，电动机的电磁转矩应为正转矩和负转矩的合成。如果交流伺服电动机的参数与一般的单相异步电动机一样，那么转子电阻较小，其机械特性如图 4-31（a）所示，当电动机正向旋转时，$s_+<1$，$T_+>T_-$，合成转矩即电动机电磁转矩 $T=T_+-T_->0$。所以，即使控制电压消失后，即 $U_c=0$，电动机在只有励磁绕组通电的情况下运行，仍有正向电磁转矩，电机转子仍会继续旋转，只不过电机转速稍有降低而已，于是产生"自转"现象而失控。

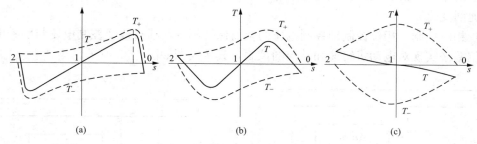

图 4-31 交流伺服电动机自转的消除

可以通过增加转子电阻的办法来消除"自转"。

增加转子电阻后，正向旋转磁场所产生的最大转矩 T_{m+} 时的临界转差率 s_{m+} 为

$$s_{m+} \approx \frac{r_2'}{X_1 + X_2'} \tag{4-18}$$

s_{m+} 随转子电阻 r_2' 的增加而增加，而反向旋转磁场所产生的最大转矩所对应的转差率 $s_{m-}=2-s_{m+}$ 相应减小，合成转矩即电动机电磁转矩则相应减小，如图 4-31（b）所示。如果继续增加转子电阻，使正向磁场产生最大转矩时 s_{m+} 不小于 1，使正向旋转的电动机在控制电压消失后的电磁转矩为负值，即为制动转矩，使电动机制动到停止；若电动机反向旋转，则在控制电压消失后的电磁转矩为正值，为制动转矩，使电动机制动到停止，从而消除"自转"现象，如图 4-31（c）所示，所以要消除交流伺服电动机的"自转"现象，在设计电动机时，必须满足

$$s_{m+} \approx \frac{r_2'}{X_1 + X_2'} \geqslant 1 \tag{4-19}$$

即

$$r_2' \geqslant X_1 + X_2' \tag{4-20}$$

增大转子电阻 r_2'，使 $r_2' \geqslant X_1 + X_2'$ 不仅可以消除"自转"现象，还可以扩大交流伺服电动机的稳定运行范围。但转子电阻过大，会降低起动转矩，从而影响快速响应性能。

3. 控制方式

交流伺服电动机不仅需要控制起动和停止，而且需要控制转速和转向。两相交流伺服电动机的控制是通过改变其气隙的旋转磁场来实现的。

　　如果在交流伺服电动机的励磁绕组和控制绕组上通以两相对称的交流电（两个幅值相等、相位差为90°），那么电动机的气隙磁场是一个圆形磁场。如果改变控制电压的大小或相位，那么气隙磁场是一个椭圆形旋转磁场，控制电压的大小或相位不同，气隙的椭圆形旋转磁场的椭圆度不同，产生的电磁转矩也不同，从而调节电动机的转速；当控制电压的幅值为0或者 $\dot{U}_c$ 与 $\dot{U}_f$ 相位差为0°时，气隙磁场为脉振磁场，无起动转矩。因此，交流伺服电动机的控制方式有3种。

　　（1）幅值控制。幅值控制即保持控制电压与励磁电压之间的相位不变，通过改变控制电压的幅值来改变电动机的转速，其接线图如图4-32所示。

　　当励磁电压为额定电压，控制电压为零时，伺服电动机转速为零，电动机不转；当励磁电压为额定电压，控制电压也为额定电压时，伺服电动机转速最大，转矩也为最大；当励磁电压为额定电压，控制电压在额定电压与零电压之间变化时，伺服电动机的转速在最高转速至零转速间变化。

　　（2）相位控制。相位控制即控制电压的幅值保持不变，通过改变控制电压与励磁电压之间的相位差来实现对电动机转速和转向的控制，其接线图如图4-33所示。

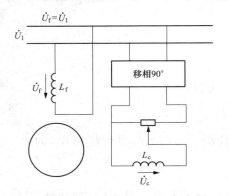

图4-32　幅值控制接线图

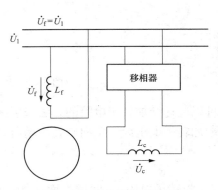

图4-33　相位控制接线图

　　设控制电压与励磁电压的相位差为 β，β 为0～90°。根据 β 的取值可得出气隙磁场的变化情况。当 $\beta=0°$ 时，控制电压与励磁电压同相位，气隙总磁动势为脉振磁动势，伺服电动机转速为零，不转动；当 $\beta=90°$ 时，为圆形旋转磁动势，伺服电动机转速最大，转矩也最大；当 β 为0～90°变化时，磁动势从脉振磁动势变为椭圆形旋转磁动势最终变为圆形旋转磁动势，伺服电动机的转速由低向高变化。β 值越大越接近圆形旋转磁动势。

　　（3）幅值—相位控制。幅值—相位控制即同时改变控制电压的幅值和相位以达到控制的目的，其接线图如图4-34所示。

　　当控制电压的幅值改变时，电动机转速发生变化，此时励磁绕组中的电流随之发生变化，励磁电流的变化引起电容的端电压变化使控制电压与励磁电压之间的相位角 β 改变。

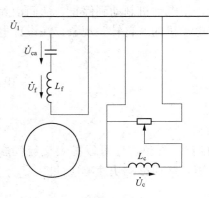

图4-34　幅值—相位控制接线图

幅值—相位控制线路简单，不需要复杂的移相装置，只需电容进行分相，具有线路简单、成本低廉、输出功率较大的优点，因而成为使用最多的控制方式。

4. 交流伺服电动机的应用

在自动控制系统中，根据被控对象不同，有速度控制和位置控制两种类型，尤其是位置控制系统可以实现远距离角度传递，它的工作原理是将主令轴的转角传递到远距离的执行轴，使之再现主令轴的转角位置。如工业上发电厂锅炉闸门的开启，轧钢机中轧辊间隙的自动控制，军事上火炮和雷达的自动定位。

交流伺服电动机在检测装置中的应用也很多，如电子自动电位差计、电子自动平衡电桥等。下面介绍交流伺服电动机在测温仪表电子电位差计中的应用。

图 4-35 为电子电位差计原理图。该系统主要由热电偶、电桥电路、变流器、放大器与交流伺服电动机等组成。

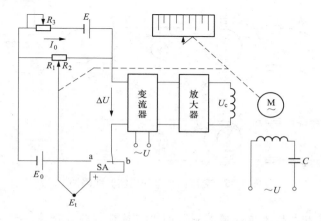

图 4-35　电子电位差计原理图

在测温前，将开关 SA 扳向 a 位，将电动势为 E_0 的标准电池接入；然后调节 R_3，使 $I_0(R_1+R_2)=E_0$，$\Delta U=0$，此时的电流 I_0 为标准值。在测温时，要保持 I_0 为恒定的标准值。

在测量温度时，将开关 SA 扳向 b 位，将热电偶接入。热电偶将被测的温度转换成热电动势 E_t，而电桥电路中电阻 R_2 上的电压 I_0R_2 是用以平衡 E_t 的，当两者不相等时将产生不平衡电压 ΔU。而 ΔU 经过变流器变换为交流电压，再经过放大器放大，用以驱动伺服电动机 M。电动机经减速后带动测温仪指针偏转，同时驱动滑线电阻器的滑动端移动。当滑线电阻器 R_2 达到一定值时，电桥达到平衡，伺服电动机停转，指针停留在一个转角 α 处。由于测温仪的指针被伺服电动机所驱动，而偏转角度 α 与被测温度 t 之间存在着对应的关系，因此，可从测温仪刻度盘上直接读得被测温度 t 的值。

当被测温度上升或下降时，ΔU 的极性不同，即控制电压的相位不同，从而使得伺服电动机正向或反向运转，电桥电路重新达到平衡，从而测得相应的温度。

技能训练 -

交流伺服电动机特性测定

【实验目的】

（1）观察交流伺服电动机有无自转现象，掌握其改变转向的方法。

（2）理解交流伺服电动机的控制方式。

（3）掌握测定交流伺服电动机的机械特性和调节特性的实验方法。

【实验仪器】

交流伺服电动机 1 台、交流电压表 2 块、开关板、测功机 1 台。

【实验步骤】

1. 观察交流伺服电动机有无"自转"现象

交流伺服电动机实验接线图如图 4-36 所示。接通交流调压电源 T1 和 T2，启动伺服电动机，当伺服电动机空载运转时，迅速将控制绕组两端开路或将调压器 T2 的输出电压的调节至 0，观察电动机有无"自转"现象，并比较这两种方法电动机的停转速度。将控制电压相位改变 180°电角度，注意电动机的转向有无改变。

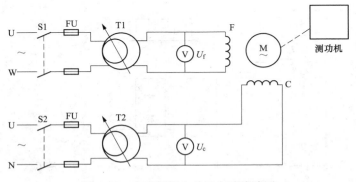

图 4-36　交流伺服电动机实验线路图

2. 测定交流伺服电动机采用幅值控制时的机械特性和调节特性

（1）测定机械特性。接线图如图 4-36 所示。调节调压器 T1、T2 使 $U_f=U_{fN}$，$U_c=U_{cN}$，使伺服电动机空载运行，记录空载转速 n_0。然后调节测功机，逐步增加电动机轴上的负载，直至将电动机堵转，读取转速 n 与相应的转矩 T 共 6～7 组数据，将数据填入表 4-2 中。

改变控制电压 U_c，使 $U_c=50\%U_{cN}$，重复上述实验，将数据填入表 4-2 中。

表 4-2 机械特性测量数据 $U_f=$ _____ V

序 号	$U_c=U_{cN}=$ _____ V		$U_c=50\%U_{cN}=$ _____ V	
	T (N·m)	n (r/min)	T (N·m)	n (r/min)

（2）测定调节特性。接线图按 4-36 所示，保持 $U_f=U_{fN}$，电动机轴上不加负载，调节

控制电压，从 $U_c = U_{cN}$ 开始，逐渐减小到 0，分别读取转速 n 和相应的控制电压 U_c，共 5～6 组数据，将数据填入表 4-3 中。

增加电动机轴上负载，并保持电动机输出转矩不变，重复上述实验步骤，将数据填入表 4-3 中。

表 4-3 　　　　　　　　　　　　　调节特性测量数据　　　　　　　　　　　$U_f = $ _____ V

序　号	$T = 0 \mathrm{N \cdot m}$		$T = $ _____ $\mathrm{N \cdot m}$	
	U_c (V)	n (r·min)	U_c (V)	n (r/min)

（1）直流伺服电动机常用什么控制方式？为什么？
（2）简述交流伺服电动机的工作原理和控制方法。
（3）交流伺服电动机转子构造分哪几种？各有什么特点？
（4）交流伺服电动机的"自转"现象是指什么？怎样克服"自转"现象？
（5）交流伺服电动机的转速控制方式有哪几种？

任务四　步进电动机的应用

🔍 学习目标

（1）了解步进电动机的结构和用途。
（2）掌握步进电动机的基本工作原理和工作方式。
（3）学会计算步进电动机的相关参数。

➕ 任务分析

在指针式石英手表中，步进电动机作为换能器，把秒脉冲信号变成机械轮系的转动，带动指针指示时间。石英钟表用步进电动机比石英手表的体积稍大，耗电较多，有较大的输出力矩。步进电动机的特点是低功耗、小体积、转换效率高、结构简单。那么步进电动机的结构是怎样的？它是怎么工作的？还用在哪些地方？这是本任务要解决的问题。

📖 相关知识

步进电动机是一种将电脉冲信号转换成相应的角位移或直线位移的电动机。每输入一个脉冲信号，步进电动机就转动一个角度或前进一步，因此步进电动机也称为脉冲电动机，具有起动转矩大、动作更加准确、调速范围宽等特点。步进电动机在脉冲技术和数字控制系统中的应用日益广泛，例如在数控机床、自动绘图机、轧钢机及自动记录仪表等设备中可作为执行元件。

　　步进电动机种类很多，按其运动方式分有旋转型和直线型；按励磁方式可分为反应式、永磁式和感应式。按相数可分为单相、两相、三相和多相等。下面以应用较多的三相反应式步进电动机为例，介绍其结构和工作原理。

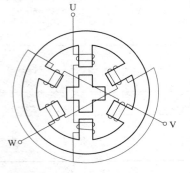

图 4-37　三相反应式步进
电动机的结构

一、三相反应式步进电动机的结构

　　三相反应式步进电动机的结构如图 4-37 所示。它的定子、转子铁芯均由硅钢片叠压而成。定子上均匀分布 6 个磁极，每两个相对的磁极绕有同一相绕组，三相控制绕组 U、V、W 接成星形，转子是 4 个均匀分布的齿，齿宽等于定子极靴的宽度，转子上没有绕组。

二、三相反应式步进电动机的工作原理

1. 步进电动机的工作原理

　　（1）单三拍控制。图 4-38 所示单三拍控制方式的三相反应式步进电动机的工作原理图。单三拍控制中的"单"是指每次只有一相控制绕组通电，从一相通电切换到另一相通电称为一拍，"三拍"是指一个循环经过 3 次切换，"三相"指定子为三相控制绕组。

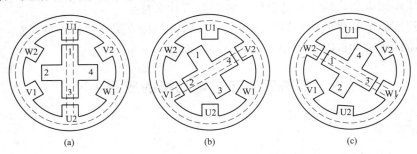

图 4-38　单三拍控制方式的三相反应式步进电动机的工作原理图
（a）U 相通电；（b）V 相通电；（c）W 相通电

　　工作时，各相绕组按一定顺序先后通电，当 U 相绕组通电时，V 相和 W 相绕组都不通电，因而产生了以 U1-U2 为轴线的磁场。由于磁通总是力图从磁阻最小的路径通过，因此在这个磁场的作用下，靠近 U 相的转子齿 1 和 3 转到与定子磁极 U1-U2 对齐的位置。如图4-38（a）所示；当 U 相脉冲结束，接着 V 相接入脉冲时，又会建立以 V1-V2 为轴线的磁场，转子齿 2 和 4 转到与定子磁极 V1-V2 轴线对齐的位置，转子逆时针转过 30°机械角度，如图 4-38（b）所示。当 V 相脉冲结束，随后 W 相绕组通入脉冲时，转子齿 3 和 1 转到与定子磁极 W1-W2 轴线对齐的位置，转子再逆时针转过 30°，如图 4-38（c）所示。如此循环往复按 U→V→W→U 的顺序通电，气隙中产生脉冲式的旋转磁场，磁场旋转一周，转子前进了三步，转过一个齿距角（转子 4 个齿时的齿距角是 90°），转子每步转过 30°，该角度称

为步矩角，用 θ 表示。

电动机的转速决定于电源电脉冲的频率，频率越高，转速越快。电动机的转向则取决于定子绕组轮流通电的顺序。若电动机通电顺序改为 U→W→V→U，则电动机为顺时针方向旋转。

单三拍运行方式容易造成失步，且由于每次只有一相绕组吸引转子，也容易使转子在平衡位置附近产生振荡，运行稳定性较差，因而较少使用。

（2）双三拍控制。三相双三拍运行的通电按 UV→VW→WU→UV 的顺序进行，反向时按 UW→WV→VU→UW 的顺序通电。每次有两相控制绕组同时通电，如图 4-39 所示。步矩角不变，θ 仍为 30°。

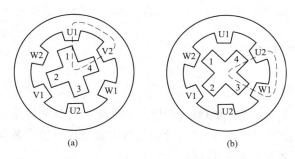

图 4-39 双三拍运行工作原理
(a) U、V 两相通电；(b) V、W 两相通电

（3）三相六拍控制。这种方式的通电顺序为 U→UV→V→VW→W→WU→U，即先接通 U 相定子绕组，接着使 U、V 两相绕组同时通电，断开 U 相，使 V 相绕组单独通电，再使 V、W 两相绕组同时通电，W 相单独通电，W、U 两相绕组同时通电，并依次循环，如图 4-40 所示。这种工作方式下，定子三相绕组需经过六次切换才能完成一个循环，故称"六拍"。每转换一次，步进电动机逆时针方向旋转 15°，即步矩角 θ 为 15°。由此可见，三相六拍运行方式的步矩角比三相单三拍和三相双三拍运行方式的减少一倍。若将通电顺序反过来，步进电动机将按顺时针方向旋转。此种运行方式因转换时始终有一相绕组通电，所以工作比较稳定。

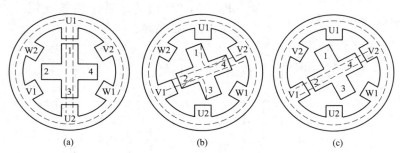

图 4-40 三相六拍控制步进电动机工作原理图
(a) U 相通电；(b) U、V 两相通电；(c) V 相通电

2. 步矩角、转子齿数和拍数之间的关系

由以上分析可以看出，采用单三拍和双三拍控制时，转子每走一步前进齿距角的 1/3，

走完三步前进一个齿距角；六拍控制时，转子每走一步前进齿距角的 1/6，走完六步才前进一个齿距角。

无论采用什么控制方式，步矩角 θ 与转子齿数 Z_r，拍数 N 之间都存在如下关系

$$\theta = \frac{360°}{Z_r N} \tag{4-21}$$

若三拍控制时，$Z_r = 4$，$N = 3$，则步矩角 $\theta = \frac{360°}{4 \times 3} = 30°$；而六拍时，$Z_r = 4$，$N = 6$，则步

矩角 $\theta = \frac{360°}{4 \times 6} = 15°$。

转子每前进一步，相当于转了 $\frac{1}{Z_r N}$ 圈，若电源输出脉冲频率为 f，则转子每秒就转了

$\frac{f}{Z_r N}$ 圈，所以步进电动机的转速 n 为

$$n = \frac{60f}{Z_r N} \tag{4-22}$$

可见步进电动机的转速与脉冲频率成正比。但实际的电脉冲频率不能过高，因为步进电动机的转子及机械负载都具有惯性，在起动和运行中如果超过技术数据中给定的允许值，则步进电动机会产生失步现象，影响精度。

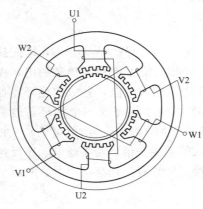

图 4-41　反应式步进电动机结构

为了使步进电动机运行平稳，要求步矩角很小，由式（4-21）可见，可通过增加拍数来减小步矩角，为此将转子做成很多齿，并在定子每个磁极上也开几个齿。如果步进电动机转子齿数为 40 个，为了使转子齿与定子齿对齐，定子 6 个磁极的极面开有五个和转子齿一样的小齿，反应式步进电动机结构如图 4-41 所示。

图中，定子上有 6 个磁极，每个极距对应的转子齿数为 $\frac{Z_r}{2p} = \frac{40}{6} = 6\frac{2}{3}$，不为整数；当 U 相的定转子齿对齐时，相邻 V 相的定转子齿无法对齐，彼此错开 1/3 齿距（即 3°），W 相的定转子齿彼此错开 2/3 齿距（即 6°），如图 4-42 所示。

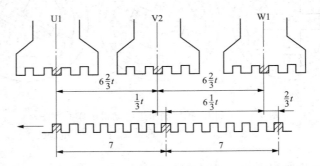

图 4-42　小步距角的三相反应式步进电动机定、转子展开图

若按三相单三拍运行，通电顺序为 U→V→W→U，当 U 相绕组通电时，定、转子齿在 U1-U2 相下一一对齐；当 U 相断电、V 相通电时，转子按 U2→W1→V2→U1 方向转过 1/3 齿距的空间角度，即 3°，定、转子齿便在 V1-V2 相下一一对齐。这时 W 相绕组的一对极下定、转子齿相差 1/3 齿距，所以 V 相断电、W 相通电时，转子又转过 1/3 齿距的空间角，定、转子齿在 W1-W2 相下一一对齐。由于每一拍转子只转过齿距角的 1/N，所以步矩角为 $\theta = \dfrac{360°}{Z_r N} = \dfrac{360°}{40 \times 3} = 3°$；当步进电动机按三相六拍方式运行，则 $\theta = \dfrac{360°}{Z_r N} = \dfrac{360°}{40 \times 6} = 1.5°$。

拍数取决于步进电动机的相数和通电方式，除常用的三相步进电动机以外，还有四相、五相、六相等形式。对同一台步进电动机，既可以采用单拍方式运行，又可以采用单、双拍方式运行，采用单、双拍方式运行时步矩角减小一半，所以一台步进电动机可有两种步矩角，如 1.2°/0.6°、1.5°/0.75°、1.8°/0.9°、2°/1°、3°/1.5°等。

三、步进电动机的应用举例

图 4-43 是步进电动机在数控线切割机床上的应用示意图。数控线切割机床在加工工件时，首先由光电阅读机读出穿孔纸带上的加工工艺程序和数据，然后送入计算机进行运算处理，分别对 X、Y 方向上的步进电动机给出控制电脉冲，使两台步进电动机运转，并通过传动装置拖动十字拖板纵横向运动，以达到对加工工件进行切割的目的。

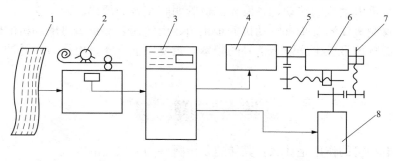

图 4-43　步进电动机在数控机床线切割机床上的应用示意图
1—纸带；2—光电读数装置；3—计算机及驱动电源；4—X 轴步进电动机；
5—传动齿轮；6—十字拖板；7—丝杠；8—Y 轴步进电动机

技能训练 -

步进电动机的工作方式的验证

【实验目的】

（1）熟悉步进电动机的结构。

（2）通过试验进一步理解步进电动机的工作过程。

（3）理解步进电动机转速、步距角、信号频率、控制方式之间的关系。

【实验仪器】

步进电动机 1 台，直流稳压电源 1 台，万用表、转速表各 1 只，低频信号发生器 1 台，脉冲分配器 2 台，脉冲放大器 1 台，角位移测量仪 1 台。

【实验步骤】

（1）观察步进电动机的结构，记录步进电动机的铭牌数据。

（2）步进电动机运行接线图如图 4-44 所示。

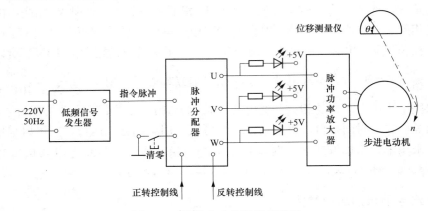

图 4-44 步进电动机运行接线图

（3）让低频信号发生器预热 5min。

（4）将低频信号发生器的输出信号调至一给定的有效值及频率，按下按钮，步进电动机转动。

（5）观察步进电动机的转动，各发光二极管明暗交替的规律。

（6）由位移测量仪测量步进电动机的步距角，由转速表测量步进电动机的转速。

（7）降低低频信号发生器输出信号的频率，重复以上步骤；更换另一脉冲分配器，重复以上步骤。

思考题与习题

（1）步进电动机的作用是什么？其转速是由哪些因素决定的？

（2）一台三相步进电动机，可采用三相单三拍或三相单双六拍工作方式，转子齿数 $Z_r = 50$，电源频率 $f = 2\text{kHz}$，分别计算两种工作方式的步距角和转速。

（3）一台三相反应式步进电动机，采用三相单三拍方式通电时，步距角为 $1.5°$，求转子的齿数。

任务五　测速发电机的应用

学习目标

（1）了解测速发电机的功能和应用。

（2）理解测速发电机的基本工作原理。

（3）理解测速发电机的工作特性。

任务分析

在任务三（伺服电动机）中的图 4-28 中，测速发电机将直流伺服电动机的输出速度转换成电压信号，反馈到输入端，组成一个负反馈闭环系统，从而提高了整个伺服系统的精度。那么，测速发电机是怎么工作的？会有哪些误差，怎么解决？这是本任务要解决的问题。

📑 **相关知识**

测速发电机是一种反映转速信号的电器元件，它的作用是将输入的机械转速变换成电压信号输出，这就要求发电机的输出电压与转速成正比。

在自动控制系统和计算装置中测速发电机主要用作测速元件、阻尼元件（或校正元件）、解算元件和角加速信号元件。

自动控制系统对测速发电机的要求是：①测速发电机的输出电压与转速保持严格的线性关系，以提高精确度；②电机的转动惯量要小，以保证反应迅速；③电机的灵敏度要高，即测速发电机的输出电压对转速的变化反应灵敏。

测速发电机可分为直流测速发电机和交流测速发电机两大类。

一、直流测速发电机

1. 直流测速发电机的基本结构

直流测速发电机的结构与普通小型直流发电机相同。按励磁方式直流测速发电机可分为永磁式直流测速发电机和电磁式直流测速发电机两种，分别如图 4-45 和图 4-46 所示。其中永磁式直流测速发电机的定子用永久磁钢制成，无需励磁绕组，具有结构简单、不需励磁电源、使用方便、温度对磁场的影响小等优点，因此应用广泛。

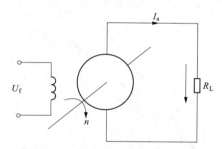

图 4-45 电磁式直流测速发电机

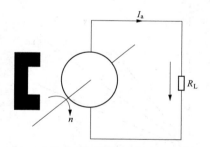

图 4-46 永磁式直流测速发电机

2. 直流测速发电机的工作原理

直流测速发电机的工作原理与一般直流发电机相似，如图 4-46 所示。在恒定磁场中，当发电机电枢以转速 n 切割磁通 Φ 时，电刷两端产生的感应电动势为

$$E_a = C_e \Phi n = K_e n \tag{4-23}$$

式中：$K_e = C_e \Phi$ ，称为电动势系数。

空载运行时，电枢电流 $I_a = 0$，直流测速发电机的输出电压就是感应电动势，即

$$U = E_a = K_e n \tag{4-24}$$

由式（4-24）可知，测速发电机的输出电压 U 与电机的转速成正比，即测速发电机输出电压反映了转速的大小。因此，直流测速发电机可以用来测速。图 4-47 表示为理想状态下测速发电机输出特性。

负载运行时，因电枢电流 $I_a \neq 0$，直流测速发电机的输出电压为

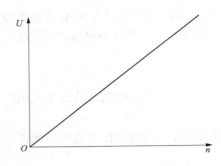

图 4-47　测速发电机的理想输出特性

$$U = E_a - I_a R_a = E_a - \frac{U}{R_L} R_a$$

$$U = \frac{E_a}{1 + \dfrac{R_a}{R_L}} = \frac{C_e \Phi}{1 + \dfrac{R_a}{R_L}} n = Cn \qquad (4\text{-}25)$$

式中：R_a 为电枢回路总电阻，包括电枢绕组电阻和电刷与换向器之间的接触电阻；R_L 为负载电阻。

式（4-25）表明，输出电压 U 与转速 n 成正比。在理想状态下，忽略电枢反应的影响，并认为电枢回路的总电阻为常数时，输出特性为一通过原点的直线。改变负载电阻的大小，仅影响输出特性曲线的斜率，如图 4-48 所示。

实际上，直流测速发电机在负载运行时，输出电压与转速并不保持严格的正比关系，存在误差，引起误差的主要原因有：

（1）电枢接触电阻的非线性。当测速发电机带负载时，电枢电流引起的电枢反应的去磁作用，使发电机气隙磁通 Φ 减小。当转速一定时，若负载电阻越小，则电枢电流越大；当负载电阻一定时，若转速越高，则电动势越大，电枢电流也越大，它们都使电枢反应的去磁作用增强，Φ 减小，输出电压和转速的线性误差增大，如图 4-49 所示。因此为了改善输出特性，必须削弱电枢反应的去磁作用。例如，使用直流测速发电机时 R_L 不能小于规定的最小负载电阻，转速 n 不能超过规定的最高转速。

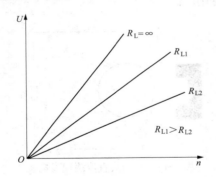

图 4-48　不同负载电阻时的理想输出特性

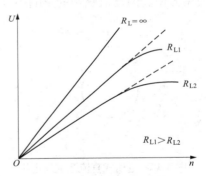

图 4-49　直流测速发电机的输出特性

（2）电枢接触电阻的非线性。因为电枢电路总电阻 R_a 包括电刷与换向器的接触电阻，而这种接触电阻是非线性的，随负载电流的变化而变化。当电机转速较低时，相应的电枢电流较小，而接触电阻较大，电刷压降较大，这时测速发电机虽然有输入信号（转速），但输出电压却很小，因而在输出特性上有一失灵区，引起线性误差，如图 4-50 所示。因此，为了减小电刷的接触电压降，缩小失灵区，直流测速发电机常选用接触压降较小的金属—石墨电刷或铜电刷。

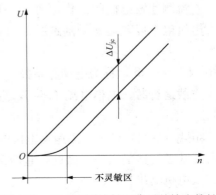

图 4-50　考虑电刷接触压降后的输出特性

（3）温度的影响。对于电磁式直流测速发电机，因励磁绕组长期通电而发热，它的电阻也相应增大，引起励磁电流及磁通 Φ 的减小，从而造成线性误差。为了减小由温度变化引起的磁通变化，在设计直流测速发电机时使其磁路处于足够饱和的状态，同时在励磁回路中串一个温度系数很小、阻值比励磁绕组电阻大 $3\sim5$ 倍的用康铜或锰铜材料制成的电阻。

二、交流测速发电机

交流测速发电机可分为同步测速发电机和异步测速发电机两大类，应用较广泛的是交流异步测速发电机。

1. 交流异步测速发电机的结构

交流测速发电机的转子结构形式有空心杯形和笼型的。笼型转子测速发电机输出斜率大但特性差、误差大、转子惯量大，一般只用在精度要求不高的系统中。空心杯形转子测速发电机其杯形转子在转动的过程中，内外定子间隙不发生变化，磁阻不变，因而气隙中磁通密度分布不受转子转动的影响，输出电压波形比较好，没有齿谐波而引起的畸变，精度较高，转子的惯量也较小，有利于系统的动态品质，是目前应用最广泛的一种交流测速发电机。

空心杯转子异步测速发电机定子上有两个在空间上互差 $90°$ 电角度的绕组，一为励磁绕组，另一为输出绕组，如图 4-51 所示。若机座号较小时，空间相差 $90°$ 电角度的两相绕组全部嵌放在内定子铁芯槽内，其中一相为励磁绕组，另一相为输出绕组。若机座号较大时，常把励磁绕组嵌放在外定子上，而把输出绕组嵌放在内定子上，以便调节内、外定子间的相对位置，使剩余电压最小。

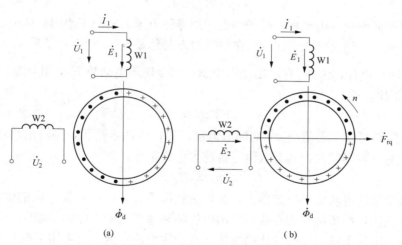

图 4-51 空心杯转子异步测速发电机原理图

(a) 转子不动时；(b) 转子旋转时

2. 空心杯形异步测速发电机的工作原理

交流测速发电机的工作原理可按转子不动和转子旋转时两种情况进行分析。

转子不动时的情况如图 4-51 （a）所示。在转子不动时，励磁绕组 W1 的轴线为 d 轴，输出绕组 W2 的轴线为 q 轴。杯形转子可看成是一个笼条数目非常之多的笼型转子。当转子不动，即 $n=0$ 时，若在励磁绕组中加上频率为 f 的励磁电压 U_1，则在励磁绕组中就会有电流通过，并在内外定子间的气隙中产生与电源频率 f 相同的脉振磁场。脉振磁场的轴线与励磁绕组 W1 的轴线一致，它所产生的脉振磁通 Φ_d 沿绕组 W1 轴线方向（直轴方向）穿过直轴，因而在转子上与 W1 绕组轴线一致的直轴线圈中感应电动势，这个电动势叫作变压器电动势。该电动势在转子中产生电流并建立磁通。该磁通的方向与 W1 励磁绕组产生的磁通方向相反，大小与转子位置无关，方向始终在 d 轴上。因此，励磁绕组磁动势与转子变压器电动势引起的磁动势二者之和才是产生了纵轴磁通 Φ_d 的励磁磁动势，其脉振频率为 f。该磁通不与输出绕组 W2 匝链，所以不在其中感应电动势，此时测速发电机的输出电压为零，即 $n=0$ 时，$\dot{U}_2=0$。

当测速发电机的转子以一定速度旋转时，杯形转子中除了感应有变压器电动势外，同时还因杯形转子切割磁通 Φ_d，在转子中感应一旋转电动势 E_r，其方向根据给定的转子转向的磁通 Φ_d 方向，用右手定则判断，如图 4-51（b）所示。旋转电动势 E_r 与磁通 Φ_d 同频率，也为 f，而其有效值为

$$E_r = C_2 \Phi_d n \tag{4-26}$$

式中：C_2 为比例常数。

式（4-26）表明，若磁通 Φ_d 的幅值恒定，则电动势 E_r 与转子的转速成正比。

在旋转电动势 E_r 的作用下，转子绕组中将产生频率为 f 的交流电流 I_r。由于杯形转子的转子电阻很大，远大于转子电抗，则 E_r 与 I_r 基本上同相位。由 I_r 所产生的脉振磁通 Φ_q 也是交变的，其脉振频率为 f。若在线性磁路下，Φ_q 的大小与 I_r 以及 E_r 的大小成正比，即

$$\Phi_q \propto I_r \propto E_r \tag{4-27}$$

无论转速如何变化，由于杯形转子的上半周导体电流方向与下半周导体电流方向总是相反的，因此电流 I_r 产生的脉振磁通 Φ_q 在空间的方向总是与 Φ_d 垂直，结果 Φ_q 的轴线与输出绕组轴线（q 轴）重合，由 Φ_q 在输出绕组中感应出变压器电动势 $\dot{E}_2$，其频率仍为 f，而有效值与 Φ_q 成正比，即

$$E_2 \propto \Phi_q \tag{4-28}$$

综合上述分析可知，若磁通 Φ_d 的幅值恒定，且在线性磁路下，则输出绕组中的电动势的频率与励磁电源频率相同，其有效值与转速大小成正比，即

$$E_2 \propto \Phi_q \propto E_r \propto n \tag{4-29}$$

根据输出绕组的电动势平衡方程式，在理想状况下，异步测速发电机的输出电压 U_2 也应与转速 n 成正比，输出特性为直线；输出电压的频率与励磁电源频率相同，与转速 n 的大小无关，使负载阻抗不随转速的变化而变化，这一优点使它被广泛应用于控制系统。

若转子反转，则转子中的旋转电动势 E_r、电流 I_r 及其所产生的磁通 Φ_d 的相位均随之反相，使输出电压的相位也反相。

3. 异步测速发电机的误差

交流异步测速发电机的误差主要有非线性误差、剩余电压和相位误差 3 种。

（1）非线性误差。只有严格保持直轴磁通 Φ_d 不变的前提下，交流异步测速发电机的输出电压才与转子转速成正比，但在实际中直轴磁通 Φ_d 是变化的，原因主要有两个方面：一方面转子旋转时产生的 q 轴脉振磁场 Φ_q，杯形转子也同时切割该磁场，从而产生 d 轴磁势并使 d 轴磁通产生变化；另一方面，杯形转子的漏抗是存在的，它产生的是直轴磁势，也使

直轴磁通产生变化。这两个方面的原因引起直轴磁通变化的结果是测速发电机产生线性误差。

为了减小转子漏抗造成的线性误差，异步测速发电机都采用空心杯转子，常用电阻率大的磷青铜制成，以增大转子电阻，从而可以忽略转子漏抗，与此同时使杯形转子转动时切割交轴磁通 Φ_q 而产生的直轴磁动势明显减弱。

另外，提高励磁电源频率，也就是提高电机的同步转速，也可提高线性度，减小线性误差。

（2）剩余电压。理论上测速发电机转子不动时，输出绕组上并没有感应电动势，输出电压为零，但是由于电机在加工和装配过程中，存在机械上的不对称使两相绕组不正交，磁路不对称使磁力线发生畸变等。因而在转子不动时，在输出绕组上也有磁通穿过而感应电动势，叫作剩余电压。剩余电压对系统造成的危害很大（如增加系统误差和导致系统误动作等）。应合理地选择磁性材料和提高加工质量，采用绕组补偿和磁路补偿等措施，把剩余电压尽量减小。

（3）相位误差。在自动控制系统中不仅要求异步测速发电机输出电压与转速成正比，而且还要求输出电压与励磁电压同相位。输出电压与励磁电压的相位误差是由励磁绕组的漏抗、杯形转子的漏抗产生的，可在励磁回路中串电容进行补偿。

技能训练

直流测速发电机的输出特性的测定

【实验目的】

（1）了解直流测速发电机的结构和铭牌数据的意义。

（2）学会测定直流测速发电机的输出特性。

（3）根据实验数据加深直流测速发电机的输出特性与负载电阻的关系的理解。

【实验器材】

永磁式测速发电机1台、他励直流电动机1台、直流电流表2块、万用表1块、转速表1只、滑动变阻器2只、隔离开关2只、导线若干。

【实验步骤】

（1）观察直流测速发电机的结构，记录直流测速发电机的铭牌数据。

（2）用万用表测量并记录直流测速发电机的电枢绕组和励磁绕组的电阻值。

（3）直流测速发电机运行原理图和接线图如图 4-52 所示。

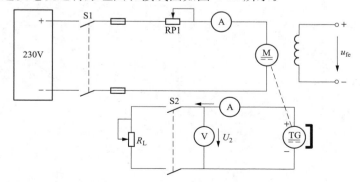

图 4-52 直流测速发电机运行原理图和接线图

（4）空载运行。先接通励磁回路电源并调节到额定励磁，将 RP1 调节到最大，合上 S1，测量测速发电机的输出电压和电流及电动机的对应转速。依次减小 RP1，测出 5 组输出电压值和电流值及电动机的对应转速值，填入表 4-4 中。

表 4-4　　　　　　　　　　　　　　　　　输出特性测量数据

	RP11	RP12	RP13	RP14	RP15
n					
U_2					
I_2					

（5）负载运行。

1）将 RP1、R_L 调节到最大，合上 S1、S2，测量输出电压值和电流值及电动机的对应转速值，并依次减小 RP1，测出 5 组输出电压值和电流值及转速值，填入表中（与表 4-4 相同）。

2）将 RP1 调节到最大，合上 S1，改变 R_L 后合上 S2，测量输出电压值和电流值及电动机的对应转速值，并依次减小 RP1，测出 5 组输出电压值和电流值及转速值，填入表中（与表 4-4 相同）。

思考题与习题

（1）直流测速发电机主要应用有哪些？

（2）交流测速发电机的输出电压与转速有何关系？若测速发电机的转向改变，则输出电压有何变化？

（3）直流测速发电机使用时，为什么转速不能过高，负载电阻不能过小？

模块五 电动机的选择

电动机的选择是电动机正确使用的前提。选用电动机时要全面考虑电源的电压、频率、负载及使用的环境等多方面的因素，必须与电动机的铭牌数据相符。

任务 电动机的选择

学习目标

（1）理解生产中电动机选择的一般原则。
（2）理解电动机发热与冷却的过程。
（3）理解电动机的工作制。
（4）会选择普通的电动机。

任务分析

日常生活环境和生产环境有时相差很大，如电压等级、灰尘、湿度、易燃易爆、震动、负荷大小等，因此选择电动机时必须考虑多重因素。

相关知识

一、电动机选择的一般概念

在电力拖动系统中选择电动机时，首先应满足生产机械的要求，如对工作环境、工作制、起动、制动、减速或调速以及功率等的要求。依据这些要求，合理地选择电动机的类型、运行方式、额定转速及额定功率，使电动机在高效率、低损耗的状态下可靠地运行，以达到节能和提高综合经济效益的目的。

为了达到这个目的，正确地选择电动机的额定功率十分重要。如果额定功率选小了，电动机经常在过载状态下运行，会使它因过热而过早的损坏；还有可能承受不了冲击负载或造成起动困难。额定功率选的过大也不合理，此时不仅增加了设备投资，而且由于电动机经常在欠载下运行，其效率及功率因数等功能指标变差，浪费了电能，增加了供电设备的容量，使综合经济效益下降。

除确定电动机的额定功率外，正确地选择电动机的类型、外部结构形式、额定电压及额定转速等，对节约投资、节电及提高综合经济效益都是十分重要的。

1. 电动机种类的选择

电动机种类的选择依据是在满足生产机械对拖动系统静态和动态特性要求的前提下，优先选用结构简单、工作可靠、维修方便、运行经济及价格便宜的电动机，常用电动机的类型有三相笼型异步电动机、三相绕线转子异步电动机、他励直流电动机及同步电动机等。其选择的基本原则如下：

（1）对负载平稳、启动、制动及调速性能要求不高的生产机械，应优先选用三相异步电动机，而对各种三相异步电动机，应按照下列原则选用：

1）对普通机床、风机、水泵等可选用三相笼型异步电动机。

2）对空气压缩机、皮带运输机等生产机械，要求电动机有较好的启动性能，可选用深槽式或双笼型异步电动机。

3）对电梯、桥式起重机等起重设备，由于启动、制动都比较频繁，应选用三相绕线转子异步电动机；当然，对电动机的启动、制动、调速有一定要求的生产机械，也应选用三相绕线转子异步电动机。

（2）对于拖动功率大，需要提高电网功率因数以及运行速度稳定的生产机械，如大功率水泵、空气压缩机等，优先考虑选用三相同步电动机。

（3）对于调速范围要求较宽，且能快速而平滑调速的生产机械，如轧钢机、龙门刨床、造纸机、大型精密机床等，应选用他励直流电动机或交流变频调速系统。

（4）对于调速范围要求较低，并可由机械变速箱配合的生产机械，可选用多速笼型异步电动机。

2. 电动机结构形式的选择

电动机结构形式按其安装位置的不同可分为卧式和立式两种。卧式电动机的转轴安放后是水平位置，立式电动机的转轴则与地面垂直，两种类型的电动机使用的轴承不同，因此不能随便混用，一般情况下选用卧式，因立式电动机的价格较贵，只有为了简化传动装置，又必须垂直运转时才采用立式电动机。

电动机的防护形式是根据电动机周围工作环境来确定的，可分为以下几种：

（1）开启式。开启式电动机外表有很多的通风口，其散热条件好，用料省而造价较低；但缺点是灰尘、水汽、铁屑和油污等杂物容易侵入电动机内部，因此只能用于干燥和清洁的工作环境。

（2）防护式。防护式电动机在机座下面有通风口，散热较好，可防止水滴、铁屑等杂物从与垂直方向成小于 45°角的方向落入电动机内部，但不能防止潮气和灰尘的侵入，因此适用于比较干燥、少尘、无腐蚀和爆炸性气体的工作环境。

（3）封闭式。封闭式电动机通常又分为自冷式、强迫通风式和密闭式 3 种。自冷式和强迫通风式两种形式的电动机能防止从任何方向飞溅来的水滴和其他杂物侵入，并且潮气和灰尘等也不易进入电动机内部，因此适用于潮湿、灰尘多、易受风雨侵蚀、易引起火灾、有腐蚀性气体的各种地方。密闭式电动机一般用于在水或油等液体中工作的负载机械，比如潜水电动机或潜油电动机等。

（4）防爆式。防爆式电动机通常在密闭式电动机结构的基础上制成隔爆型、增安型和正压型 3 类形式，它们都适用于有易燃、易爆气体的危险环境中，如矿井、油库、煤气站等场所。

3. 电动机额定电压的选择

电动机额定电压的选择，取决于电力系统对该企业的供电电压和电动机容量的大小。交流电动机电压等级的选择主要依据使用场所所供电压等级而定。一般低电压网为 380V，故额定电压为 380V（Y或△接法）、220/380V（△/Y接法）、380/660V（△/Y接法）3 种；矿山及煤厂或大型化工厂等联合企业，更多要求使用 660V（△接法）或 660/1140V（△/丫接法）的电动机。电动机功率较大，供电电压为 6000V 或 10 000V 时，电动机的额定电压应选与之适应的高电压。

直流电动机的额定电压也要与电源电压相配合，一般为 110、220V 和 440V。其中 220V 为常用电压等级，大功率电机可提高到 600～1000V。当交流电源为 380V，用三相桥式整流电路供电时，其直流电动机的额定电压应选 440V；当用三相半波晶闸管整流电源供电时，直流电动机的额定电压应为 220V，若用单相整流电源，其电动机的额定电压应为 160V。

4. 电动机额定转速的选择

电动机额定转速都是依据生产机械的要求来选定的。在确定电动机额定转速时，必须考虑机械减速机构的传动比值，两者相互配合并经过技术与经济的全面比较才能确定。通常电动机转速不低于 500r/min，因为当容量一定时电动机的同步转速越低，电动机尺寸越大，价格越贵，其效率也将比较低。另一方面，若选用高速电动机，虽然电动机的功率得到提高，但势必将加大机械减速器的传动比，从而导致机械传动部分的结构复杂。对于无需调速的一些高、中速机械，可选用相应转速的电动机而不经机械减速机构直接传动；而对于需要调速的机械，其生产机械的最高转速要与电动机的最高转速相适应。如果采用改变励磁的直流电动机调速，为充分利用电动机功率，应仔细选好调磁调速的基本转速。对于某些工作速度较低且经常处于频繁正、反转运行状态的生产机械，为提高生产效率、降低消耗、减小噪声和节省投资，应选择适宜的低速电动机，采用无减速机构的直接拖动更为合适。

5. 电动机额定功率的选择

电动机额定功率是电动机使用的限度。通常，电动机的额定数据是根据机械负载所需动力来选定。另外，还要考虑到经济效益。

正确选择电动机的功率有很重要的实际意义。如果容量选得过大，那么与电动机配套的控制设备，供电设备的容量都必须相应地增大，会使整个拖动系统的初投资增加。大容量电动机经常处于轻载运行，效率及交流异步电动机功率因数都较低，运行费用较高，这是一种浪费；容量选得过小，电动机将因过载运行而过分发热，导致绝缘老化，缩短了电动机的使用寿命，不能保证生产机械的正常运行，降低了生产效率，同样造成更大的浪费。因此，电动机的功率选择过大或过小，都是不经济的。

决定电动机功率时，要考虑电动机的发热，允许过载能力与起动能力等因素，多数情况下，以发热问题最重要。

二、电动机的发热与冷却

1. 电动机的发热与温升

电动机在负载运行时，其内部损耗将转变为热能使电动机的温度升高，而电动机中耐热最差的是绝缘材料，若电机的负载太大，损耗太大而使温度超过绝缘材料允许的限度时，绝缘材料的寿命就急剧缩短，严重时会使绝缘遭到破坏，电动机冒烟而烧毁。这个温度限度称为绝缘材料的允许温度。由此可见，绝缘材料的允许温度就是电动机的允许温度；绝缘材料的寿命就是电动机的寿命。

不同的绝缘材料有不同的允许温度，根据国家标准规定，把电动机常用绝缘材料分成若干等级，见表 5-1。

表 5-1 　　　　　　　　　　　电动机绝缘材料的等级和允许温度、允许温升

绝缘等级	绝缘材料类别	允许温度（℃）	允许温升（℃）
A	经过绝缘漆浸渍处理过的棉、丝、纸板、木材等，普通漆包线的绝缘漆	105	65
E	环氧树脂、聚酯薄膜、青壳纸、三醋酸、纤维薄膜、高强度漆包线用绝缘漆	120	80
B	云母、石棉、玻璃纤维（用耐热有机胶黏合或浸渍）	130	90
F	云母、玻璃纤维、石棉（用耐热合成环氧树脂等黏合或浸渍）	155	115
H	云母、石棉、玻璃纤维（用硅有机树脂等黏合或浸渍）	180	140

表 5-1 中的绝缘材料的最高允许温升（也称允许温升）就是最高允许温度与标准环境温度 40℃的差值，它表示一台电动机能带负载的限度，而电动机的额定功率就代表了这一限度。电动机铭牌上所标注的额定功率，表示在环境温度为 40℃时，电动机长期连续工作，而电动机所能达到的最高温度不超过绝缘材料最高允许温度时的输出功率。当环境温度低于 40℃时，电动机的输出功率可以大于额定功率；反之，电动机的输出功率将低于额定功率，以保证电动机最终都能达到或不超过绝缘材料的最高允许温度。

电动机在运行过程中，由于总损耗转换的热量不断产生，电动机温度升高，就有了温升，电动机就要向周围散热。温升越高，散热越快。当单位时间发出的热量等于散出的热量时，电动机温度不再升高，而保持一个稳定不变的温升，即处于发热与散热平衡的状态。此过程是升高的热过渡过程，称为发热。

由于电动机发热的具体情况比较复杂，为了研究分析方便，假设电动机长期运行，负载不变，总损耗不变，电动机本身各部分温度均匀，周围环境温度不变。

根据能量守恒定律：在任何时间内，电动机产生的热量应该与电动机本身温度升高需要的热量和散发到周围介质中去的热量之和相等。如果用 $Q\mathrm{d}t$ 表示 $\mathrm{d}t$ 时间内电动机产生的总热量，用 $C\mathrm{d}\tau$ 表示 $\mathrm{d}t$ 时间内电动机温升 $\mathrm{d}\tau$ 所需的热量，用 $A\tau\mathrm{d}t$ 表示在同一时间内，电动机散到周围介质中的热量，则发热的过渡过程有

$$Q\mathrm{d}t = C\mathrm{d}\tau + A\tau\mathrm{d}t \tag{5-1}$$

即

$$\frac{C}{A}\frac{\mathrm{d}\tau}{\mathrm{d}t} + \tau = \frac{Q}{A} \tag{5-2}$$

式中：Q 为电动机在单位时间内产生的热量，J/s；C 为电动机的热容量，即电动机温度升高时所需要的热量，J/℃；A 为电动机的表面散热系数，表示温升为 1℃时，单位时间内散到周围介质中的热量，J/℃·s；τ 为电动机的温升，即电动机温度与周围介质温度之差，℃。

式（5-2）即为电动机的热平衡方程式，它是研究电动机发热和冷却的基础。

令 $\tau_\mathrm{w} = Q/A$，发热时间常数 $T = C/A$，则热平衡方程式（5-2）变为

$$T\frac{\mathrm{d}\tau}{\mathrm{d}t} + \tau = \tau_\mathrm{w} \tag{5-3}$$

式（5-3）是一个标准的一阶微分方程，其解为

$$\tau = \tau_0 e^{-t/T} + \tau_w(1 - e^{-t/T}) \tag{5-4}$$

式中：τ_0 为电动机的起始温升，即 $t = 0$ 时的温升，℃。

如果电动机长时间停歇后，再负载运行，则 $\tau_0 = 0$，式（5-4）变为

$$\tau = \tau_w(1 - e^{-t/T}) \tag{5-5}$$

由式（5-4）和式（5-5）可分别绘出电动机发热过程的温升曲线 1 和 2，如图 5-1 所示。

由图 5-1 可以看出电动机的温升是按指数规律变化的曲线，温升变化的快慢与发热时间常数 T 有关，电动机温升 τ 最终趋于稳态温升 τ_w。

电动机发热的初始阶段，由于温升小，散发出的热量较少，大部分热量被电动机吸收，因此温升增加较快；过一段时间以后，电动机的温升增加，散发的热量也增加，而电动机的损耗产生的热量因负载恒定而保持不变，则电动机吸收的热量不断减少，温升变慢，温升

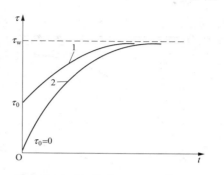

图 5-1　电动机发热过程的温升曲线

曲线趋于平缓；当发出热量与散发热量相等，即 $Q dt = A\tau dt$ 时，如 $dt = 0$，电动机的温升不再增长，温度最后达到稳定值。

发热时间常数 $T = C/A$ 是一个很重要的参数。当热容量越大时，温升越缓慢，所以 T 较大；当散热系数 A 越大时，散热越快，所以 T 较小。

2. 电动机的冷却

对负载运行的电动机，在温升稳定以后，如果使其负载减小或使其停车，那么电动机内的总损耗及单位时间的发热量 Q 都将随之减小或不再继续产生。这样就使发热少于散热，破坏了热平衡状态，电动机的温度下降，温升降低。在降温过程中，随着温升的降低，单位时间散热量 $A\tau$ 也减小。当达到 $Q = A\tau$，即发热量等于散热量时，电动机不再继续降温，其温升又稳定在一个新的数值上。在停车时，温升将降为零，温升下降的过程称为冷却。

热平衡方程式在电机冷却过程中同样适用。只是其中的起始值、稳态值不同，而时间常数相同。若减小负载之前的稳定温升为 τ_0，而重新负载后的稳定温升 $\tau_w = Q/A$，由于 Q 已减小，因此 $\tau_0 > \tau_w$。

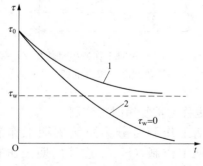

图 5-2　电动机冷却过程的温升曲线

电动机冷却过程的温升曲线如图 5-2 所示，冷却过程曲线也是一条按指数规律变化的曲线。当负载减小到某一数值时，$\tau_w = Q/A$，如曲线 1；如果把负载全部去掉，且断开电动机电源后，则 $\tau_w = 0$，如曲线 2。

上面研究的电动机的发热和冷却过程，只适用于电动机拖动恒定负载连续工作的情况。

三、电动机的工作制

电动机在运行中，进行着机电能量的转换，其内部会产生损耗而发热。在电动机的发热和冷却过程中，温升均是随时间按指数规律变化的。温升的高低不仅与负载的大小有关，而

且还与负载的持续时间有关。同一台电动机，工作时间的长短不同，则它的温升也不同，或者说，它能够承担负载功率的大小也不同。为了适应不同负载的需要，按负载持续时间的不同，国家标准把电动机分成了连续工作制、短时工作制、断续周期工作制 3 种工作制。这 3 种工作制又细分为 8 类，用 S1，S2，…，S8 来表示。

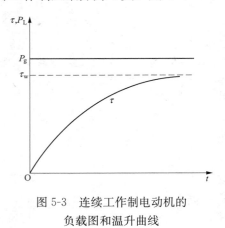

图 5-3　连续工作制电动机的
负载图和温升曲线

1. 连续工作制（S1）

连续工作制是在恒定负载下电动机连续长期运行的工作方式。其工作时间 t_g 大于 $(3 \sim 4)T$（T 为电机发热时间常数），可达几小时或几十小时。电动机可以按铭牌规定的数据长期运行，其温升可以达到稳定值，因此连续工作制也称为长期工作制。连续工作制电动机的负载功率 P_L 和温升 τ 随时间变化的曲线如图 5-3 所示。电动机铭牌上对工作方式没有特殊标注的都属于连续工作制，如水泵、通风机、造纸机、大型机床的主轴拖动电动机等。

2. 短时工作制（S2）

短时工作制是指电动机的工作时间较短，即 t_g 小于 $(3 \sim 4)T$，在工作时间内电动机的温升达不到稳态值，而停歇时间 t_0 相当长，即 t_0 大于 $(3 \sim 4)T$，在停歇时间里足以使电动机的温升降到零。短时工作制电动机的负载图和温升曲线如图 5-4 所示。国家规定短时工作制的标准工作时间为 15、30、60min 和 90min 4 种。属于这种工作制的电动机有水闸闸门、车床的夹紧装置的拖动电动机等。电动机在短时工作时，其容量往往只受过载能力的限制，因此这类电动机应设计成有较大的过载能力。

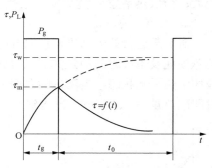

图 5-4　短时工作制电动机的
负载图和温升曲线

3. 断续周期工作制

断续周期工作制是指电动机工作与停歇周期性交替进行，但时间都比较短。工作时，t_g 小于 $(3 \sim 4)T$，温升达不到稳态值；停歇时，t_0 小于 $(3 \sim 4)T$，温升也降不到零。按国家标准，规定每个工作与停歇的周期 $(t_g + t_0)$ 不大于 10min，所以这种工作制也称为重复短时工作制。

根据一个周期内电动机运行状态的不同，断续周期工作制可分为断续周期工作制（S3）、起动的断续周期工作制（S4）、电制动的断续周期工作制（S5）、连续周期工作制（S6）、电制动的连续周期工作制（S7）、负载与转速相应变化的连续周期工作制（S8）6 类。

电动机经过一个周期时间，温升有所上升。经过若干个周期后，温升在最高温升 τ_{max} 和最低温升 τ_{min} 之间波动，达到了周期性变化的稳定状态，但其最高温升仍低于拖动同样负载连续运行的稳态温升 τ_w。断续周期工作制电动机的负载图和温升曲线如图 5-5 所示。

在断续周期工作制中，负载工作时间与整个周期之比称为负载持续率（或暂载率），用 FC% 表示。国家标准规定负载持续率为 15%、25%、40% 和 60% 4 种。

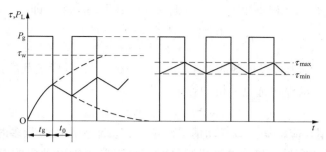

图 5-5 断续周期工作制电动机的负载图和温升曲线

起重机械、电梯、轧钢机辅助机械、某些自动机床的工作机构等的拖动电动机都属于断续周期工作制。但许多生产机械周期性断续工作的周期并不相等，这时负载持续率只具有统计性质。

四、电动机容量的选择方法

选择电动机的容量不仅需要一定的理论分析计算，还需要经过校验。其基本步骤是：根据生产机械负载提供的负载图及温升曲线，并考虑电动机的过载能力，预选一台电动机，然后根据负载图进行发热校验，将校验结果与预选电动机的参数进行比较，若发现预选电动机的容量太大或太小，再重新选择，直到其容量得到充分利用，最后再校验其过载能力与起动转矩是否满足要求。

1. 连续工作制电动机容量的选择

连续工作制电动机的负载可分为恒定负载与变动负载（大多数情况属于周期性变化负载）两类。

（1）恒定负载下电动机容量的选择。恒定负载是指在长期运行过程中，电动机处于连续工作状态，负载大小恒定或基本恒定不变，工作时能达到稳定温升 τ_w。这种生产机械所用的电动机容量选择比较简单。只要选择一台额定容量等于或略大于负载容量、转速适合的电动机即可，不需要进行发热校验。

（2）周期性变化负载下电动机容量的选择。电动机拖动周期性变化负载连续工作时，它的输出功率也按一定规律变化，变化周期为 t_z，一般 $t_z = t_1 + t_2 + t_3 + \cdots + t_n$，共 n 段。周期性变化负载图 $P_L = f(t)$ 如图 5-6 所示。当电动机拖动这类生产机械工作时，因为负载做周期性变化，所以温升也必然随负载周期性变化而波动，温升波动的最大值必然低于对应于最大负载时的稳定温升，而高于对应于最小负载时的稳定温升。这样，若按最大负载选择电动机，显然是不经济的；而按最小负载选择电动机，其温升将超过允许

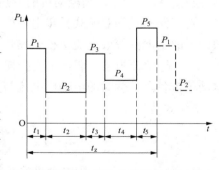

图 5-6 周期性变化负载图 $P_L = f(t)$

温升。因此，电动机容量应在最大负载与最小负载之间，如果选择的合适，既可使电动机得到充分利用，又可使电动机的温升不超过允许温升。因此，变动负载下电动机容量选择一般分为如下两个步骤。

1）初选电动机容量。根据生产机械负载图求出其平均功率，即

$$P_j = \frac{P_1 t_1 + P_2 t_2 + \cdots + P_n t_n}{t_1 + t_1 + \cdots + t_n} \tag{5-6}$$

式中：P_2，P_2，$\cdots$，P_n 为各段负载的功率；t_1，t_2，$\cdots$，t_n 为各段负载的持续时间。

然后按式（5-7）求出初选电动机的容量，即

$$P_N = (1.1 \sim 1.6) P_j \tag{5-7}$$

对于系数的选用，应根据负载变动情况确定。大负载所占的分量多时，选较大的系数。

2）校验电动机的容量。校验电动机容量时，首先要校验电动机的发热，然后校验过载能力，必要时校验起动能力。

在校验发热时，有平均损耗法和等效损耗法两种。而等效损耗法也是由平均损耗法引出来的，其依据就是平均温升 $\tau_d \leqslant \tau_w$，具体校验方法有等效电流法、等效转矩法和等效功率法。

（a）平均损耗法。首先，根据预选电动机的效率曲线，计算出电动机带各段负载时对应的损耗功率 p_1，p_2，$\cdots$，p_n，然后计算平均损耗功率 p_j。

$$p_j = \frac{p_1 t_1 + p_2 t_2 + \cdots + p_n t_n}{t_1 + t_2 + \cdots + t_n} \tag{5-8}$$

只要电动机带负载时的实际平均损耗功率 p_j 小于或等于其额定损耗 p_N，即 $p_j \leqslant p_N$，则电动机运行时实际达到的稳态温升 τ_w 不会超过其额定温升 τ_N，即 $\tau_w \leqslant \tau_N$，电动机的发热条件得到充分利用。

（b）等效电流法。等效电流法的原则是用一个恒值的等效电流 I_{dx} 来代替实际变动的负载电流，在同一周期内两者在电动机中产生的损耗相等，即发热相同。

假设电动机的铁损耗与电阻 R 不变，则损耗只与电流的二次方成正比，由此可得

$$I_{dx} = \sqrt{\frac{I_1^2 t_1 + I_2^2 t_2 + \cdots + I_n^2 t_n}{t_1 + t_2 + \cdots + t_n}} \tag{5-9}$$

式中：t_n 为对应负载电流为 I_n 时的工作时间。

只要 $I_{dx} \leqslant I_N$，则电动机的发热校验通过。

对于深槽式和双笼式异步电动机，在起动和制动时，其转子电阻变化很大，不符合以上假设，故不能用等效电流法校验发热，因此必须改用平均损耗法。

（c）等效转矩法。假定不变损耗、电阻、主磁通及异步电动机的功率因数为常数时，则电动机带各段负载时的电动机电流与其对应的电磁转矩 T_1，T_2，$\cdots$，T_n 成正比，由式（5-9）得等效转矩为

$$T_{dx} = \sqrt{\frac{T_1^2 t_1 + T_2^2 t_2 + \cdots + T_n^2 t_n}{t_1 + t_2 + \cdots + t_n}} \tag{5-10}$$

只要 $T_{dx} \leqslant T_N$，则电动机的发热校验通过。

串励直流电动机、复励直流电动机不能用等效转矩法进行发热校验，因为其负载变化时的主磁通不为常数。经常起动、制动的异步电动机也不能用等效转矩法进行发热校验，因为其起动、制动时的功率因数不为常数。

（d）等效功率法。假定不变损耗、电阻、主磁通、异步电动机的功率因数、转速为常数

时，则电动机带各段负载时的转矩与其对应的输出功率 P_1，P_2，…，P_n 成正比，由式（5-10）得等效功率为

$$P_{dx} = \sqrt{\frac{P_1^2 t_1 + P_2^2 t_2 + \cdots + P_n^2 t_n}{t_1 + t_2 + \cdots + t_n}} \tag{5-11}$$

只要 $P_{dx} \leqslant P_N$，则电动机的发热校验通过。

2. 短时工作制电动机容量的选择

（1）直接选用短时工作制的电动机。这时可以按照生产机械的功率、工作时间和转速选取合适的电动机。如果短时负载是变动的，也可用等效法选择电动机，此时等效电流为

$$I_{dx} = \sqrt{\frac{I_1^2 t_1 + I_2^2 t_2 + \cdots + I_n^2 t_n}{\alpha t_1 + \alpha t_2 + \cdots + \alpha t_n + \beta t_0}} \tag{5-12}$$

式中：I_1 为启动电流；I_n 为制动电流；t_1 为启动时间；t_n 为制动时间；t_0 为停转时间；α 和 β 是考虑对自冷式电动机在起动、制动和停转期间因散热条件变坏而采取的系数，对异步电动机 $\alpha = 0.5$，$\beta = 0.25$。

用等效法时也必须注意对选用电动机进行过载能力的校核。

（2）选用断续周期工作制的电动机。在没有合适的短时工作制电动机时，也可选用断续周期工作制的电动机。短时工作时间与暂载率的换算关系可以近似认为 30min 工作时间相当于 15% 的暂载率；60min 工作时间相当于 25% 的暂载率；90min 工作时间相当于 40% 的暂载率。

3. 断续周期工作制电动机的选择

可以根据生产机械的暂载率、功率和转速从产品目录中直接选取，但由于国家标准规定电动机的标准暂载率只有 4 种，这样就常常会遇到生产机械的暂载率与标准暂载率相差甚远的情况，这时可按式（5-13）进行计算，先求出生产机械的暂载率 FC_x 和功率 P_x，其中

$$FC_x = \frac{t_1 + t_2 + \cdots + t_n}{\alpha t_1 + \alpha t_2 + \cdots + \alpha t_n + \beta t_0} \tag{5-13}$$

再换算为标准暂载率 FC 时的功率 P

$$P = P_x \sqrt{\frac{FC_x}{FC}} \tag{5-14}$$

选择的标准暂载率 FC 应接近生产机械的暂载率 FC_x。

当 $FC_x < 10\%$ 时，应选用短时工作制电动机；

当 $FC_x > 60\%$ 时，应选用连续工作制电动机。

4. 统计法和类比法

前面介绍的选择电动机功率的基本原理和方法在实际运用中会遇到一些困难，一是计算量较大，二是电动机的负载图也难以精确地绘出，实际中选择电动机功率往往采用下列两种方法。

（1）统计法。统计法就是对各种生产机械的拖动电动机进行统计分析，找出电动机容量与生产机械主要参数之间的关系，用数学式表达，作为类似生产机械在选择拖动电动机容量时的主要依据。以机床为例，主拖动电动机容量与机床主要参数之间的关系如下：

1）卧式机床的电动功率为

$$P = 36.5D^{1.54}$$

式中：P 为电动机功率，kW；D 为加工工件的最大直径，m。

2）立式机床的电动功率为

$$P = 20D^{0.83}$$

式中：D 为加工工件的最大直径，m。

3）摇臂钻床的电动功率为

$$P = 0.064D^{1.19}$$

式中：D 为最大钻孔直径，mm。

4）外圆磨床的电动功率为

$$P = 0.1KB$$

式中：B 为砂轮宽度，mm；K 为考虑砂轮主轴采用不同轴承时的系数，对滚动轴承 $K = 0.8 \sim 1.1$，对滑动轴承 $K = 1.0 \sim 1.3$。

5）卧式铣镗床的电动功率为

$$P = 0.064D^{1.7}$$

式中：D 为镗杆直径，mm。

6）龙门刨床的电动功率为

$$P = B^{1.15}/166$$

式中：B 为工作台宽度，mm。

根据计算所得功率后，应使所选择的电动机的额定容量 $P_N \geqslant P$。

（2）类比法。通过对经过长期运行考验的同类生产机械所采用的电动机容量进行调查，然后对主要参数和工作条件进行类比，从而确定新的生产机械拖动电动机的容量。

任　务

离心水泵电动机的选择

某生产机械拟用一台转速为 1000r/min 左右的笼型三相异步电动机拖动。负载曲线如图 5-7 所示，其中 P_1 = 18kW，t_1 = 40s，P_2 = 24kW，t_2 = 80s，P_3 = 14kW，t_3 = 60s，P_4 = 16kW，t_4 = 70s。启动时的负载转矩 T_{Lst} = 300N·m，采用直接启动，启动电流的影响可不考虑，试选择电动机的额定功率。

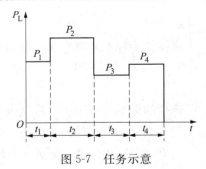

图 5-7　任务示意

思考题与习题

（1）电力拖动系统中电动机的选择主要包括哪些内容？

（2）确定电动机额定容量时主要考虑哪些因素？

（3）电动机有几种工作方式？是怎样划分的？其发热的特点是什么？

（4）一台电动机原绝缘等级为 B 级，额定功率为 P_N，若把绝缘材料改成为 E 级，其额定功率应该怎样变化?

（5）连续工作变化负载下电动机容量选择的一般步骤是怎样的?

（6）电动机运行时温升按什么规律变化? 两台同样的电动机，在下列条件下拖动负载运行时，它们的起始温升、稳定温升是否相同? 发热时间常数是否相同?

1）相同的负载，但一台环境温度为一般室温，另一台为高温环境;

2）相同的负载，相同的环境，一台原来没有运行，另一台是运行刚停下来后又接着运行;

3）同一环境下，一台半载，另一台满载;

4）同一个房间内，一台自然冷却，另一台用冷风吹，都是满载运行。

参 考 文 献

[1] 李明. 电机与电力拖动. 2版. 北京：电子工业出版社，2006.

[2] 孙英伟，齐新生. 电机与电力拖动. 北京：北京大学出版社，2011.

[3] 王艳秋. 电机及电力拖动. 2版. 北京：化学工业出版社，2005.

[4] 张晓娟. 电机及拖动基础. 北京：科学出版社，2008.

[5] 郭宝宁. 电机应用技术. 北京：北京大学出版社，2011.

[6] 胡幸鸣. 电机及电力拖动. 北京：机械工业出版社，2000.

[7] 刘小春，张蕾. 电机与拖动. 2版. 北京：人民邮电出版社，2015.

[8] 许晓峰. 电机及拖动. 北京：高等教育出版社，2000.

[9] 应崇实. 电机及拖动基础. 北京：机械工业出版社，2002.

[10] 谢建军. 电机原理与维修. 西安：西安电子科技大学出版社，2007.

[11] 牛维扬. 电机应用技术基础. 北京：高等教育出版社，2001.

[12] 王铁成. 特种电机与控制. 北京：机械工业出版社，2009.

[13] 郑宁. 电机拖动与调速技术. 北京：北京邮电大学出版社，2013.